电工电子
技能实训教程

唐树森 舒奎 王立 编著

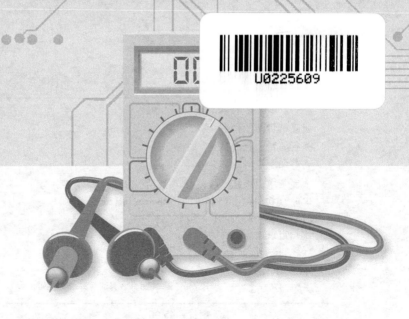

人民邮电出版社
北京

图书在版编目（ＣＩＰ）数据

新版电工电子技能实训教程 / 唐树森，舒奎，王立编著. -- 2版. -- 北京：人民邮电出版社，2016.10（2020.3重印）
ISBN 978-7-115-43642-9

Ⅰ. ①新… Ⅱ. ①唐… ②舒… ③王… Ⅲ. ①电工技术－高等学校－教材②电子技术－高等学校－教材 Ⅳ. ①TM②TN

中国版本图书馆CIP数据核字(2016)第230350号

内 容 提 要

本书是按照教育部高等院校实践教学水平评估和教学大纲的基本要求，结合当前教学改革的需要，总结了近几年的实践教学改革经验编写而成的，是专门面向实践教学环节的实训指导书。

本书内容分为3篇：第一篇为电工电子认识实习指导，内容包括常用电子元器件基础知识、电工技术基础知识和常用电子技术设备指导；第二篇为电工电子装配实习指导，分别介绍了万用表和调频调幅收音机的原理与安装工艺；第三篇为电类专业生产实习指导，介绍了电子线路原理图与印制电路板设计技术、EDA技术以及电子线路设计软件Multisim与硬件调试平台ELVIS的联合开发方法。

本书可作为高等院校各类工科技术及相关专业（包括生产过程自动化、应用电子技术、机电应用技术、工业企业电气自动化等）的实训教材或指导书，也可以作为高职、函授、成人高校教材。

◆ 编　著　唐树森　舒　奎　王　立
责任编辑　王朝辉
执行编辑　杜海岳
责任印制　彭志环

◆ 人民邮电出版社出版发行　北京市丰台区成寿寺路 11 号
邮编　100164　电子邮件　315@ptpress.com.cn
网址　http://www.ptpress.com.cn
涿州市京南印刷厂印刷

◆ 开本：787×1092　1/16
印张：19.75
字数：476 千字
2016 年 10 月第 2 版
2020 年 3 月河北第 5 次印刷

定价：45.00 元

读者服务热线：(010)81055493 印装质量热线：(010)81055316
反盗版热线：(010)81055315

前　言

电工技术与电子技术是高等工科院校实践性很强的技术基础课程。为了培养高素质的专业技术人才，在理论教学的同时，必须十分重视和加强实践性教学内容。如何在实践教学过程中培养学生的实践能力、实际操作能力、独立分析问题和解决问题的能力、创新思维能力和理论联系实际的能力，是高等工科院校着力探索与实践的重大课题。

本教材是按照教育部高等院校实践教学水平评估和教学大纲的基本要求，结合当前教学改革的需要，总结了近几年的实践教学改革经验编写而成的，是专门面向实践教学环节的实训指导书。

本书内容分为 3 篇：第一篇为电工电子认识实习指导，内容包括常用电子元器件基础知识、电工技术基础知识和常用电子技术设备指导；第二篇为电工电子装配实习指导，分别介绍了万用表和调频调幅收音机的原理与安装工艺；第三篇为电类专业生产实习指导，介绍了电子线路原理图与印制电路板设计技术、EDA 技术以及电子线路设计软件 Multisim 与硬件调试平台 ELVIS 的联合开发方法。

本书的特点是突出实用、强调能力、分段培养。注重实用技术的传授，以培养动手能力为主线，重点放在实际操作技能的训练上，培养学生解决实践问题的能力；遵循循序渐进的原则，按照基础知识—基础训练—综合技能训练的顺序合理安排。

本书内容涉及面比较广泛，可作为高等院校各类工科技术及相关专业（包括生产过程自动化、应用电子技术、机电应用技术、工业企业电气自动化等）的实训教材或指导书，也可以作为高职、函授、成人高校教材。

本书主要由大连工业大学唐树森副教授、王立高级工程师、舒奎副教授和李博实验师参与编著，另外参与第一版编著的还有何文波工程师、张素娟工程师。本书在编写的过程中得到了大连工业大学实践教学管理中心和信息学院的关心和支持，在此对他们表示由衷的感谢！

由于作者水平有限，书中难免有疏漏之处，恳请广大读者批评、指正。

编著者

目　　录

第一篇　电工电子认识实习指导

第一篇 电工电子认识实习指导

第1章 常用电子元器件

1.1 电 阻 器

电阻器是电子产品中用得最多的元件，随着电子技术的不断发展，电阻器的品种也日益增多。它是一种耗能元件，主要用来稳定和调节电路中电流和电压的大小，在电路中起限流、降压、分流、隔离和分压等作用。

1.1.1 分类

电阻器分类方法很多，按制造工艺和材料，电阻器可分为：合金型、薄膜型和合成型。按照使用范围和用途，电阻器又可分为：普通型电阻器、精密型电阻器、高频型电阻器、高压型电阻器、高阻型电阻器、熔断型电阻器、敏感型电阻器、电阻网络、无引线片式电阻器等。最常见的是按阻值特性分类，如图 1-1 所示。

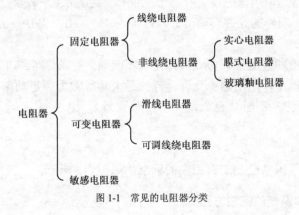

图 1-1 常见的电阻器分类

1.1.2 参数规格及符号

1. 参数规格

电阻器的主要参数有标称阻值、允许误差（精度等级）、额定功率、温度系数、噪声、最高工作电压、高频特性等。在选用电阻器时一般只考虑标称阻值、允许误差和额定功率这3项最主要的参数，其他参数在有特殊需要时才考虑。

（1）标称阻值

标识在电阻器上的电阻值简称标称值。不同精度等级的电阻器，其阻值系列不同。标称阻值是按国家规定的电阻器标称阻值系列选定的，标称电阻值单位用欧（Ω）、千欧（kΩ）、兆欧（MΩ）。标称阻值系列如表 1-1 所示。

表 1-1　　　　　　　　　　　　普通电阻器的标称阻值系列

E24 允许误差 ±5%	E12 允许误差 ±10%	E6 允许误差 ±20%	E24 允许误差 ±5%	E12 允许误差 ±10%	E6 允许误差 ±20%
1.0	1.0	1.0	3.3	3.3	3.3
1.1			3.6		
1.2	1.2		3.9	3.9	
1.3			4.3		
1.5	1.5	1.5	3.7	4.7	4.7
1.6			5.1		
1.8	1.8		5.6	5.6	
2.0			6.2		
2.2	2.2	2.2	6.8	6.8	6.8
2.4			7.5		
2.7	2.7		8.2	8.2	
3.0			9.1		

（2）允许误差

电阻器的允许误差就是指电阻器的实际阻值对于标称阻值的允许最大误差范围，它标志着电阻器的阻值精度。普通电阻器的误差有±5%、±l0%、±20% 3 个等级，允许误差越小，电阻器的精度越高。精密电阻器的允许误差可分为±2%、±1%、±0.5%……±0.001%等十几个等级。

（3）额定功率

在规定的环境温度和湿度下，假设周围空气不流通，在长期连续工作而不损坏或基本不改变电阻器性能的情况下，电阻器上允许消耗的最大功率即为额定功率。额定功率的单位为瓦（W）。一般选用额定功率时要有余量（1～2 倍余量）。

2．电阻器的符号

电阻器的表示符号国家已制定有相应的标准，如图 1-2 所示。

3．电阻器阻值和误差的标注方法

（1）直标法

直标法就是把电阻器的参数规格等信息直接标注在其表面，如图 1-3 所示。

（2）文字符号法

文字符号法是用阿拉伯数字和文字符号两者有规律的组合来标称阻值，其允许误差也用文字符号表示，如图 1-4 所示，其中最后一位为允许误差。

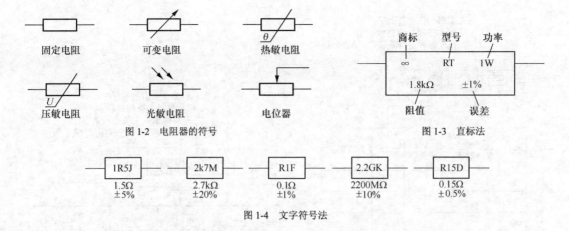

固定电阻　可变电阻　热敏电阻

压敏电阻　光敏电阻　电位器

图 1-2　电阻器的符号

商标　型号　功率

∞　RT　1W

1.8kΩ　±1%

阻值　误差

图 1-3　直标法

1R5J	2k7M	R1F	2.2GK	R15D
1.5Ω	2.7kΩ	0.1Ω	2200MΩ	0.15Ω
±5%	±20%	±1%	±10%	±0.5%

图 1-4　文字符号法

表示电阻单位的文字符号和表示允许误差的文字符号如表 1-2 所示。

表 1-2 　　　　　　　　　　　　　　　　电阻文字符号

文字符号	所表示单位	文字符号	所表示允许误差	文字符号	所表示允许偏差
R	欧姆（Ω）	Y	±0.001%	D	±0.5%
k	千欧姆（$10^3\Omega$）	X	±0.002%	F	±1%
M	兆欧姆（$10^6\Omega$）	E	±0.005%	G	±2%
G	吉欧姆（$10^9\Omega$）	L	±0.01%	J	±5%
T	太欧姆（$10^{12}\Omega$）	P	±0.02%	K	±10%
		W	±0.05%	M	±20%
		B	±0.1%	N	±30%
		C	±0.25%	—	—

（3）数码法

数码法用 3 位阿拉伯数字表示，前两位表示阻值的有效数字，第三位数表示有效数字后面零的个数。当阻值小于 10Ω 时，以 xRx 表示（x 代表数字），将 R 看作小数点，如图 1-5 所示。

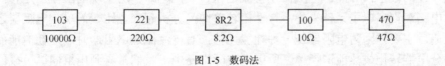

103	221	8R2	100	470
10000Ω	220Ω	8.2Ω	10Ω	47Ω

图 1-5　数码法

（4）色标法

色标法是用不同颜色的色带或点在电阻器表面标出标称阻值和误差值的方法。色标法分两种。

① 两位有效数字的色标法。普通电阻用 4 条色带表示标称阻值和允许误差，其中 3 条表示阻值，一条表示误差，如图 1-6 所示。例如，电阻器上的色带依次为绿、黑、橙和无色，则表示 50×1000=50kΩ，其误差是±20%；电阻的色标是红、红、黑、金，其阻值是 22×1=22Ω，误差是±5%；又如，电阻的色标是棕、黑、金、金，其阻值为 10×0.1=1Ω，误差为±5%。

② 3 位有效数字色标法。精密仪器用 5 条色带表示标称值和允许误差，如图 1-7 所示。例如，色带是棕、蓝、绿、黑、棕，表示 165Ω ±1% 的电阻值。

颜色	第一位有效数字	第二位有效数字	倍率	允许误差
黑	0	0	10^0	
棕	1	1	10^1	
红	2	2	10^2	
橙	3	3	10^3	
黄	4	4	10^4	
绿	5	5	10^5	
蓝	6	6	10^6	
紫	7	7	10^7	
灰	8	8	10^8	
白	9	9	10^9	
金			10^{-1}	±5%
银			10^{-2}	±10%
无色				±20%

图 1-6 2 位有效数字的阻值色标表示法

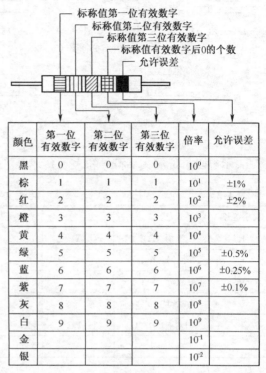

颜色	第一位有效数字	第二位有效数字	第三位有效数字	倍率	允许误差
黑	0	0	0	10^0	
棕	1	1	1	10^1	±1%
红	2	2	2	10^2	±2%
橙	3	3	3	10^3	
黄	4	4	4	10^4	
绿	5	5	5	10^5	±0.5%
蓝	6	6	6	10^6	±0.25%
紫	7	7	7	10^7	±0.1%
灰	8	8	8	10^8	
白	9	9	9	10^9	
金				10^{-1}	
银				10^{-2}	

图 1-7 3 位有效数字的阻值色标表示法

1.1.3 性能

电阻器是一种与频率无关的元件，也就是说在任何频率的电路中，同一个电阻所表现出的阻值是一样的。不仅如此，电阻器在直流电路、交流电路中所呈现的阻值也是相同的，所以电阻器电路对许多电子元件来说，特性比较单纯，分析起来也比较简单。电阻器之所以能够降压限流，主要是因为电阻器是一种耗能元件，有电流流过电阻器时，消耗电能而发热，即将一部分电能转化成热能消耗掉。所以在实际电路中，我们常看到电阻器以负载的形式出现，且其特性满足欧姆定律。

下面我们重点了解一下几种敏感电阻器的主要性能。

敏感电阻器是指那些电特性对外界温度、电压、机械力、亮度、湿度、磁通密度、气体浓度等物理量反应敏感的电阻元件。目前，常见的敏感电阻器有热敏、光敏、压敏、力敏、湿敏、气敏和磁敏电阻器。

1．热敏电阻器

热敏电阻器是利用半导体的电阻率受温度的影响很大的性质制成的温度敏感元件。常常分为负温度系数热敏电阻器（即阻值随温度上升而减小的热敏电阻，简称 NTC）和正温度系数热敏电阻器（即阻值随温度上升而增加的热敏电阻，简称 PTC）。按照工作温度范围的不同，又可分为常温热敏电阻器（其工作温度范围-55~315℃）、低温热敏电阻器（其工作温度范围小于-55℃）和高温热敏电阻器（其工作温度范围大于315℃）。

热敏电阻器的构造包括：用热敏材料制成的电阻体（敏感元）、引线及壳体。根据使用要求，可以把热敏电阻器制成各种形状，如图1-8所示。

2．光敏电阻

光敏电阻是利用半导体材料的电阻率受光照的影响很大的性质制成的。

（1）光敏电阻的结构及种类

光敏电阻利用半导体光电材料制成，它是由一块涂在绝缘板上的光电导体薄膜和两个电极所构成的。外加一定电压后，光生载流子在电场的作用下沿一定方向运动，即在回路中形成电流，这就达到了光电转换的目的。其原理如图1-9所示。

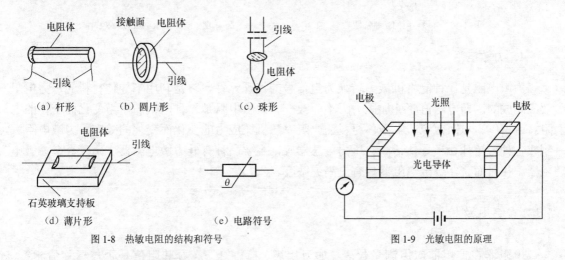

（a）杆形　　　　（b）圆片形　　　　（c）珠形

（d）薄片形　　　　（e）电路符号

图1-8　热敏电阻的结构和符号　　　　　图1-9　光敏电阻的原理

（2）光敏电阻的光照特性和伏安特性

光敏电阻的光照特性指其电阻随光照强度变化的关系。图1-10所示是典型的硫化镉光敏电阻的光照特性。从图中可见，随光照强度的增加，光敏电阻的阻值迅速下降，然后逐渐趋于饱和，这时如光强再增大，电阻变化很小。

光敏电阻的伏安特性指光敏电阻上外加电压和流过的电流的关系。图1-11是典型的烧结膜光敏电阻的伏安特性。由图可见，所加电压愈高，光电流愈大，无饱和现象，同时，不同的光照，伏安特性有不同的斜率。

3．压敏电阻

压敏电阻是一种电压敏感元件，其品种很多，有氧化锌压敏电阻、碳化硅压敏电阻及钛酸钡压敏电阻、金属氧化物压敏电阻等。目前使用较多的是氧化锌压敏电阻。

普通电阻遵守欧姆定律，而压敏电阻的电压和电流呈非线性关系。当压敏电阻两端所加电压低于标称额定电压值时，压敏电阻的电阻值接近无穷大，内部几乎无电流流过。当压敏电阻两端电压略高于标称额定电压时，压敏电阻将迅速击穿导通，并由高阻状态变为低阻状态，工作电流也急剧增大。当其两端电压低于标称额定电压时，压敏电阻又能恢复为高阻状态。当压敏电阻两端电压超过其最大限制电压时，压敏电阻将被完全击穿损毁，无法自行恢复。

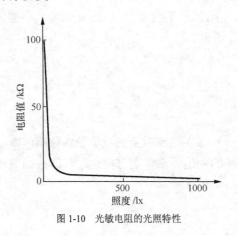
图 1-10　光敏电阻的光照特性

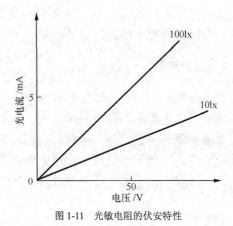
图 1-11　光敏电阻的伏安特性

4. 力敏电阻

力敏电阻是一种能将机械力转换为电信号的特殊元件，它是利用半导体材料的压力电阻效应制成的，即电阻值随外加压力大小而改变。力敏电阻是一种阻值随压力变化而变化的电阻。所谓压力电阻效应即半导体材料的电阻率随机械应力的变化而变化的效应。力敏电阻可制成各种力矩计、半导体话筒、压力传感器等，主要品种有硅力敏电阻器、硒碲合金力敏电阻器。相对而言，合金电阻器具有更高灵敏度。

1.1.4　使用及检测

电阻器在使用前应用测量仪表（如万用表）检查一下，看其阻值是否与标称值相符。实际使用时，在阻值和额定功率不能满足要求的情况下，可采用电阻串、并联的方法解决。但要注意，除了计算总电阻值是否符合要求外，还要注意每个电阻器所承受的功率是否合适，即额定功率值要比承受功率大 2 倍以上。使用电阻器时，除了不能超过额定功率，防止受热损坏外，还应注意不超过最高工作电压，否则电阻器内部会产生火花引起噪声。

电阻器种类繁多，性能各有不同，应用范围也有很大区别。要根据电路不同用途和不同要求选择不同种类的电阻器。在耐热性、稳定性、可靠性要求较高的电路中，应该选用金属膜或金属氧化膜电阻；在要求功率大、耐热性好，工作频率不高的电路中，可选用线绕电阻器；对于无特殊要求的一般电路，可使用碳膜电阻，以降低其成本。电阻器用于替换时，大功率的电阻器可代换小功率的电阻器，金属膜电阻器可代换碳膜电阻器，固定电阻器与半可调电阻器可相互代替使用。

电阻器的阻值可采用万用表的欧姆挡进行测量。首先要进行万用表调零，然后选择不同挡位，使指针尽可能指示在表盘的中部，以提高测量精度。如果用数字式万用表来测电阻器的电阻值，其测量精度要高于指针式万用表。同时测量方法要正确，对于大阻值电阻，不能用手捏着电阻引线来测量，防止人体电阻与被测电阻并联，而使测量值不正确。对于小阻值的电阻器，要将引线刮干净，保证表笔与电阻引线的良好接触。

对于高精度电阻器可采用电桥进行测量。对于大阻值、低精度的电阻器可采用兆欧表来测量。不论用什么方法测量，在保证测量灵敏度的情况下，加到电阻器上的直流测量电压应尽量低，时间要尽量短，以避免被测电阻器发热，电阻值改变而影响测量的准确性。

1.2 电 容 器

电容器是电子设备中最主要的元件之一，其种类繁多，价格差别很大，特别是其标志方式的多样性使得电容器的识别存在一定困难。为了适应工作需要，大家应了解其种类，熟悉其性能，掌握其识别和检测方法。

1.2.1 分类

电容器的种类很多，分类方法也各有不同，如图 1-12 所示。通常按介质材料不同分为纸介电容器、有机薄膜电容器、瓷介电容器、玻璃釉电容器、云母电容器、电解电容器等。按结构不同分为固定电容器、可变电容器、半可变（又称微调）电容器等。另外，还有多种片式电容器，如：片式独石电容器、片式有机薄膜电容器、片式云母电容器、片式钽电解电容器和片式铝电解电容器等。

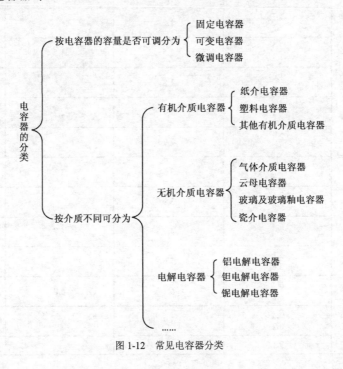

图 1-12　常见电容器分类

1.2.2 参数规格及符号

1. 参数规格

表示电容器性能的参数很多，这里介绍一些常用的参数。

（1）标称容量与允许误差

电容量是电容器的最基本的参数。标在电容器外壳上的电容量数值称为标称电容量，是标准化了的电容值，由标称系列规定。常用的标称系列和电阻器的相同。不同类别的电容器，其标称容量系列也不一样。当标称容量范围在 0.1～1μF 时，标称系列采用 E6 系列。当标称容量范围在 1～100μF 时，采用 1、2、4、6、8、10、15、20、30、50、60、80、100 系列。对于有机薄膜、瓷介、玻璃釉、云母电容器，标称容量系列采用 E24、E12、E6 系列。对于电解电容器采用 E6 系列。

标称容量与实际电容量有一定的允许误差，允许误差用百分数或误差等级表示。允许误差分为 5 级：±1%（00 级）、±2%（0 级）、±5%（Ⅰ级）、±10%（Ⅱ级）和±20%（Ⅲ级），有的电解电容器的容量误差范围较大，在±20%～±100%。

电容器的容量单位为法拉，用 F 表示。在实用中"法拉"的单位太大，常用毫法（mF）、微法（μF）、纳法（nP）和皮法（pF）作单位，其换算公式如下：

1 毫法（mF）$=10^{-3}$F   1 微法（μF）$=10^{-6}$F   1 纳法（nF）$=10^{-9}$F   1 皮法（pF）$=10^{-12}$F，

电容器的标称值如表 1-3 所示。

表 1-3　　　　　　　　　　　　　固定电容器标称容量

系　　列	E24	E12	E6	E3
允许误差	±5%	±10%	±20%	＞±20%
标称电容	1.0	1.0	1.0	1.0
	1.1 1.2	1.2		
	1.3 1.5	1.5	1.5	
	1.6 1.8	1.8		
	2.0 2.2	2.2	2.2	2.2
	2.4 2.7	2.7		
	3.0 3.3	3.3	3.3	
	3.6 3.9	3.9		
	4.3 4.7	4.7	4.7	4.7
	5.1 5.6	5.6		
	6.2 6.8	6.8	6.8	
	7.5 8.2	8.2		
	9.1			

（2）额定工作电压（耐压）

电容器的额定工作电压是指电容器长期连续可靠工作时，极间电压不允许超过的规定电压值，否则电容器就会被击穿损坏。额定工作电压数值一般以直流电压在电容器上标出。

（3）绝缘电阻

电容器的绝缘电阻是指电容器两极间的电阻，或叫漏电电阻。电容器中的介质并不是绝对的绝缘体，多少总有些漏电。除电解电容器外，一般电容器漏电电流是很小的。显然，电容器的漏电电流越大，绝缘电阻越小。当漏电电流较大时，电容器发热，发热严重时导致电容器损坏。使用中，应选择绝缘电阻大的为好。

（4）环境温度

大多数电容器应能在−25～+85℃温度范围内长期正常工作。电容器使用环境温度通常按规定设定。

（5）频率特性

电容器工作在交流状态下，除有损耗电阻外．还会产生与之串联的电感，当频率升高时，电感呈现的感抗增大，对电容的影响增大。因此，不同品种的电容器有各自的最高工作频率限制。

（6）电容器的损耗

电容器在交变电场作用下，其内的电介质的分子由于极化会消耗一部分电能，表现为介质发热，且随温度的升高损耗加大，严重时会烧坏电容器。在高压电路和高频电路中，应采用低介质损耗的电容器。

（7）温度系数

当温度升高或降低时，电容器的容量会随温度的变化而变化，用温度系数表示电容量和温度之间的关系。它是指在一定温度范围内，温度每变化 1℃时，电容量改变的数值 ΔC 与原来电容量数值之比。电容器的温度系数有正温度系数和负温度系数之分。

2．电容器的符号

电容器可分为固定式和可变式两大类。固定式电容器是指容量固定不能调节的电容器，而可变式电容器的容量是可调整变化的。按其是否有极性来分类，可分为无极性电容器和有极性电容器。其符号如图 1-13 所示。

一般电容　　电解电容　　可变电容　　半可变电容　　双连电容

图 1-13　电容器的符号

3．电容器的规格与标注方法

① 直标法。直标法就是把电容器的参数规格等信息直接标注在其表面，如图 1-14 所示。
② 不标单位的直接表示，如图 1-15 所示。
③ 用国际单位制表示：用数字表示有效值，字母表示数值的量级。示例如图 1-16 所示。

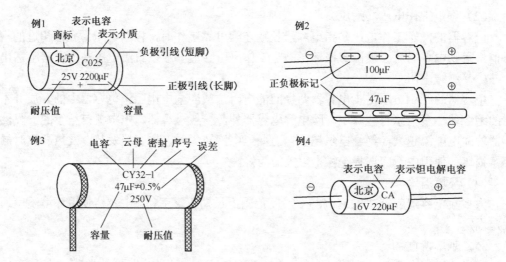

图 1-14 电容直标法

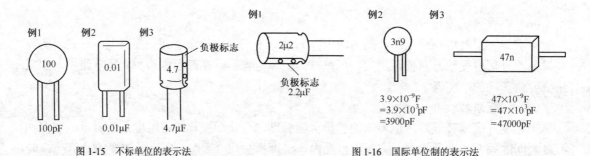

图 1-15 不标单位的表示法　　　　图 1-16 国际单位制的表示法

④ 数码法：一般用 3 位数字表示电容器容量的大小，其单位为 pF。其中第一、二位为有效值数字，第三位表示倍乘数（又称倍率），即表示有效值后"零"的个数。倍乘数的意义如表 1-4 所示。

表 1-4　　　　　　　　　　　　　倍乘数的意义

标 示 数 字	倍 乘 数
0，1，2，3，4，5，6，7，8，9	10^0，10^1，10^2，10^3，10^4，10^5，10^6，10^7，10^8，10^{-1}

示例如图 1-17 所示。

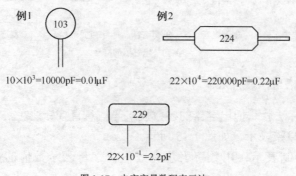

图 1-17 电容容量数码表示法

⑤ 色码表示法：电容器的色码表示法和电阻器的色码表示法基本相同，它也是用 10 种颜色表示 10 个数字，即棕、红、橙、黄、绿、蓝、紫、灰、白、黑，代表 1、2、3、4、5、6、7、8、9、0。三环表示法示例如图 1-18 所示。

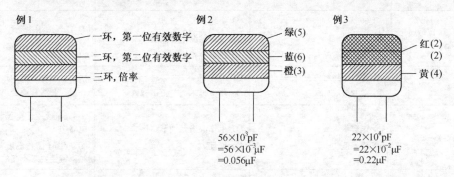

图 1-18　电容容量三环表示法

四环表示法示例如图 1-19 所示。

图 1-19　电容容量四环表示法

五环表示法示例如图 1-20 所示。

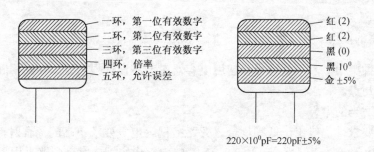

图 1-20　电容容量五环表示法

电容量除了以上表示法外，还有六环表示法、色点表示法、颜色和数字标注法、字母加数字表示法，在操作过程中不认识电容器显然是不行的，因此我们需不断地学习。

1.2.3　性能

电容器的性能、结构和用途在很大程度上取决于电容器的介质，对设计者来说，如何选择电容器的种类就是一个实际问题。在设计时不仅要考虑电路的要求，也要考虑电容器的价格。几种常用电容器的性能如表 1-5 所示（供选用时参考）。

表 1-5   电容器的性能

| 种　　类 | 性能特点 | | 用　　途 |
	优　点	缺　点	
纸介电容器(含金属化纸介电容器)	① 电容量和工作电压范围宽 ② 成本低	① 损耗大 ② 容量精度不易控制 ③ 稳定性差	① 广泛应用于无线电、家电 ② 不宜在高频电路中使用
瓷介电容器	① 耐热、绝缘性好 ② 成本低	① 易碎裂 ② 稳定性不如云母电容器	适用于高频、高压电路，温度补偿、旁路和耦合电路等
铝电解电容器	① 电容量大 ② 成本低	① 工作温度范围窄 ② 损耗大	① 大量应用于电子装置、家用电器中 ② 应用于工作温度范围较窄、频率特性要求不高的场合
钽电解电容器	① 体积小 ② 上下限温度范围宽 ③ 频率特性好 ④ 损耗小	价格高	应用于要求较高的场合
聚苯乙烯薄膜电容器	① 绝缘电阻高、损耗小 ② 容量精度高 ③ 稳定性高	耐热及耐潮湿性差	应用广泛，如谐振回路、滤波和耦合回路等
云母电容器	① 稳定性高 ② 可靠性高 ③ 高频特性好	相对体积较大	应用于无线电设备

1.2.4　使用及检测

1. 电容器的使用

电容器的种类很多，正确选择和使用电容器对产品设计很重要。在选择和使用电容器时需要注意以下几点。

（1）选择适当的型号

根据电路要求，一般用于低频耦合、旁路去耦等电气要求不高的场合时，可使用纸介电容器、电解电容器等，级间耦合选用 $1\sim22\mu F$ 的电解电容器，射极旁路采用 $10\sim220\mu F$ 的电解电容器；在中频电路中，可选用 $0.01\sim0.1\mu F$ 的纸介、金属化纸介、有机薄膜电容器等；在高频电路中，则应选用云母和瓷介电容器。

在电源滤波和退耦电路中，可选用电解电容器，一般只要容量、耐压、体积和成本满足要求就可以。

对于可变电容器，应根据电容统调的级数，确定采用单联或多联可变电容器。如不需要经常调整，可选用微调电容器。

（2）合理选用标称容量及公差等级

在很多情况下，对电容器的容量要求不严格，容量误差可以很大。如在旁路、退耦电路及低频耦合电路中，选用时可根据设计值，选用相近容量或容量大些的电容器。但在振荡回路、延时电路、音调控制电路中，电容量应尽量与设计值一致，电容器的公差等级要求就高些。在各种滤波器和各种网络中，对电容量的公差等级有更高的要求。

（3）电容器额定电压的选择

如果电路中的实际电压高于电容器的额定工作电压时，电容器就会发生击穿损坏。一般应高于实际电压1～2倍，使其留有足够的余量才行。对于电解电容器，实际电压应是电解电容器额定工作电压的50%～70%。如果实际电压低于额定工作电压一半以下，反而会使电解电容器的损耗增大。

（4）选用绝缘电阻高的电容器

在高温、高压条件下更要选择绝缘电阻高的电容器。

（5）在装配中的注意事项

应使电容器的标识易于观察到，以便核对。同时应注意不可将电解电容器极性接错，否则会损坏电解电容器，甚至会有爆炸的危险。

2．电容器的检测

电路中常见的电容器故障是开路失效、短路击穿、漏电或电容量变化。一般情况下，人们都是用普通万用表来检查电容器。下面对电容器检测进行简单介绍。

① 利用万用表表针摆动情况检测电容器的好坏，其检测方法如表1-6所示。

表1-6 电容检测

量程选择	正常	断路损坏	短路损坏	漏电现象	备注
×10k(<1μF) ×1k(1～100μF) ×100(>100μF)	先向右偏转，再缓慢向左回归	表针不动	表针不回归	$R<500k\Omega$	重复检测某一电容器时，每次都要将被测电容短路一次

② 电解电容器极性的判别。

若当电解电容器极性标注不明确时，可通过测量其漏电流的方式来判断正、负极性。将万用表调至R×100或R×1k挡，先测量电解电容器的漏电阻值，再对调红、黑表棒测量第二个漏电阻值，最后比较两次的测量结果。在漏电阻值较大的那次测量中，黑表棒接的一端表示电解电容器的正极，红表棒接的一端表示负极。

1.3 电 感 器

电感器是常用的基本电子元件之一，它是依据电磁感应原理制成的，一般由导线统制而成，在电路中具有通直流电、阻止交流电通过的能力。它广泛应用于调谐、振荡、滤波、耦合、均衡、延迟、匹配、补偿等电路。电感器的种类繁多、形状各异。由于电感器是非标准元件，除有少量现成产品外，通常需根据电路的要求自行设计制作。因此，我们要了解电感器的分类、识别与检测，也需要了解自制电感器的一般方法。

1.3.1 分类

电感器（一般称电感线圈）的种类很多，分类方法也不一样，其分类如图 1-21 所示。各种电感线圈都具有不同的特点和用途，但它们都是用漆包线、纱包线、裸铜线绕在绝缘骨架上或铁芯上构成的，而且每圈之间要彼此绝缘。

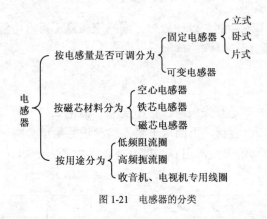

图 1-21　电感器的分类

1.3.2 参数规格及符号

1. 参数规格

电感线圈和电容器一样，是一种无源元件，也是一种储能元件。电感线圈的主要技术参数有如下几个。

（1）电感量

电感量的大小与线圈的匝数、直径、绕制方式、内部是否有磁芯及磁芯材料等因素有关。匝数越多，电感量就越大。线圈内装有磁芯或铁芯，可以增大电感量。一般磁芯用于高频场合，铁芯用在低频场合。线圈中装有铜芯，则会使电感量减小。电感量的单位是亨利，简称亨，用 H 表示，常用的有毫亨（mH）、微亨（μH）、纳亨（nH）。换算关系为：$1H = 10^3 mH = 10^6 \mu H = 10^9 nH$。

（2）品质因数

品质因数反映了电感线圈质量的高低，通常称为 Q 值。Q 值高，线圈损耗就小，反之，若线圈的损耗较大，则 Q 值就较低。

（3）分布电容

线圈匝与匝之间以及绕组与屏蔽罩或地之间，不可避免地存在着分布电容。分布电容的存在使线圈的 Q 值下降。一般要求电感线圈的分布电容尽可能小，为此，可减小线圈骨架的直径，用细导线绕制线圈，采用间绕法、蜂房式绕法。

（4）允许误差

允许误差是指线圈的标称值与实际电感量的允许误差值，也称电感量的精度，对它的要求视用途而定。一般对用于振荡或滤波等电路中的电感线圈要求较高，允许误差为±0.2%～±0.5%；而用于耦合、高频阻流的电感线圈则要求不高，允许误差为±10%～±15%。

（5）额定电流

额定电流是指电感线圈在正常工作时所允许通过的最大电流。若工作电流超过该额定电流值，线圈会过电流而发热，其参数会改变，严重时会烧断。

（6）稳定性

稳定性是指在指定工作环境（温度、湿度等）及额定电流下，线圈的电感量、品质因数以及固定电容等参数的稳定程度，其参量变化应在给定的范围内，保证电路的可靠性。

2．电感器的符号（见图1-22）

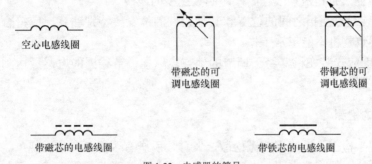

空心电感线圈

带磁芯的可调电感线圈

带铜芯的可调电感线圈

带磁芯的电感线圈

带铁芯的电感线圈

图1-22　电感器的符号

3．电感器的规格与标注方法

一般固定电感器的电感量可用数字直接标在电感器的外壳上。电感量的允许误差用Ⅰ、Ⅱ、Ⅲ即±5%、±10%、±20%表示，直接标在电感器外壳上。

1.3.3　性能

电感器的特性与电容器的特性正好相反，它具有阻止交流电通过而让直流电顺利通过的特性。直流信号通过线圈时的电阻就是导线本身的电阻，压降很小；当交流信号通过线圈时，线圈两端将会产生自感电动势，自感电动势的方向与外加电压的方向相反，阻碍交流的通过，所以电感器的特性是通直流、阻交流，频率越高，线圈阻抗越大。电感器在电路中经常和电容器一起工作，构成LC滤波器、LC振荡器等。另外，人们还利用电感的特性，制造了阻流圈、变压器、继电器等。

通直流：指电感器对直流呈通路状态，如果不计电感线圈的电阻，那么直流电可以"畅通无阻"地通过电感器，对直流而言，线圈本身电阻对直流的阻碍作用很小，所以在电路分析中往往忽略不计。

阻交流：当交流电通过电感线圈时电感器对交流电存在着阻碍作用，阻碍交流电的是电感线圈的感抗。

1.3.4 使用及检测

1. 电感器的使用

电感线圈的用途很广，使用电感线圈时应注意其性能是否符合电路要求，并应正确使用，防止接错线和损坏。在使用电感线圈时，还应注意以下几点。

① 在选电感器时，首先应明确其使用频率范围。铁芯线圈只能用于低频，铁氧体线圈、空心线圈可用于高频。其次要弄清线圈的电感量和适用的电压范围。

② 电感线圈本身是磁感应元件，对周围的电感性元件有影响，安装时要注意电感性元件之间的相互位置，一般应使相互靠近的电感线圈的轴线互相垂直。

③ 在使用线圈时应注意不要随便改变线圈的形状、大小和线圈间的距离，否则会影响线圈原来的电感量，尤其是频率越高，即圈数越少的线圈。

④ 线圈在装配时互相之间的位置和其他元件的位置要特别注意，应符合规定要求，以免互相影响而导致整机不能正常工作。

⑤ 可调线圈应安装在机器易于调节的地方，以便调节线圈的电感量达到最理想的工作状态。

2. 电感器的检测

首先从外观上检查，看线圈有无松散、发霉，引脚有否折断、生锈现象。进一步可用万用表的欧姆挡测线圈的直流电阻，若直流电阻为无穷大，说明线圈内或线圈与引线间已经断路；若直流电阻比正常值小很多，说明线圈内有局部短路；若直流电阻为零，则说明线圈被完全短路。具有金属屏蔽罩的线圈，还需测量它的线圈和屏蔽罩间是否有短路，具有磁芯的可调电感线圈要求磁芯的螺纹配合要好，既要轻松，又不滑牙。

线圈的断线往往是因为受潮发霉或折断的。一般的故障多数发生在线圈出头的焊接点上或经常拗扭的地方。

如要准确测量电感线圈的电感量 L 和品质因数 Q，就需要用专门仪器来进行测量，而且测试步骤较为复杂。一般用万用表欧姆挡 R×1 或 R×10 挡，测电感器的阻值，若为无穷大，表明电感器断路；如电阻很小，说明电感器正常。在电感量相同的多个电感器中，如果电阻值小，则表明 Q 值高。

1.4 二 极 管

半导体二极管是应用最广的电子元器件之一。二极管的基本特性是单向导通。在电路中其主要作用是整流、检波、电子开关和稳压等。作为电类专业人员，不仅要认识、熟悉各种普通二极管及其检测方法，也要关注各种特殊二极管的工作原理、工作条件和实际应用。

1.4.1 分类

二极管种类有很多，按照所用的半导体材料，可分为锗二极管（Ge 管）和硅二极管（Si 管）。根据其不同用途，可分为检波二极管、整流二极管、稳压二极管、开关二极管、隔离二极管、肖特基二极管、发光二极管、硅功率开关二极管、旋转二极管等。按照管芯结构，又可分为点接触型二极管、面接触型二极管及平面型二极管。点接触型二极管是用一根很细的金属丝压在光洁的半导体晶片表面，通以脉冲电流，使触丝一端与晶片牢固地烧结在一起，形成一个 PN 结。由于是点接触，只允许通过较小的电流（不超过几十毫安），适用于高频小电流电路，如收音机的检波等。面接触型二极管的 PN 结面积较大，允许通过较大的电流（几安到几十安），主要用于把交流电变换成直流电的整流电路中。平面型二极管是一种特制的硅二极管，它不仅能通过较大的电流，而且性能稳定可靠，多用于开关、脉冲及高频电路中。

1.4.2 参数规格及符号

1．参数规格

除通用参数外，不同用途的二极管还有其各自的特殊参数。下面介绍二极管的参数，如整流、检波等共有的参数。

（1）最大整流电流

它是晶体二极管在正常连续工作时，能通过的最大正向电流值。使用时电路的最大电流不能超过此值，否则二极管就会发热而烧毁。

（2）最高反向工作电压

二极管正常工作时所能承受的最高反向电压值。它是击穿电压值的一半。也就是说，将一定的电压反向加在二极管两极，二极管的 PN 结不致引起击穿。一般使用时，外加反向电压不得超过此值，以保证二极管的安全。

（3）最大反向电流

这个参数是指在最高反向工作电压下允许流过的反向电流。这个电流的大小，反映了晶体二极管单向导电性能的好坏。如果这个反向电流值太大，就会使二极管过热而损坏，因此这个值越小，表明二极管的质量越好。

（4）最高工作频率

这个参数是指二极管在正常工作下的最高频率。如果通过二极管电流的频率大于此值，二极管将不能起到它应有的作用。在选用二极管时，一定要考虑电路频率的高低，选择能满足电路频率要求的二极管。

2．二极管符号

二极管的种类较多，其主要的几种电路符号如图 1-23 所示。

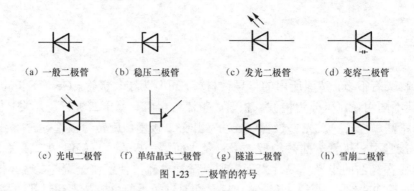

|(a)一般二极管|(b)稳压二极管|(c)发光二极管|(d)变容二极管|
|(e)光电二极管|(f)单结晶式二极管|(g)隧道二极管|(h)雪崩二极管|

图 1-23　二极管的符号

3．二极管的规格与标注方法

二极管的型号命名通常根据国家标准 GB 249—1974 规定，由 5 部分组成。第一部分用数字表示器件电极的数目，第二部分用汉语拼音字母表示器件材料和极性，第三部分用汉语拼音字母表示器件的类型，第四部分用数字表示器件序号，第五部分用汉语拼音字母表示规格号。其具体含义如表 1-7 所示。

表 1-7　二极管命名规则

第一部分		第二部分		第三部分类别		第四部分	第五部分
主称		材料与极性				序号	规格号
数字	含义	字母	含义	字母	含义		
2	二极管	A	N 型锗材料	P	小信号管（普通管）	用数字表示同一类别产品序号	用字母表示产品规格、档次
				W	电压调整管和电压基准管（稳压管）		
				L	整流堆		
		B	P 型锗材料	N	阻尼管		
				Z	整流管		
				U	光电管		
		C	N 型硅材料	K	开关管		
				D 或 C	变容管		
				V	混频检波管		
		D	P 型硅材料	JD	激光管		
				S	隧道管		
				CM	磁敏管		
		E	化合物材料	H	恒流管		
				Y	体效应管		
				EF	发光二极管		

1.4.3　性能

1．单方向导电性

二极管最重要的特性就是单向导电性。在电路中，电流只能从二极管的正极流入，负极流出。

正向特性：在电子电路中，将二极管的正极接在高电位端，负极接在低电位端，二极管就会导通，这种连接方式，称为正向偏置。必须说明，当加在二极管两端的正向电压很小时，二极管仍然不能导通，流过二极管的正向电流十分微弱。只有当正向电压达到某一数值（这一数值称为"门槛电压"，又称"死区电压"，锗管约为 0.1V，硅管约为 0.5V）以后，二极管才能真正导通。导通后二极管两端的电压基本上保持不变（锗管约为 0.3V，硅管约为 0.7V），称为二极管的"正向压降"。

反向特性：在电子电路中，二极管的正极接在低电位端，负极接在高电位端，此时二极管中几乎没有电流流过，此时二极管处于截止状态，这种连接方式，称为反向偏置。二极管处于反向偏置时，仍然会有微弱的反向电流流过二极管，称为漏电流。当二极管两端的反向电压增大到某一数值，反向电流会急剧增大，二极管将失去单方向导电特性，这种状态称为二极管的击穿。

2．几种特殊二极管

（1）稳压二极管

稳压管反向电压在一定范围内变化时，反向电流很小，当反向电压增高到击穿电压时，反向电流突然猛增，稳压管从而反向击穿，此后，电流虽然在很大范围内变化，但稳压管两端的电压的变化却相当小，利用这一特性，稳压管就在电路中起到稳压的作用了。而且，稳压管与其他普通二极管的不同之处是反向击穿是可逆性的，当去掉反向电压稳压管又恢复正常，但如果反向电流超过允许范围，二极管将会发热击穿，所以，与其配合的电阻往往起到限流的作用。

（2）整流二极管

整流二极管主要用于整流电路，即把交流电变换成脉动的直流电。整流二极管都是面结型，因此结电容较大，使其频率范围亦较窄而低，一般为 3kHz 以下。常用的整流二极管有2CZ 型、2DZ 型及用于高压、高频电路的 2DGL 型等。

（3）发光二极管

发光二极管是一种把电能变成光能的半导体器件。它具有一个 PN 结，与普通二极管一样，具有单向导电的特性。当给发光二极管加上偏压，有一定的电流流过时发光二极管就会发光。

发光二极管的种类以发光的颜色可分为红色光的、黄色光的、绿色光的，还有三色变色发光二极管和肉眼看不见光的红外光二极管。对于发红光、绿光、黄光的发光二极管，引脚引线以较长者为正极，较短者为负极。如管帽上有凸起标志，那么靠近凸起标志的引脚就为正极。

（4）光电二极管（光敏二极管）

光电二极管跟普通二极管一样，也是由一个 PN 结构成。但是它的 PN 结面积较大，是专为接收入射光而设计的。它是利用 PN 结在施加反向电压时，在光线照射下反向电阻由大变小的原理来工作的。也就是说，当没有光照射时反向电流很小，而反向电阻很大；当有光照射时，反向电阻减小，反向电流增大。

光电二极管在无光照射时的反向电流称为暗电流，有光照射时的反向电流叫光电流（亮电流）。另外，光电二极管是反向接入电路的，即正极接低电位，负极接高电位。

（5）检波二极管

检波二极管的主要作用是把高频信号中的低频信号检出。它们的结构为点接触型，结电容较小，一般都采用锗材料制成。这种管子的封装多采用玻璃外壳。常用的检波二极管有 2AP 型等。

（6）阻尼二极管

阻尼二极管多用在高频电压电路中，能承受较高的反向击穿电压和较大的峰值电流，一般用在电视机电路中。常用的阻尼二极管有 2CNI、2CN2、BS-4 等。

1.4.4 使用及检测

1．二极管的使用

选二极管时不能超过它的极限参数，即最大整流电流、最高反向工作电压、最高工作频率、最高结温等，并留有一定的余量，此外，还应根据技术要求进行选择。

① 当要求反向电压高、反向电流小、工作温度高于 100℃时应选用硅管，需要导通电流大时，应选面接触型硅管。

② 要求导通压降较低时选锗管，工作频率较高时，选点接触型二极管（一般为锗管）。

③ 点接触二极管的工作频率高，不能承受较高的电压和通过较大的电流，多用于检波、小电流整流或高频开关电路。面接触二极管的工作电流和能承受的功率都较大，但适用的频率较低，多用于整流、稳压、低频开关电路等方面。选用整流二极管时，既要考虑正向电压，也要考虑反向饱和电流和最大反向电压。选用检波二极管时，要求工作频率高，正向电阻小，以保证较高的工作效率，特性曲线要好，避免引起过大的失真。

2．二极管的检测

普通二极管一般分为玻璃封装和塑料封装两种，它们的外壳上均印有型号和标记。标记箭头的指向为阴极。有的二极管上只有一个色点，则有色点的一端为阳极。有的二极管上只有一个色圈，则靠色圈的一端为阴极。

若遇到型号标记不清时，可以借助数字万用表的欧姆挡简单判别。根据 PN 结正向导通电阻值小、反向截止电阻值大的原理来简单确定二极管的好坏和极性。具体做法是：将万用表置于二极管挡，用红、黑两表笔接触二极管两端，表头有一个指示；将红、黑两表笔反过来再次接触二极管两端，表头又有一个指示。若两次指示的值相差很大．则说明该二极管单向导电性好，并且超量程的那次，黑表笔所接端为二极管的阳极；若两次指示的阻值相差很小，则说明该二极管已失去单向导电性；若两次指示的值均超量程，则说明该二极管已开路。

发光二极管出厂时，一根引线比另一根引线做得长，通常，较长的引线表示阳极，另一根为阴极。若辨别不出引线的长短，则可通过观察发光二极管底盘来辨认，底盘圆形缺一部分的方向对应的引脚为阴极。

如果不知道被测的二极管是硅管还是锗管，可用万用表测量二极管正向压降，硅二极管一般为 0.6～0.7V，锗管为 0.1～0.3V。

1.5 三 极 管

三极管又称双极型晶体管（BJT），内含两个 PN 结，3 个导电区域。两个 PN 结分别称作发射结和集电结，发射结和集电结之间为基区。从 3 个导电区引出 3 根电极，分别为集电极 C、基极 B 和发射极 E。它是一种电流控制电流的半导体器件，其作用是把微弱信号放大成幅值较大的电信号，也用作无触点开关。晶体三极管是电子电路的核心器件。

1.5.1 分类

① 按材料和极性分，有硅材料的 NPN 与 PNP 三极管，锗材料的 NPN 与 PNP 三极管。

② 按用途分，有高、中频放大管，低频放大管，低噪声放大管，光电管，开关管，高压反压管，达林顿管，带阻尼的三极管等。

③ 按功率分，有小功率三极管、中功率三极管、大功率三极管。

④ 按工作频率分，有低频三极管、高频三极管和超高频三极管。

⑤ 按制作工艺分，有平面型三极管、合金型三极管、扩散型三极管。

⑥ 按外形封装的不同，可分为金属封装三极管、玻璃封装三极管、陶瓷封装三极管、塑料封装三极管等。

1.5.2 参数规格及符号

1. 参数规格

晶体三极管的参数可分为直流参数、交流参数、极限参数 3 大类。

（1）直流参数

① 集电极-基极反向电流 I_{CBO}。当发射极开路，集电极与基极间加上规定的反向电压时，集电结中的漏电流。此值越小说明三极管的温度稳定性越好。一般小功率管约 $10\mu A$，硅管更小些。

② 集电极-发射极反向电流 I_{CEO}，也称穿透电流。它是指基极开路，集电极与发射极之间加上规定的反向电压时，集电极的漏电流。这个参数表明三极管的稳定性能的好坏。如果此值过大，说明这个管子不宜使用。

（2）极限参数

① 集电极最大允许电流 I_{CM}。当三极管的 β 值下降到最大值的一半时，管子的集电极电流就称为集电极最大允许电流。当管子的集电极电流 I_C 超过一定值时，将引起三极管某些参数的变化，最明显的是 β 值的下降。因此，实际使用时 I_C 要小于 I_{CM}。

② 集电极最大允许耗散功率 P_{CM}。当三极管工作时，由于集电极要耗散一定的功率而使集电结发热，当温升过高时就会导致参数变化，甚至烧毁三极管。为此规定三极管集电极温度升高到不至于将集电结烧毁所消耗的功率，就称为集电极最大耗散功率。在使用时为提高

P_{CM}，可给大功率管加上散热片。

③ 集电极-发射极反向击穿电压 BV_{CEO}。当基极开路时，集电极与发射极间允许加的最大电压。在实际使用时加到集电极与发射极之间的电压，一定要小于 BV_{CEO}，否则将损坏晶体三极管。

（3）晶体三极管的电流放大倍数

① 直流放大倍数。这个参数是指无交流信号输入时，共发射极电路，集电极输出直流电流 I_C 与基极输入直流 I_B 的比值，即 $\overline{\beta} = I_C/I_B$。

② 交流放大倍数 β。这个参数是指在共发射极电路有信号输入时，集电极电流的变化量与基极电流变化量的比值，即 $\beta = \Delta I_C/\Delta I_B$。

以上两个参数分别表明了三极管对直流电流的放大能力及对交流电流的放大能力，但由于这两个参数值近似相等，即 $\overline{\beta} \approx \beta$，因而在实际使用时一般不再区分。

为了能直观地表明三极管的放大倍数，常在三极管的外壳上标上不同的色标，为选用三极管带来了很大的方便。

锗/硅开关管、高低频小功率管、硅低频大功率管 D 系列/DD 系列/3CD 系列的分挡标记如下：

0～15～25～40～55～80～120～180～270～440

棕 红 橙 黄 绿 蓝 紫 灰 白 黑

锗低频大功率 3AD 系列分挡标记如下：

20～30～40～60～90

棕 红 橙 黄 绿

（4）特征频率 f_T

因为 β 值随工作频率的升高而下降，频率越高 β 下降越严重。三极管的特征频率 f_T 是当 β 值下降到 1 时的频率值。就是说，在这个频率下工作的三极管，已失去放大能力，即 f_T 是三极管运用的极限频率。因此在选用三极管时，一般管子的特征频率要比电路的工作频率至少高 3 倍，但并不是 f_T 越高越好，否则将引起电路的振荡。

2．三极管的符号

在三极管的符号中，中间横线是基极 B，带箭头的斜线是发射极 E，另一斜线是集电极 C，如图 1-24 所示。

3．三极管的规格与型号

由于三极管的型号很多，为了能在使用中很好地识别三极管的型号，应注意以下几点。

① 国内合资企业生产的三极管有相当一部分采用国外同类产品的型号，如 2SCl815、2SA562 等。

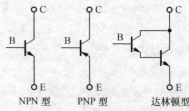

NPN 型　　　PNP 型　　　达林顿型

图 1-24　三极管的符号

② 有些日产三极管受管面积较小的限制，为打印型号的方便，往往把型号前面的 2S 省掉。如 2SA733 型三极管可简写为 A733，2SD869 型可简写为 D869，2SD903 可简写为 D903 等。

③ 表面封装的三极管因受体积微小的限制，其型号是用数字表示的，使用时应将数字

表示的型号与标准型号相对应，以防用错。

④ 美国产的三极管型号是用 2N 开头的，N 是美国电子工业协会注册标志，其后面的数字是登记序号。从型号中无法反映出管子的极性、材料及高/低频特性和功率的大小，如 2N6275、2N5401、2N5551 等。

⑤ 欧洲国家生产的三极管各部分字母和数字所表示的含义如表 1-8 所示，如 BU08D、BU607D、BU206A、BC548、BD234、BD 410、BF458 等。

表1-8　　　　　　　　　　　　欧洲国家三极管型号中字母与数字的含义

第一部分	第二部分	第三部分	第四部分
A 表示锗材料,B 表示硅材料	C—低频小功率管　D—低频大功率管　F—高频小功率管　L—高频大功率管　S—小功率开关管　U—大功率开关管	3 位数字表示登记号	β 表示分挡标志

⑥ 韩国三星电子公司生产的三极管在我国电子产品中的应用也很多，以 4 位数字表示三极管的型号，常用的有 9011~9018 等几种型号。其中 9011、9013、9014、9016、9018 为 NPN 型三极管；9012、9015 为 PNP 型三极管；9016、9018 为高频三极管，它们的特征频率 f_T 都在 500MHz 以上；9012、9013 型三极管为功放管，耗散功率为 625mW。

⑦ 日本产三极管的型号中第四部分表示注册登记的顺序号，其数字越大，则表明生产日期距当前时间越近。

1.5.3　性能

晶体三极管具有电流放大作用，其实质是三极管能以基极电流微小的变化量来控制集电极电流较大的变化量。这是三极管最基本的和最重要的特性。我们将 $\Delta I_C/\Delta I_B$ 的比值称为晶体三极管的电流放大倍数，用符号 "β" 表示。电流放大倍数对于某一只三极管来说是一个定值，但随着三极管工作时基极电流的变化也会有一定的改变。它有 3 种工作状态。

截止状态：当加在三极管发射结的电压小于 PN 结的导通电压，基极电流为零，集电极电流和发射极电流都为零，三极管这时失去了电流放大作用，集电极和发射极之间相当于开关的断开状态，我们称三极管处于截止状态。

放大状态：当加在三极管发射结的电压大于 PN 结的导通电压，并处于某一恰当的值时，三极管的发射结正向偏置，集电结反向偏置，这时基极电流对集电极电流起着控制作用，使三极管具有电流放大作用，其电流放大倍数 $\beta = \Delta I_C/\Delta I_B$，这时三极管处于放大状态。因此，三极管最基本的作用是放大作用。

饱和导通状态：当加在三极管发射结的电压大于 PN 结的导通电压，并当基极电流增大到一定程度时，集电极电流不再随着基极电流的增大而增大，而是处于某一定值附近不怎么变化，这时三极管失去电流放大作用，集电极与发射极之间的电压很小，集电极和发射极之间相当于开关的导通状态。三极管的这种状态我们称之为饱和导通状态。

三极管还可以作电子开关，配合其他元器件还可以构成振荡器。半导体三极管除了构成放大器和作开关元器件使用外，还能够做成一些可独立使用的两端或三端器件，如图 1-25 所示。

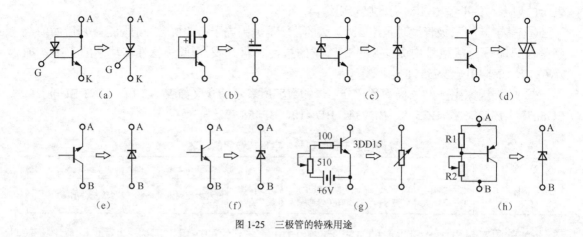

图 1-25 三极管的特殊用途

（a）把一只小功率晶闸管和一只大功率三极管组合，就可得到一只大功率晶闸管，其最大输出电流由大功率三极管的特性决定。

（b）为电容容量扩大电路。利用三极管的电流放大作用，将电容容量扩大若干倍。这种等效电容和一般电容器一样，可浮置工作，适用于在长延时电路中作定时电容。

（c）用稳压二极管构成的稳压电路虽具有简单、元器件少、制作经济方便的优点，但由于稳压二极管稳定电流一般只有数十毫安，因而决定了它只能用在负载电流不太大的场合，可使原稳压二极管的稳定电流及动态电阻范围得到较大的扩展，稳定性能可得到较大的改善。

（d）中的两只三极管串联可直接代换调光台灯中的双向触发二极管。

（e）中的三极管可代用 8V 左右的稳压管。

（f）中的三极管可代用 30V 左右的稳压管。

（g）调节 510Ω 电阻的阻值，即可调节三极管 C、E 两极之间的阻抗，此阻抗变化即可代替可变电阻使用。

（h）为用三极管模拟的稳压管。其稳压原理是：当加到 A、B 两端的输入电压上升时，因三极管的 B、E 结压降基本不变，故 R2 两端压降上升，经过 R2 的电流上升，三极管发射结正偏增强，其导通性也增强，C、E 极间呈现的等效电阻减小，压降降低，从而使 AB 端的输入电压下降。调节 R2 即可调节此模拟稳压管的稳压值。

1.5.4 使用及检测

1. 三极管的使用

① 加到管上的电压极性应正确。PNP 管的发射极对其他两电极是正电位，而 NPN 管则是负电位。

② 不论是静态、动态或不稳定态（如电路开启、关闭时），均须防止电流、电压超出最大极限值，也不得有两项或两项以上参数同时达到极限值。

③ 选用三极管还应注意参数 BV_{CE} 必须满足要求；一般高频工作时要求 $f_T = (5 \sim 10)f$, f

为工作频率；开关电路工作时应考虑三极管的开关参数。

④ 三极管的替换。只要管子的基本参数相同，就能替换，性能高的可替换性能低的。低频小功率管，任何型号的高、低频小功率管都可替换它，但 f_T 不能太高。只要 f_T 符合要求，一般就可以代替高频小功率管，但应选内反馈小的管子，$h_{FE}>20$ 即可。对低频大功率管，一般只要 P_{CM}、I_{CM}、BV_{CEO} 符合要求即可。此外，通常锗、硅管不能互换。

⑤ 工作于开关状态的三极管，因 BV_{CEO} 一般较低，所以应考虑是否要在基极回路加保护线路，以防止发射结击穿；若集电极负载为感性（如继电器的工作线圈），则必须加保护线路（如线圈两端并联续流二极管），以防线圈反电动势损坏三极管。

⑥ 管子应避免靠近热元件，减小温度变化和保证管壳散热良好。功率放大管在耗散功率较大时，应加散热板（磨光的紫铜板或铝板）。管壳与散热板应紧密贴牢。散热装置应垂直安装，以利于空气自然对流。

2. 三极管的识别与测试

（1）判断基极 B

采用万用表的电阻 R×1k 挡，用黑表笔接三极管的某一引脚端（假设作为基极），再用红表笔分别接另外两个引脚端，如果表针指示的两次值都很小，该管便是 NPN 管，其中黑表笔所接的引脚端是基极。如果指针指示的阻值一个很大，一个很小，那么黑笔表所接的引脚端就不是三极管的基极，再另外换一个引脚端进行类似的测试，直至找到基极。

用红表笔接三极管的某一引脚端（假设作为基极），再用黑表笔分别接另外两个引脚，如果表针指示的两次值都很小，则该管是 PNP 管，其中黑表笔所接的引脚端是基极。

（2）判断集电极 C 和发射极 E

方法一：对于 PNP 管，将万用表置于 R×1k 挡，红表笔接基极，用黑表笔分别接触另外两个引脚端时，所测得的两个电阻值会是一大一小。在阻值小的一次测量中，黑表笔所接的引脚端为集电极；在阻值较大的一次测量中，黑表笔所接的引脚端为发射极。

对于 NPN 管，要将黑表笔固定接基极，用红表笔去接触其余两个引脚进行测量，在阻值较小的一次测量中，红表笔所接引脚端为集电极；在阻值较大的一次测量中，红表笔所接的引脚端为发射极。

方法二：将万用表置于 R×1k 挡，两表笔分别接除基极之外的两个引脚端，如果是 NPN 型管，用手指握住基极与黑表笔所接的引脚端，可测得一个电阻值，然后将两表笔交换，同样用手握住基极和黑表笔所接的引脚端，又测得一个电阻值，两次测量阻值小的一次，黑表笔所接的是 NPN 管的集电极，红表笔所接的是发射极。如果是 PNP 管，应用手指握住基极与红表笔所接的引脚，同样，电阻小的一次红表笔接的是 PNP 管集电极，黑表笔所接的是发射极。

方法三：数字万用表上一般都有测试三极管 h_{FE} 的功能，可以用来测试三极管的集电极和发射极。首先测出三极管的基极，并且测出是 NPN 型还是 PNP 型三极管，然后将万用表置于 h_{FE} 功能挡，将三极管的引脚端分别插入基极孔、发射极孔和集电极孔，此时从显示屏上读出 h_{FE} 值；对调一次发射极与集电极，再测一次 h_{FE}；数值较大的一次为正确插入发射极和集电极引脚端的情况。

1.6 场效应管

场效应管（简称 FET）是一种电压控制的半导体器件，与三极管一样也有 3 个电极，即源极 S、栅极 G 和漏极 D，分别对应于（类似于）三极管的 E 极、B 极和 C 极。它具有输入阻抗高，开关速度快，高频特性好，热稳定性好，功率增益大，噪声小等优点，因此，在电路中得到了广泛的应用。

1.6.1 分类

场效应管可以分为两大类：一类为结型场效应管，简写成 JFET；另一类为绝缘栅场效应管，也叫金属-氧化物-半导体绝缘栅场效应管，简称为 MOS 场效应管。

场效应管根据其沟道所采用的半导体材料不同，可分为 N 型沟道和 P 型沟道场效应管两种。MOS 场效应管有耗尽型和增强型之分。

1.6.2 参数规格及符号

1. 场效应管参数

（1）结型场效应管

结型场效应管（JFET）利用加在 PN 结上的反向电压的大小控制 PN 结的厚度，改变导电沟道的宽窄，实现对漏极电流的控制作用。结型场效应管可分为 N 沟道结型场效应管和 P 沟道结型场效应管。其主要参数如下。

① 饱和漏源电流 I_{DSS}。在一定的漏源电压下，当栅压 $U_{GS}=0$ 的漏源电流，称为饱和漏源电流 I_{DSS}。

② 夹断电压 U_p。在一定的漏源电压下，使漏源电流 $I_{DS}=0$ 或小于某一小电流值时的栅源偏压值，称为夹断电压 U_p。

③ 直流输入电阻 R_{GS}。在栅源极之间加一定电压的情况下，栅源极之间的直流电阻称为直流输入电阻 R_{GS}。

④ 输出电阻 R_D。当栅源电压 U_{GS} 为某一定值时，漏源电压的变化与其对应的漏极电流的变化之比，称为输出电阻 R_D。

⑤ 跨导 g_m。在一定的漏源电压下，漏源电流的变化量与引起这个变化的相应的栅压的变化量的比值，称为跨导 g_m，单位为μA/V，即μS。这个数值是衡量场效应管栅极电压对漏源电流控制能力的一个参数，也是衡量场效应管放大能力的重要参数。

⑥ 漏源击穿电压 U_{DSS}。使 I_D 开始剧增的 U_{DS} 为漏源击穿电压 U_{DSS}。

⑦ 栅源击穿电压 U_{GSS}。反向饱和电流急剧增加的栅源电压为栅源击穿电压 U_{GSS}。

（2）绝缘栅场效应管

结型场效应管（JFET）的输入电阻可达 $10^8\Omega$。绝缘栅场效应管是 G 极与 D、S 极完全绝缘的场效应管，输入电阻更高。它是由金属（M）作电极、氧化物（O）作绝缘层和半导体（S）组成的金属-氧化物-半导体场效应管，因此，也称之为 MOS 场效应管。其参数如下。

① 夹断电压 U_p。对于耗尽型绝缘栅场效应管，在一定的漏源 U_{DS} 电压下使漏源电流 $I_{DS}=0$ 或小于某一小电流值时的栅源偏压值，称为夹断电压 U_p。

对于增强型绝缘栅场效应管，在一定的漏源 U_{DS} 电压下，使沟道可以将漏源极连接起来的最小 U_{GS} 即为开启电压 U_T。

② 饱和漏源电流 I_{DSS}。对于耗尽型绝缘栅场效应管，在一定的漏源电压下，当栅压 $U_{GS}=0$ 的漏源电流，称为饱和漏源电流 I_{DSS}。

③ 直流输入电阻 R_{GS}。在栅源极之间加一定电压的情况下，栅源极之间的直流电阻称为直流输入电阻 R_{GS}。

④ 输出电阻 R_D。当栅源电压 U_{GS} 为某一定值时，漏源电压的变化与其对应的漏极电流的变化之比，称为输出电阻 R_D。

⑤ 跨导 g_m。在一定的漏源电压下，漏源电流的变化量与引起这个变化的相应的栅压的变化量的比值，称为跨导 g_m。

⑥ 栅源击穿电压 U_{GSS}。反向饱和电流急剧增加的栅源电压为栅源击穿电压 U_{GSS}。应注意的是，栅、源之间一旦击穿，将造成器件的永久性损坏。因此在使用中，加在栅、源间的电压不应超过 20V，一般电路中多控制在 10V 以下。为了保护栅、源间不被击穿，有的管子在内部已装有保护二极管。

⑦ 漏源击穿电压 U_{DSS}。一般规定，使 I_D 开始剧增的 U_{DS} 为漏源击穿电压 U_{DSS}，在使用 MOS 管时，漏、源间所加工作电压的峰值应小于 U_{DSS}。

2．场效应管符号

场效应管分为两大类：一类为 JFET，即结型场效应管；另一类为 MOSFET，即绝缘栅场效应管。其符号如图 1-26 所示。

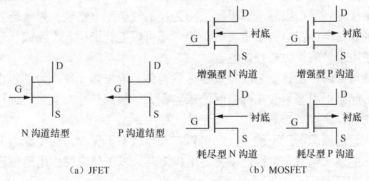

（a）JFET　　　　（b）MOSFET

图 1-26　场效应管的符号

1.6.3　性能

场效应管是电压控制器件，而晶体三极管是电流控制器件。在只允许从信号源取较少电流的情况下，应选用场效应管；而在信号电压较低，又允许从信号源取较多电流的条件下，应选用三极管。场效应管是利用多数载流子导电，所以称之为单极型器件，而三极管既利用多数载流子，也利用少数载流子导电，被称之为双极型器件。有些场效应管的源极和漏极可以互换使用，栅压也可正可负，灵活性比三极管高。场效应管能在很小电流和很低电压的条件下工作，而且它的制造工艺可以很方便地把很多场效应管集成在一块硅片上，因此场效应管在大规模集成电路中得到了广泛的应用。其主要作用如下。

① 场效应管可应用于放大。由于场效应管放大器的输入阻抗很高，因此耦合电容可以容量较小，不必使用电解电容器。

② 场效应管很高的输入阻抗非常适合作阻抗变换，常用于多级放大器的输入级作阻抗变换。

③ 场效应管可以用作可变电阻。

④ 场效应管可以方便地用作恒流源。

⑤ 场效应管可以用作电子开关。

1.6.4　使用及检测

1．场效应管的使用

为了安全使用场效应管，设计的线路应注意不能超过场效应管的耗散功率、最大漏源电压、最大栅源电压和最大电流等参数的极限值。

各类型场效应管在使用时，都要严格按要求的偏置接入电路中，要遵守场效应管偏置的极性。如结型场效应管栅源漏之间是 PN 结，N 沟道管栅极不能加正偏压，P 沟道管栅极不能加负偏压。

为了防止场效应管栅极感应击穿，要求一切测试仪器、工作台、电烙铁、线路本身都必须有良好的接地；引脚在焊接时，先焊源极；在连入电路之前，管子的全部引线端保持互相短接状态，焊接完后才把短接材料去掉；从元器件架上取下管子时，应以适当的方式确保人体接地，如采用接地环等；当然，如果能采用先进的气热型电烙铁，焊接场效应管是比较方便的，并且可确保安全；在未关断电源时，绝对不可以把管子插入电路或从电路中拔出。以上安全措施在使用场效应管时必须注意。

在安装场效应管时，注意安装的位置要尽量避免靠近发热元件；为了防止管件振动，有必要将管壳紧固起来；引脚引线在弯曲时，应当在大于根部尺寸 5 毫米处进行，以防止弯断引脚和引起漏气等。

结型场效应管的栅源电压不能接反，可以在开路状态下保存，而绝缘栅型场效应管在不使用时，由于它的输入电阻非常高，须将各电极短路，以免外电场作用而使管子损坏。

2．场效应管的检测

（1）用测电阻法判别结型场效应管的电极

根据场效应管的 PN 结正、反向电阻值不一样的现象，可以判别出结型场效应管的 3 个电极。具体方法：将万用表拨在 R×1k 挡上，任选两个电极，分别测出其正、反向电阻值。当某两个电极的正、反向电阻值相等，且为几千欧姆时，则该两个电极分别是漏极 D 和源极

S。因为对结型场效应管而言，漏极和源极可互换，剩下的电极肯定是栅极 G。也可以将万用表的黑表笔（红表笔也行）任意接触一个电极，另一支表笔依次去接触其余的两个电极，测其电阻值。当出现两次测得的电阻值近似相等时，则黑表笔所接触的电极为栅极，其余两电极分别为漏极和源极。若两次测出的电阻值均很大，说明 PN 结反向，即都是反向电阻，可以判定是 N 沟道场效应管，且黑表笔接的是栅极；若两次测出的电阻值均很小，说明是正向 PN 结，即是正向电阻，判定为 P 沟道场效应管，黑表笔接的也是栅极。若不出现上述情况，可以调换黑、红表笔按上述方法进行测试，直到判别出栅极为止。

（2）用测电阻法判别场效应管的好坏

测电阻法是用万用表测量场效应管的源极与漏极、栅极与源极、栅极与漏极、栅极 G1 与栅极 G2 之间的电阻值同场效应管手册标明的电阻值是否相符的方法去判别管子的好坏。具体方法：首先将万用表置于 R×10 或 R×100 挡，测量源极 S 与漏极 D 之间的电阻，通常在几十欧到几千欧范围（从手册中可知，各种不同型号的管子，其电阻值是各不相同的），如果测得阻值大于正常值，可能是由于内部接触不良；如果测得阻值是无穷大，可能是内部断极。然后把万用表置于 R×10k 挡，再测栅极 G1 与 G2 之间、栅极与源极、栅极与漏极之间的电阻值，当测得其各项电阻值均为无穷大，则说明管子是正常的；若测得上述各阻值太小或为通路，则说明管子是坏的。要注意，若两个栅极在管子内断极，可用元器件代换法进行检测。

（3）用感应信号输入法估测场效应管的放大能力

具体方法：用万用表电阻的 R×100 挡，红表笔接源极 S，黑表笔接漏极 D，给场效应管加上 1.5V 的电源电压，此时表针指示出漏源极间的电阻值。然后用手捏住结型场效应管的栅极 G，将人体的感应电压信号加到栅极上。这样，由于管子的放大作用，漏源电压 V_{DS} 和漏极电流 I_D 都要发生变化，也就是漏源极间电阻发生了变化，由此可以观察到表针有较大幅度的摆动。如果手捏栅极表针摆动较小，说明管子的放大能力较差；表针摆动较大，表明管子的放大能力大；若表针不动，说明管子是坏的。

根据上述方法，我们用万用表的 R×100 挡，测结型场效应管 3DJ2F。先将管子的 G 极开路，测得漏源电阻 R_{DS} 为 600Ω，用手捏住 G 极后，表针向左摆动，指示的电阻 R_{DS} 为 12kΩ，表针摆动的幅度较大，说明该管是好的，并有较大的放大能力。

运用这种方法时要说明几点：首先，在测试场效应管用手捏住栅极时，万用表的表针可能向右摆动（电阻值减小），也可能向左摆动（电阻值增加）。这是由于人体感应的交流电压较高，而不同的场效应管用电阻挡测量时的工作点可能不同（或者工作在饱和区或者在不饱和区）所致。试验表明，多数管子的 R_{DS} 增大，即表针向左摆动；少数管子的 R_{DS} 减小，表针向右摆动。但无论表针摆动方向如何，只要表针摆动幅度较大，就说明管子有较大的放大能力。第二，此方法对 MOS 场效应管也适用。但要注意，MOS 场效应管的输入电阻高，栅极 G 允许的感应电压不应过高，所以不要直接用手去捏栅极，必须用手握螺丝刀的绝缘柄，用金属杆去碰触栅极，以防止人体感应电荷直接加到栅极，引起栅极击穿。第三，每次测量完毕，应当让 G-S 极间短路一下。这是因为 G-S 结电容上会充有少量电荷，建立起 V_{GS} 电压，造成再进行测量时表针可能不动，只有将 G-S 极间电荷短路放掉才行。

（4）用测电阻法判别无标志的场效应管

首先用测量电阻的方法找出两个有电阻值的引脚，也就是源极 S 和漏极 D，余下两个脚为第一栅极 G1 和第二栅极 G2。把先用两表笔测得的源极 S 与漏极 D 之间的电阻值记下来，对调表笔再测量一次，把其测得电阻值记下来，两次测得阻值较大的一次，黑表笔所接的电极为漏极 D，红表笔所接的为源极 S。用这种方法判别出来的 S、D 极，还可以用估测其管子的放大能力的方法进行验证，即放大能力大的黑表笔所接的是 D 极，红表笔所接的是 S 极，两种方法检测结果均应一样。当确定了漏极 D、源极 S 的位置后，按 D、S 的对应位置装入电路，一般 G1、G2 也会依次对准位置，这就确定了两个栅极 G1、G2 的位置，从而就确定了 D、S、G1、G2 引脚的顺序。

（5）用测反向电阻值的变化判断跨导的大小

对 VMOS N 沟道增强型场效应管测量跨导性能时，可用红表笔接源极 S、黑表笔接漏极 D，这就相当于在源、漏极之间加了一个反向电压。此时栅极是开路的，管子的反向电阻值是很不稳定的。将万用表的欧姆挡选在 R×10k 的高阻挡，此时表内电压较高。当用手接触栅极 G 时，会发现管子的反向电阻值有明显变化，其变化越大，说明管子的跨导值越高；如果被测管的跨导很小，用此法测时，反向阻值变化不大。

1.7　晶　闸　管

晶体闸流管简称晶闸管，旧称可控硅。晶闸管是在三极管基础上发展起来的一种大功率半导体器件。它的出现使半导体器件由弱电领域扩展到强电领域，使弱电对强电的控制得到了很大的发展。晶闸管已在各个领域得到广泛应用，在家电中主要用于交/直流无触点开关、台灯调光、电扇调速、彩色电视机过电压保护等。

1.7.1　分类

晶闸管按其关断、导通及控制方式可分为普通晶闸管（SCR）、双向晶闸管（TRIAC）、逆导晶闸管（RCT）、门极关断晶闸管（GTO）、BTG 晶闸管、温控晶闸管（TT/TTS）和光控晶闸管（LTT）等多种。按其引脚和极性可分为二极晶闸管、三极晶闸管和四极晶闸管。按其封装形式可分为金属封装晶闸管、塑封晶闸管和陶瓷封装晶闸管 3 种类型。其中，金属封装晶闸管又分为螺栓形、平板形、圆壳形等多种，塑封晶闸管又分为带散热片型和不带散热片型两种。按电流容量可分为大功率晶闸管、中功率晶闸管和小功率晶闸管 3 种，通常，大功率晶闸管多采用陶瓷封装，而中、小功率晶闸管则多采用塑封或金属封装。按其关断速度可分为普通晶闸管和快速晶闸管，快速晶闸管包括所有专为快速应用而设计的晶闸管，有常规的快速晶闸管和工作在更高频率的高频晶闸管，可分别应用于 400Hz 和 10kHz 以上的斩波或逆变电路中。

1.7.2　参数规格及符号

1. 晶闸管的参数

晶闸管的主要参数如表 1-9 所示。

技术参数名称	表示方法	定　义	选用思路及说明
正向阻断峰值电压	U_{DRM}	指晶闸管在正向阻断时，可重复加在 A-K 极间最大的正向峰值电压	如果加在 A-K 极的正向电压大于 U_{DRM}，晶闸管就会承受不了而被击穿损坏。使用中加在 A-K 极的正向电压应小于 U_{DRM}
反向阻断峰值电压	U_{RRM}	指反向阻断时，可重复加在晶闸管上的反向峰值电压	在实际应用中，选用 U_{RRM} 一定要大于交流电的反向峰值电压，才能保证晶闸管安全可靠工作
额定正向平均电流	I_T	指在规定环境温度及标准散热条件下，晶闸管处于全导通时可以连续通过的最大正弦半波电流的平均值	在选择晶闸管时，通常选 I_T 应大于正常工作平均电流的 1.5～2 倍，以留有余地
控制极触发电压	U_{GT}	指在规定环境温度下，A-K 极间加一定正向电压时，能使晶闸管从阻断转变为导通所需的最小控制极正向电压	—
控制极触发电流	I_{GT}	指在规定环境温度下，A-K 极间加一定正向电压时，能使晶闸管从阻断转变为导通所需的最小控制极正向电流	—
维持电流	I_H	指在规定环境温度下，撤销触发电压后，能维持晶闸管导通的最小正向电流	例如，$I_H = 20mA$，当导通电流小于 20mA 时，晶闸管就会由导通状态转变为阻断状态

表 1-9　晶闸管的主要参数

2．晶闸管的符号

晶闸管的种类较多，其符号如图 1-27 所示。

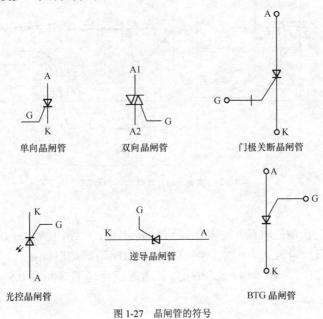

图 1-27　晶闸管的符号

1.7.3　性能

1．晶闸管的静态伏安特性

第Ⅰ象限的是正向特性，有阻断状态和导通状态之分。在正向阻断状态时，晶闸管的伏

安特性是一组随门极电流的增加而不同的曲线
簇，如图 1-28 所示。当 I_G 足够大时，晶闸管
的正向转折电压很小，可以看成与一般二极管
一样。第Ⅲ象限的是反向特性，晶闸管的反向
特性与一般二极管的反向特性相似。

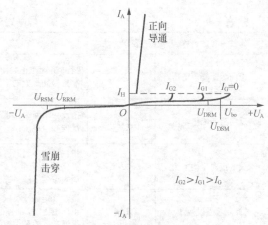

$I_G=0$ 时，器件两端施加正向电压，为正向
阻断状态，只有很小的正向漏电流流过，正向
电压超过临界极限即正向转折电压 U_{bo}，则漏
电流急剧增大，器件开通，随着门极电流幅值
的增大，正向转折电压降低，导通后的晶闸管
特性和二极管的正向特性相仿。晶闸管本身的
压降很小，在 1V 左右。导通期间，如果门极

图 1-28　晶闸管的静态伏安特性

电流为零，并且阳极电流降至接近于零的某一数值 I_H 以下，则晶闸管又回到正向阻断状态。
I_H 称为维持电流。

2．动态特性（见图 1-29）

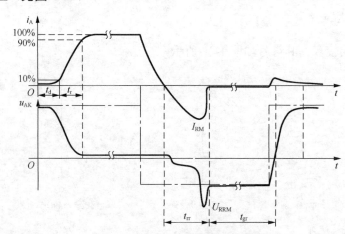

图 1-29　晶闸管的开通和关断过程波形

（1）开通过程

延迟时间 t_d：门极电流阶跃时刻开始，到阳极电流上升到稳态值的 10%的时间。

上升时间 t_r：阳极电流从 10%上升到稳态值的 90%所需的时间。

开通时间 t_{gt}：以上两者之和，$t_{gt}=t_d+t_r$，普通晶闸管延迟时间为 0.5～1.5s，上升时间为
0.5～3s。

（2）关断过程

反向阻断恢复时间 t_{rr}：正向电流降为零到反向恢复电流衰减至接近零的时间。

正向阻断恢复时间 t_{gr}：晶闸管要恢复其对正向电压的阻断能力还需要一段时间，在正向
阻断恢复时间内如果重新对晶闸管施加正向电压，晶闸管会重新正向导通。实际应用中，应
对晶闸管施加足够长时间的反向电压，使晶闸管充分恢复其对正向电压的阻断能力，电路才
能可靠工作。

关断时间 t_q：t_{rr} 与 t_{gr} 之和，即 $t_q=t_{rr}+t_{gr}$。普通晶闸管的关断时间不到毫秒级，这是设计反向电压时间的依据。

1.7.4 使用及检测

1. 晶闸管的使用

使用时一般小功率晶闸管不需加散热片，但应远离发热元件，如大功率电阻、大功率三极管以及电源变压器等。对于大功率晶闸管，必须按手册中的要求加装散热装置及冷却条件，以保证管子工作时的温度不超过结温。

晶闸管在使用中发生短路现象时，会引发过电流将管子烧毁。对于过电流，一般可在交流电源中加装快速保险丝加以保护。快速保险丝的熔断时间极短，一般保险丝的额定电流为晶闸管额定平均电流的 1.5 倍。

交流电源在接通与断开时，有可能在晶闸管的导通或阻断时出现过电压现象，将管子击穿。对于过电压，可采用并联 RC 吸收电路的方法。因为电容两端的电压不能突变，所以只要在晶闸管的阴极及阳极间并联 RC 电路，就可以削弱电源瞬间出现的过电压，起到保护晶闸管的作用。当然也可以采用压敏电阻过电压保护元件进行过电压保护。

选用晶闸管的额定电压时，应参考实际工作条件下的峰值电压的大小，并留出一定的余量。

选用晶闸管的额定电流时，除了考虑通过元件的平均电流外，还应注意正常工作时导通角的大小、散热通风条件等因素。在工作中还应注意管壳温度不超过相应电流下的允许值。

使用晶闸管之前，应该用万用表检查晶闸管是否良好。发现有短路或断路现象时，应立即更换。

严禁用兆欧表（摇表）检查器件的绝缘情况。

电流为 5A 以上的晶闸管要装散热片，并且保证所规定的冷却条件。为保证散热片与晶闸管管芯接触良好，它们之间应涂上一薄层有机硅油或硅脂，以便于良好的散热。

按规定对主电路中的晶闸管采用过电压及过电流保护装置。

要防止晶闸管控制极的正向过载和反向击穿。

2. 晶闸管的检测

（1）单向晶闸管的检测

① 判别各电极：根据普通晶闸管的结构可知，其门极 G 与阴极 K 之间为一个 PN 结，具有单向导电特性，而阳极 A 与门极之间有两个反极性串联的 PN 结。因此，通过用万用表的 R×100 或 R×1 k 挡测量普通晶闸管各引脚之间的电阻值，即能确定 3 个电极。具体方法是：将万用表黑表笔任接晶闸管某一极，红表笔依次去触碰另外两个电极。若测量结果有一次阻值为几千欧姆（kΩ），而另一次阻值为几百欧姆（Ω），则可判定黑表笔接的是门极 G。在阻值为几百欧姆的测量中，红表笔接的是阴极 K，而在阻值为几千欧姆的那次测量中，红表笔接的是阳极 A，若两次测出的阻值均很大，则说明黑表笔接的不是门极 G，应用同样方法改测其他电极，直到找出 3 个电极为止。

也可以测任两脚之间的正、反向电阻，若正、反向电阻均接近无穷大，则两极即为阳极A和阴极K，而另一脚即为门极G。

普通晶闸管也可以根据其封装形式来判断出各电极。一般螺栓形普通晶闸管的螺栓一端为阳极A，较细的引线端为门极G，较粗的引线端为阴极K；平板形普通晶闸管的引线端为门极G，平面端为阳极A，另一端为阴极K；金属壳封装（TO-3）的普通晶闸管，其外壳为阳极A。塑封（TO-220）的普通晶闸管的中间引脚为阳极A，且多与自带散热片相连。图1-30为几种普通晶闸管的引脚排列。

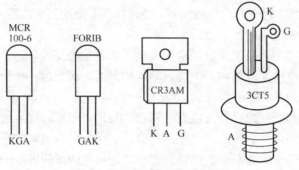

图1-30　几种普通晶闸管的引脚排列

② 判断其好坏：用万用表R×1k挡测量普通晶闸管阳极A与阴极K之间的正、反向电阻，正常时均应为无穷大（∞）；若测得A、K之间的正、反向电阻值为零或阻值均较小，则说明晶闸管内部击穿短路或漏电。

测量门极G与阴极K之间的正、反向电阻值，正常时应有类似二极管的正、反向电阻值（实际测量结果要较普通二极管的正、反向电阻值小一些），即正向电阻值较小（小于2kΩ），反向电阻值较大（大于80kΩ）。若两次测量的电阻值均很大或均很小，则说明该晶闸管G、K极之间开路或短路。若正、反向电阻值均相等或接近，则说明该晶闸管已失效，其G、K极间PN结已失去单向导电作用。

测量阳极A与门极G之间的正、反向电阻，正常时两个阻值均应为接近兆欧级（MΩ）或无穷大，若出现正、反向电阻值不一样（有类似二极管的单向导电），则是G、A极之间反向串联的两个PN结中的一个已击穿短路。

③ 触发能力检测：对于小功率（工作电流为5A以下）的普通晶闸管，可用万用表R×1挡测量。测量时黑表笔接阳极A，红表笔接阴极K，此时表针不动，显示阻值为无穷大（∞）。用镊子或导线将晶闸管的阳极A与门极短路（如图1-31所示），相当于给G极加上正向触发电压，此时若电阻值为几欧姆至几十欧姆（具体阻值根据晶闸管的型号不同会有所差异），则表明晶闸管因正向触发而导通。再断开A极与G极的连接（A、K极上的表笔不动，只将G极的触发电压断掉），若表针示值仍保持在几欧姆至几十欧姆的位置不动，则说明此晶闸管的触发性能良好。

对于工作电流在5A以上的中、大功率普通晶闸管，因其通态压降V_T、维持电流I_H及门极触发电压V_o均相对较大，万用表R×1k挡所提供的电流偏低，晶闸管不能完全导通，故检测时可在黑表笔端串接一只200Ω可调电阻和1～3节1.5V干电池（视被测晶闸管的容量而定，其工作电流大于100A的，应用3节1.5V干电池），如图1-32所示。

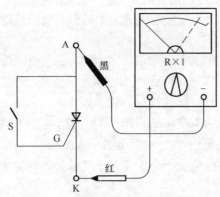

图 1-31　小功率单向晶闸管触发能力检测

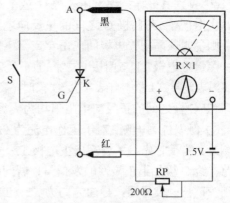

图 1-32　大功率普通晶闸管触发能力检测

也可以用图 1-33 中的测试电路测试普通晶闸管的触发能力。电路中，VS 为被测晶闸管，
HL 为 6.3 V 指示灯（手电筒中的小电珠），GB 为 6 V 电源
（可使用 4 节 1.5 V 干电池或 6 V 稳压电源），S 为按钮，R
为限流电阻。

当按钮 S 未接通时，晶闸管 VS 处于阻断状态，指示
灯 HL 不亮（若此时 HL 亮，则是 VS 击穿或漏电损坏）。
按动一下按钮 S 后（使 S 接通一下，为晶闸管 VS 的门极
G 提供触发电压），若指示灯 HL 一直点亮，则说明晶闸管
的触发能力良好。若指示灯亮度偏低，则表明晶闸管性能
不良、导通压降大（正常时导通压降应为 1 V 左右）。若按

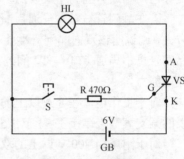

图 1-33　普通晶闸管测试电路

钮 S 接通时，指示灯亮，而按钮 S 断开时，指示灯熄灭，则说明晶闸管已损坏，触发性能不良。

（2）双向晶闸管的检测

① 判别各电极：用万用表 R×1 或 R×10 挡分别测量双向晶闸管 3 个引脚间的正、反向电
阻值，若测得某一引脚与其他两脚均不通，则
此脚便是主电极 T2。找出 T2 极之后，剩下的
两脚便是主电极 T1 和门极 G3。测量这两脚之
间的正、反向电阻值，会测得两个均较小的电
阻值。在电阻值较小（几十欧姆）的一次测量
中，黑表笔接的是主电极 T1，红表笔接的是门
极 G。

螺栓形双向晶闸管的螺栓一端为主电极
T2，较细的引线端为门极 G，较粗的引线端为
主电极 T1。金属封装（TO-3）双向晶闸管的
外壳为主电极 T2。塑封（TO-220）双向晶闸
管的中间引脚为主电极 T2，该极通常与自带
小散热片相连。图 1-34 为几种双向晶闸管的
引脚排列。

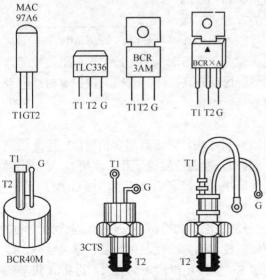

图 1-34　几种双向晶闸管的引脚排列

② 判别其好坏：用万用表 R×1 或 R×10 挡测量双向晶闸管的主电极 T1 与主电极 T2 之间、主电极 T2 与门极 G 之间的正反向电阻值，正常时均应接近无穷大。若测得电阻值均很小，则说明该晶闸管电极间已击穿或漏电短路。

测量主电极 T1 与门极 G 之间的正反向电阻值，正常时均应在几十欧姆（Ω）至 100Ω 之间（黑表笔接 T1 极，红表笔接 G 极时，测得的正向电阻值较反向电阻值略小一些）。若测得 T1 极与 G 极之间的正反向电阻值均为无穷大，则说明该晶闸管已开路损坏。

③ 触发能力检测：对于工作电流为 8A 以下的小功率双向晶闸管，可用万用表 R×1 挡直接测量。测量时先将黑表笔接主电极 T2，红表笔接主电极 T1，然后用镊子将 T2 极与门极 G 短路，给 G 极加上正极性触发信号，若此时测得的电阻值由无穷大变为十几欧姆，则说明该晶闸管已被触发导通，导通方向为 T2→T1。

再将黑表笔接主电极 T1，红表笔接主电极 T2，用镊子将 T2 极与门极 G 之间短路，给 G 极加上负极性触发信号时，测得的电阻值应由无穷大变为十几欧姆，则说明该晶闸管已被触发导通，导通方向为 T1→T2。

若在晶闸管被触发导通后断开 G 极，T2、T1 极间不能维持低阻导通状态而阻值变为无穷大，则说明该双向晶闸管性能不良或已经损坏。若给 G 极加上正（或负）极性触发信号后，晶闸管仍不导通（T1 与 T2 间的正反向电阻值仍为无穷大），则说明该晶闸管已损坏，无触发导通能力。

对于工作电流在 8 A 以上的中、大功率双向晶闸管，在测量其触发能力时，可先在万用表的某支表笔上串接 1～3 节 1.5 V 干电池，然后再用 R×1 挡按上述方法测量。

对于耐压为 400 V 以上的双向晶闸管，也可以用 220 V 交流电压来测试其触发能力及性能好坏。

图 1-35 是双向晶闸管的测试电路。电路中，EL 为 60 W/220 V 白炽灯泡，VS 为被测双向晶闸管，R 为 100Ω 限流电阻，S 为按钮开关。

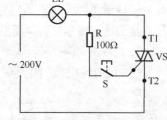

图 1-35 双向晶闸管的测试电路

将电源插头接入市电后，双向晶闸管处于截止状态，灯泡不亮（若此时灯泡正常发光，则说明被测晶闸管的 T1、T2 极之间已击穿短路；若灯泡微亮，则说明被测晶闸管漏电损坏）。按动一下按钮 S，为晶闸管的门极 G 提供触发电压信号，正常时晶闸管应立即被触发导通，灯泡正常发光。若灯泡不能发光，则说明被测晶闸管内部开路损坏。若按动按钮 S 时灯泡点亮，松手后灯泡又熄灭，则表明被测晶闸管的触发性能不良。

（3）门极关断晶闸管的检测

① 判别各电极：门极关断晶闸管 3 个电极的判别方法与普通晶闸管相同，即用万用表的 R×100 挡，找出具有二极管特性的两个电极，其中一次为低阻值（几百欧姆），另一次阻值较大。在阻值小的那一次测量中，红表笔接的是阴极 K，黑表笔接的是门极 G，剩下的一只引脚即为阳极 A。

② 触发能力和关断能力的检测：可关断晶闸管触发能力的检测方法与普通晶闸管相同。检测门极关断晶闸管的关断能力时，可先按检测触发能力的方法使晶闸管处于导通状态，即用万用表 R×1 挡，黑表笔接阳极 A，红表笔接阴极 K，测得电阻值为无穷大。再将 A 极与门极 G 短路，给 G 极加上正向触发信号时，晶闸管被触发导通，其 A、K 极间电阻值由无穷大

变为低阻状态。断开 A 极与 G 极的短路点后，晶闸管维持低阻导通状态，说明其触发能力正常。再在晶闸管的门极 G 与阳极 A 之间加上反向触发信号，若此时 A 极与 K 极间电阻值由低阻值变为无穷大，则说明晶闸管的关断能力正常，图 1-36 是关断能力的检测示意图。

也可以用图 1-37 所示电路来检测门极关断晶闸管的触发能力和关断能力。电路中，EL 为 6.3V 指示灯（小电珠），S 为转换开关，VS 为被测晶闸管。当开关 S 关断时，晶闸管不导通，指示灯不亮。将开关 S 的 K1 触点接通时，为 G 极加上正向触发信号，指示灯亮，说明晶闸管已被触发导通。若将开关 S 断开，指示灯维持发光，则说明晶闸管的触发能力正常。若将开关 S 的 K2 触点接通，为 G 极加上反向触发信号，指示灯熄灭，则说明晶闸管的关断能力正常。

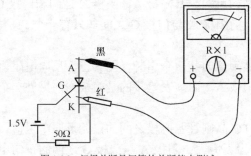

图 1-36 门极关断晶闸管的关断能力测试

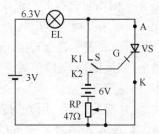

图 1-37 门极关断晶闸管检测电路

（4）温控晶闸管的检测

① 判别各电极：温控晶闸管的内部结构与普通晶闸管相似，因此也可以用判别普通晶闸管电极的方法来找出温控晶闸管的各电极。

② 性能检测：温控晶闸管的好坏也可以用万用表大致测出来，具体方法可参考普通晶闸管的检测方法。

图 1-38 是温控晶闸管的测试电路。电路中，R 是分流电阻，用来设定晶闸管 VS 的开关温度，其阻值越小，开关温度设置值就越高。C 为抗干扰电容，可防止晶闸管 VS 误触发。HL 为 6.3 V 指示灯（小电珠），S 为电源开关。

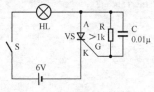

图 1-38 温控晶闸管检测电路

接通电源开关 S 后，晶闸管 VS 不导通，指示灯 HL 不亮。用电吹风"热风"挡给晶闸管 VS 加温，当其温度达到设定温度值时，指示灯亮，说明晶闸管 VS 已被触发导通。若再用电吹风"冷风"挡给晶闸管 VS 降温（或待其自然冷却）至一定温度值时，指示灯能熄灭，则说明该晶闸管性能良好。若接通电源开关后指示灯即亮或给晶闸管加温后指示灯不亮，或给晶闸管降温后指示灯不熄灭，则是被测晶闸管击穿或性能不良。

（5）光控晶闸管检测

用万用表检测小功率光控晶闸管时，可将万用表置于 R×1 挡，在黑表笔上串接 1～3 节 1.5 V 干电池，测量两引脚之间的正反向电阻值，正常时均应为无穷大。然后再用小手电筒或激光笔照射光控晶闸管的受光窗口，此时应能测出一个较小的正向电阻值，但反向电阻值仍为无穷大。在较小电阻值的一次测量中，黑表笔接的是阳极 A，红表笔接的是阴极 K。

也可用图 1-39 中电路对光控晶闸管进行测量。接通电源开关 S，用手电筒照射晶闸管 VS

的受光窗口。为其加上触发光源（大功率光控晶闸管自带光源，只要将其光缆中的发光二极管或半导体激光器加上工作电压即可,不用外加光源）后，指示灯 EL 应点亮，撤离光源后指示灯 EL 应维持发光。

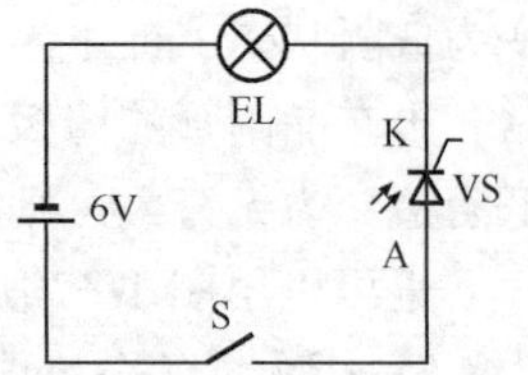

图 1-39 光控晶闸管的测试电路

若接通电源开关 S 后（尚未加光源），指示灯 EL 即点亮，则说明被测晶闸管已击穿短路。若接通电源开关并加上触发光源后，指示灯 EL 仍不亮，在被测晶闸管电极连接正确的情况下，则是该晶闸管内部损坏。若加上触发光源后，指示灯发光，但取消光源后指示灯即熄灭，则说明该晶闸管触发性能不良。

（6）BTG 晶闸管的检测

① 判别各电极：根据 BTG 晶闸管的内部结构可知，其阳极 A、阴极 K 之间和门极 G、阴极 K 之间均包含有多个正反向串联的 PN 结，而阳极 A 与门极 G 之间却只有一个 PN 结。因此，只要用万用表测出 A 极和 G 极即可。

将万用表置于 R×1 k 挡，两表笔任接被测晶闸管的某两个引脚（测其正、反向电阻值），若测出某对引脚为低阻值时，则黑表笔接的是阳极 A，而红表笔接的是门极 G，另外一个引脚即是阴极 K。

② 判断其好坏：用万用表 R×1 k 挡测量 BTG 晶闸管各电极之间的正、反向电阻值。正常时，阳极 A 与阴极 K 之间的正、反向电阻均为无穷大；阳极 A 与门极 G 之间的正向电阻值（指黑表笔接 A 极时）为几百欧姆至几千欧姆，反向电阻值为无穷大。若测得某两极之间的正、反向电阻值均很小，则说明该晶闸管已短路损坏。

③ 触发能力检测：将万用表置于 R×1 挡，黑表笔接阳极 A，红表笔接阴极 K，测得阻值应为无穷大。然后用手指触摸门极 G，给其加一个人体感应信号，若此时 A、K 极之间的电阻值由无穷大变为低阻值（数欧姆），则说明晶闸管的触发能力良好，否则说明此晶闸管的性能不良。

1.8 单 结 管

单结晶体管又叫双基极二极管，简称 UJT，是一种具有负阻特性的单 PN 结半导体器件。单结晶体管广泛应用在振荡、延时和触发等电路中，最常见的电路就是弛张振荡器电路。

1.8.1 符号及参数规格

1. 单结管的符号

单结晶体管是只有一个 PN 结和两个电阻接触电极的半导体器件，它的基片为条状的高阻 N 型硅片，两端分别引出两个基极 B1 和 B2，在硅片中间略偏 B2 一侧制作一个 P 区作为发射极 E。其结构和符号如图 1-40 所示。

在一般情况下，B1 接地，B2 加上正偏压 U_{BB}，在发射极的 N 面产生一加在其极间电压 U_{BB} 的部分电压 ηU_{BB}。

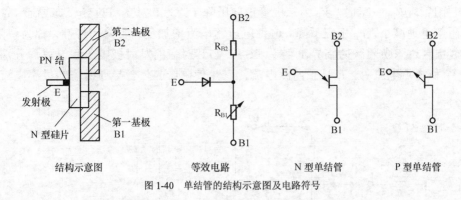

图 1-40　单结管的结构示意图及电路符号

当发射极 E 加上正电压 U_E 时，如果 $U_E < \eta U_{BB}$，则发射极处于负偏压状态，只有极小的反向漏电流。当 $U_E > U_D$（U_D 为发射极的正向压降）时，发射极处于正偏压状态，发射极注入电流。

2. 参数规格

（1）基极间电阻 R_{BB}

发射极开路时，基极 B1、B2 之间的电阻，一般为 $2 \sim 10\text{k}\Omega$，其数值随温度上升而增大。

（2）分压比 η

由管子内部结构决定的常数，它是发射极到第一基极之间的电压和第二基极到第一基极之间的电压之比，一般为 $0.3 \sim 0.8$。

（3）E 与 B1 间反向电压 V_{CB1}

B2 开路，在额定反向电压 V_{CB2} 下，基极 B1 与发射极 E 之间的反向耐压。

（4）反向电流 I_{EO}

B1 开路，在额定反向电压 V_{CB2} 下，E 与 B2 间的反向电流。

（5）发射极饱和压降 V_{EO}

在最大发射极额定电流时，E 与 B1 间的压降。

（6）峰点电流 I_P

单结晶体管刚开始导通时，发射极电压为峰点电压时的发射极电流。

1.8.2　性能

单结管的两基极 B1 与 B2 之间的电阻称为基极电阻：$r_{BB} = r_{B1} + r_{B2}$，式中：r_{B1} 是第一基极与发射结之间的电阻，其数值随发射极电流 i_E 而变化；r_{B2} 为第二基极与发射结之间的电阻，其数值与 i_E 无关；发射结是 PN 结，与二极管等效。其特性测试如图 1-41 所示。

若在基极 B2、B1 间加上正电压 V_{BB}，则 A 点电压为：

$V_A = [r_{B1}/(r_{B1}+r_{B2})] V_{BB} = (r_{B1}/r_{BB}) V_{BB} = \eta V_{BB}$。假如发射极电压 V_E 由零逐渐增加，就可测得单结晶体管的伏安特性。

① 当 $V_E < \eta V_{BB}$ 时，发射结处于反向偏置，管子截止，发射极只有很小的漏电流 I_{CEO}。

② 当 $V_E \geq \eta V_{BB} + V_D$ 时，V_D 为二极管正向压降（约为 0.7V），PN 结正向导通，i_E 明显增加，r_{B1} 阻值迅速减小，V_E 相应下降。这种电压随电流增加反而下降的特性，称为负阻特性。管子由截止区进入负阻区的临界 P 称为峰点，与其对应的发射极电压和电流，分别称为峰点电压 V_P 和峰点电流 I_P。I_P 是正向漏电流，它是使单结晶体管导通所需的最小电流，显然 $V_P = \eta V_{BB}$。

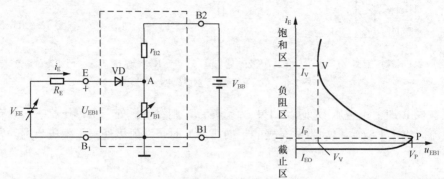

图 1-41　单结晶体管的伏安特性曲线测试

③ 随着发射极电流 i_E 不断上升，V_E 不断下降，降到 V 点后，V_E 不降了，这点 V 称为谷点，与其对应的发射极电压和电流，称为谷点电压 V_V 和谷点电流 I_V。

④ 过了 V 点后，发射极与第一基极间半导体内的载流子达到了饱和状态，所以 V_E 继续增加时，i_E 便缓慢地上升，显然 V_V 是维持单结晶体管导通的最小发射极电压，假如 $V_E < V_V$，管子重新截止。

1.8.3　使用及检测

在某些应用中，用一只二极管与单结晶体管的基极 B2 或发射极 E 相串联，这样可改善温度稳定性及减小电源电压变化的影响。另外，单结晶体管的抗辐照特性很差，不宜在辐照环境中使用。

判断单结晶体管发射极 E 的方法是：把万用表置于 R×100 挡或 R×1k 挡，黑表笔接假设的发射极，红表笔接另外两极，当出现两次低电阻时，黑表笔接的就是单结晶体管的发射极。

单结晶体管 B1 和 B2 的判断方法是：把万用表置于 R×100 挡或 R×1k 挡，用黑表笔接发射极，红表笔分别接另外两极，两次测量中，电阻大的一次，红表笔接的就是 B1 极。

应当说明的是，上述判别 B1、B2 的方法，不一定对所有的单结晶体管都适用，有个别管子的 E-B1 间的正向电阻值较小。不过准确地判断哪极是 B1，哪极是 B2 在实际使用中并不是特别重要。即使 B1、B2 用颠倒了，也不会使管子损坏，只影响输出脉冲的幅度（单结晶体管多作脉冲发生器使用）。当发现输出的脉冲幅度偏小时，只要将原来假定的 B1、B2 对调过来就可以了。

单结晶体管性能的好坏可以通过测量其各极间的电阻值是否正常来判断。用万用表 R×1k 挡，将黑表笔接发射极 E，红表笔依次接两个基极（B1 和 B2），正常时均应有几千欧至十几千欧的电阻值。再将红表笔接发射极 E，黑表笔依次接两个基极，正常时阻值为无穷大。

单结晶体管两个基极（B1 和 B2）之间的正反向电阻值均为 2～10kΩ 范围内，若测得某两极之间的电阻值与上述正常值相差较大时，则说明该二极管已损坏。

1.9　半导体集成电路

集成电路（Integrated Circuit）是一种微型电子器件。半导体集成电路是采用一定的工艺，把一个电路中所需的三极管（又称晶体管）、二极管、电阻、电容和电感等元器件及布线互连，制作在一小块或几小块半导体晶片或介质基片上，然后封装在一个管壳内，成为具有所需电路功能的微型结构，从而完成特定的电路或者系统功能，其中所有元器件在结构上已组成一个整体，使电子元器件向着微小型化、低功耗和高可靠性方面迈进了一大步。

1.9.1　分类

集成电路如果以构成它的电路基础的晶体管来区分，有双极型集成电路和 MOS 集成电路两类。前者以双极结型平面晶体管为主要器件，后者以 MOS 场效应晶体管为基础。一般说来，双极型集成电路优点是速度比较快，缺点是集成度较低，功耗较大；而 MOS 集成电路则由于 MOS 器件的自身隔离特性，工艺较简单，集成度较高，功耗较低，缺点是速度较慢。近来在发挥各自优势，克服自身缺点的发展中，已出现了各种新的器件和电路结构。

集成电路按电路功能分，可以有以门电路为基础的数字逻辑电路和以放大器为基础的线性电路。后者由于半导体衬底和工作元器件之间存在着有害的相互作用，发展较前者慢。同时应用于微波的微波集成电路和以Ⅲ-Ⅴ族化合物半导体激光器和光纤纤维导管为基础的光集成电路也正在发展之中。

半导体集成电路除以硅为基础的材料外，砷化镓也是重要的材料，以它为基础材料制成的集成电路，其工作速度可比目前硅集成电路高一个数量级，有着广阔的发展前景。

从整个集成电路范畴讲，除半导体集成电路外，还有厚膜电路与薄膜电路。

厚膜电路。以陶瓷为基片，用丝网印刷和烧结等工艺手段制备无源元件和互连导线，然后与晶体管、二极管和集成电路芯片以及分立电容等元器件混合组装而成。

薄膜电路。有全膜和混合之分。所谓全膜电路，就是指构成一个完整电路所需的全部有源元件、无源元件和互连导体，皆用薄膜工艺在绝缘基片上制成。但由于膜式晶体管的性能差、寿命短，因此难以实际应用。所以目前所说的薄膜电路主要是指薄膜混合电路。它通过真空蒸发和溅射等薄膜工艺和光刻技术，用金属、合金和氧化物等材料在微晶玻璃或陶瓷基片上制造电阻、电容和互连（薄膜厚度一般不超过 1μm），然后与一片或多片晶体管器件和集成电路的芯片高密度混合组装而成。

厚膜和薄膜电路与单片集成电路相比，各有所长，互为补充。厚膜电路主要应用于大功率领域，而薄膜电路则主要在高频率、高精度领域应用。目前，单片集成电路技术和混合集成电路技术相互渗透和结合，发展特大规模和全功能集成电路系统，已成为集成电路发展的一个重要方向。

1.9.2 参数规格及符号

半导体集成电路类型很多，这里只作简单介绍。半导体集成电路型号由 5 部分组成，各部分的符号及意义如表 1-10 所示。

表 1-10　　　　　　　　　　　　　半导体集成电路型号命名方法

第 0 部分		第 1 部分		第 2 部分	第 3 部分		第 4 部分	
用字母表示器件符合国家标准		用字母表示器件的类型		用阿拉伯数字表示器件的系列和品种代号	用字母表示器件的工作温度范围		用字母表示器件的封装	
符号	意义	符号	意义		符号	意义	符号	意义
C	中国	T	TTL		C	0～70℃	W	陶瓷扁平
	制造	H	HTL		E	−40～85℃	B	塑料扁平
		E	ECL		R	−55～85℃	F	全密封扁平
		C	CMOS		M	−55～125℃	D	陶瓷直插
		F	线性放大器				P	塑料直插
		D	音响、电视电路				J	黑陶瓷直插
		W	稳压管				K	金属菱形
		J	接口电路				T	金属圆形
		B	非线性电路					
		M	存储器					

双列直插式集成电路一般给出顶视引脚图。芯片上以缺口、小圆点或竖线等标记出引脚"1"的位置。如图 1-42 所示，左下第一脚即为 1 脚，此后引脚号按逆时针方向排序。

图 1-42　双列直插式芯片引脚排序

圆形集成电路芯片给出的是底脚图。一般在其外壳上有一个突出物，由它标明最大引脚序号所在位置，其他引脚序号的排列方法有的是按逆时针方向排序，也有的是按顺时针方向排序（参阅厂家产品说明书），如图 1-43 所示。

1. 线性集成运算放大器

（1）通用型集成单运放 LM741

LM741 的引脚图如图 1-44 所示，特点是电压适应范围较宽，可在+ 5～+18V 范围内选用；具有很高的输入共模、差模电压，电压分别为+15V 和+30V；内含频率补偿和过载、短路保护电路；可通过外接电位器进行调零，如图 1-44 所示。

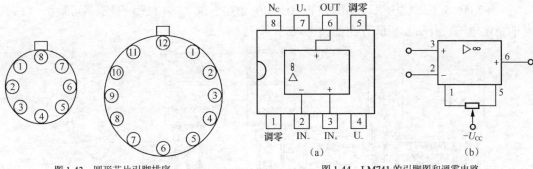

图 1-43　圆形芯片引脚排序

图 1-44　LM741 的引脚图和调零电路

（2）通用型低功耗集成四运放 LM324

LM324 内含 4 个独立的高增益、频率补偿的运算放大器；既可单电源使用（3～30V），也可双电源使用（+1.5～+15V），驱动功耗低；可与 TTL 逻辑电路相容。其引脚图如图 1-45 所示。

2. 集成三端稳压器

集成三端稳压器根据稳定电压的正、负极性分为 78×××、79××× 两大系列。图 1-46 给出了正、负稳压的典型电路。

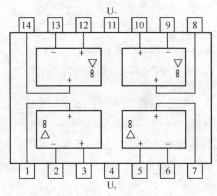

图 1-45　LM324 引脚图

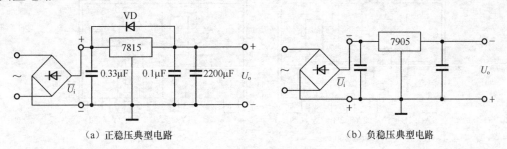

（a）正稳压典型电路　　　　　　　　（b）负稳压典型电路

图 1-46　典型稳压电路

三端稳压器的型号规格如图 1-47 所示。

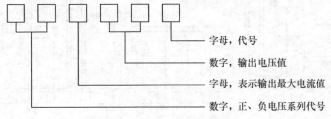

字母，代号

数字，输出电压值

字母，表示输出最大电流值

数字，正、负电压系列代号

图 1-47　三端稳压器的型号规格

其中输出电流字母表示法规定如下。

L	M	（无字）	S	H	P
0.1A	0.5A	1A	2A	5A	10A

例如 78M05 三端稳压器可输出+5V、0.5A 的稳定电压。7912 三端稳压器可输出−12V、1A 的稳定电压。外形及引脚分布如图 1-48 所示。

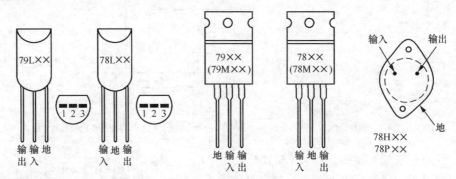

图 1-48　三端稳压器的引脚图

3．TTL 系列集成电路组件

TTL 器件的典型产品为 54 族（军用品）和 74（民用品）两大类。下面给出部分常用器件引脚排列和功能说明，如图 1-49 所示，其中图 1-49（a）为 74LS00 双输入四与非门引脚图，图 1-49（b）为 74LS02 双输入四或门引脚图，图 1-49（c）为 74LS20 六反相器引脚图，图 1-49（d）为 74LS27 三输入三或非门引脚图，图 1-49（e）为 74LS30 八输入与非门引脚图。

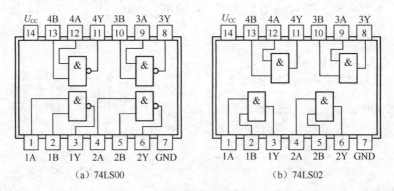

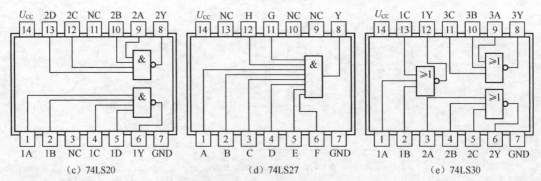

图 1-49　常见 TTL 74 系列集成电路引脚图

4．CMOS 系列数字集成电路组件

CC4051 八选一模拟开关是一个带有禁止端（INH）和 3 位译码端（A、B、C）控制的 8

路模拟开关电路；各模拟开关均为双向，既可实现 8-1 线传输信号，也可实现 1-8 线传输信号。其引脚图及真值表如图 1-50 所示。

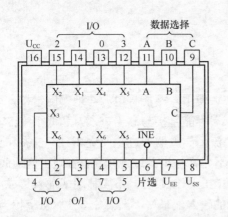

真值表

输入				接通
INH	C	B	A	通道
L	L	L	L	0
L	L	L	H	1
L	L	H	L	2
L	L	H	H	3
L	H	L	L	4
L	H	L	H	5
L	H	H	L	6
L	H	H	H	7
H	×	×	×	均不接通

图 1-50　CC4051 逻辑功能引脚图及真值表

5. 光电耦合器

光电耦合器内部由发光器件和光敏器件两部分组成，它可把由输入电流产生的光信号再转换为电信号传输出去。其内部结构原理图如图 1-51 所示。

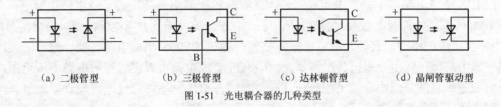

（a）二极管型　　　　　（b）三极管型　　　　　（c）达林顿管型　　　　　（d）晶闸管驱动型

图 1-51　光电耦合器的几种类型

6. LED 数码管

常见的数码管由 7 个条状和一个点状发光二极管管芯制成，如图 1-52 所示，根据其结构的不同，可分为共阳极数码管和共阴极数码管两种。

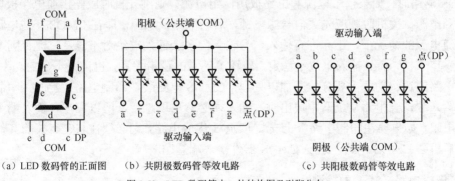

（a）LED 数码管的正面图　　　（b）共阴极数码管等效电路　　　（c）共阳极数码管等效电路

图 1-52　LED 数码管内、外结构图及引脚分布

LED 数码管中各段发光二极管的伏安特性和普通二极管类似，只是正向压降较大，正向电阻也较大。在一定范围内，其正向电流与发光亮度成正比。由于常规的数码管起辉电流只

有 1~2mA，最大极限电流也只有 10~30mA，所以它的输入端与 5V 电源或高于 TTL 高电平（3.5V）的电路信号相接时，一定要串加限流电阻，以免损坏器件。

1.9.3 使用及检测

1．集成电路的使用

TTL 集成电路的电源电压不能高于+5.5V 使用，不能将电源与地颠倒错接，否则将会因为过大电流而造成器件损坏；电路的各输入端不能直接与高于+5.5V 和低于–0.5V 的低内阻电源连接，因为低内阻电源能提供较大的电流，导致器件过热而烧坏；除三态和集电极开路的电路外，输出端不允许并联使用；输出端不允许与电源或地短路，否则可能造成器件损坏，但可以通过电阻与地相连，提高输出电平；在电源接通时，不要移动或插入集成电路，因为电流的冲击可能会造成其永久性损坏；多余的输入端最好不要悬空。虽然悬空相当于高电平，并不影响与非门的逻辑功能，但悬空容易受干扰，有时会造成电路的误动作，在时序电路中表现更为明显。因此，多余输入端一般不采用悬空办法，而是根据需要处理；对触发器来说，不使用的输入端不能悬空，应根据逻辑功能接入电平，输入端连线应尽量短，这样可以缩短时序电路中时钟信号沿传输线的延迟时间，一般不允许将触发器的输出直接驱动指示灯、电感负载、长线传输，需要时必须加缓冲门。

CMOS 集成电路由于输入电阻很高，因此极易接受静电电荷。为了防止产生静电击穿，生产 CMOS 集成电路时，在输入端都要加上标准保护电路，但这并不能保证绝对安全，因此使用 CMOS 集成电路时，必须采取以下预防措施：存放 CMOS 集成电路时要屏蔽，一般放在金属容器中，也可以用金属箔将引脚短路；CMOS 集成电路可以在很宽的电源电压范围内提供正常的逻辑功能，但电源的上限电压（即使是瞬态电压）不得超过电路允许极限值，电源的下限电压（即使是瞬态电压）不得低于系统工作所必需的电源电压最低值 V_{min}，更不得低于 V_{SS}；焊接 CMOS 集成电路时，一般用 20W 内热式电烙铁，而且烙铁要有良好的接地线，也可以利用电烙铁断电后的余热快速焊接，禁止在电路通电的情况下焊接；为了防止输入端保护二极管因正向偏置而引起损坏，输入电压必须处在 V_{DD} 和 V_{SS} 之间，即 $V_{SS} < U_1 < V_{DD}$；调试 CMOS 电路时，如果信号电源和电路板用两组电源，则刚开机时应先接通电路板电源，后开信号源电源，关机时则应先关信号源电源，后断电路板电源，即在 CMOS 集成电路本身还没有接通电源的情况下，不允许有输入信号输入；多余输入端绝对不能悬空，否则不但容易受外界噪声干扰，而且输入电位不稳定，破坏了正常的逻辑关系，也消耗不少的功率，因此，应根据电路的逻辑功能需要分情况加以处理；CMOS 电路装在印制电路板上时，印制电路板上总有输入端，当电路从机器中拔出时，输入端必然出现悬空，所以应在各输入端上接入限流保护电阻，如果要在印制电路板上安装 CMOS 集成电路，则必须在与它有关的其他元器件安装之后再装 CMOS 电路，避免 CMOS 器件输入端悬空。

2．集成电路（IC）的检测

集成电路（IC）的检测在专业的情况下使用专用集成电路检测仪。没有仪器常采用万用表来检测，在 IC 未焊入电路时进行不在路检测，一般情况下可用万用表测量各引脚对应于接地引脚之间的正、反向电阻值，并和完好的 IC 进行比较。在路检测是通过万用表检测 IC 各引脚在路直流电阻、对地交直流电压以及总工作电流的检测方法，这种方法克服了代换试验法需要有可代换 IC 的局限性和拆卸 IC 的麻烦，是检测 IC 最常用和实用的方法。

（1）在路直流电阻检测法

这是一种用万用表欧姆挡，直接在线路板上测量 IC 各引脚和外围元器件的正、反向直流电阻值，并与正常数据相比较，来发现和确定故障的方法。测量时要注意以下 3 点。

① 测量前要先断开电源，以免测试时损坏电表和元器件。

② 万用表欧姆挡的内部电压不得大于 6V，量程最好用 R×100 或 R×1k 挡。

③ 测量 IC 引脚参数时，要注意测量条件，如被测机型、与 IC 相关的电位器的滑动臂位置等，还要考虑外围电路元器件的好坏。

（2）直流工作电压测量法

这是一种在通电情况下，用万用表直流电压挡对直流供电电压、外围元器件的工作电压进行测量，检测 IC 各引脚对地直流电压值，并与正常值相比较，进而压缩故障范围，找出损坏的元器件。测量时要注意以下 8 点。

① 万用表要有足够大的内阻，至少要大于被测电路电阻的 10 倍以上，以免造成较大的测量误差。

② 通常把各电位器旋到中间位置，如果是电视机，信号源要采用标准彩条信号发生器。

③ 表笔或探头要采取防滑措施。因任何瞬间短路都容易损坏 IC。可采取如下方法防止表笔滑动：取一段自行车用气门芯套在表笔尖上，并长出表笔尖 0.5mm 左右，这既能使表笔尖良好地与被测试点接触，又能有效防止打滑，即使碰上邻近点也不会短路。

④ 当测得某一引脚电压与正常值不符时，应根据该引脚电压对 IC 正常工作有无重要影响以及其他引脚电压的相应变化进行分析，才能判断 IC 的好坏。

⑤ IC 引脚电压会受外围元器件影响。当外围元器件发生漏电、短路、开路或变值时，或外围电路连接的是一个阻值可变的电位器，则电位器滑动臂所处的位置不同，都会使引脚电压发生变化。

⑥ 若 IC 各引脚电压正常，则一般认为 IC 正常；若 IC 部分引脚电压异常，则应从偏离正常值最大处入手，检查外围元器件有无故障，若无故障，则 IC 很可能损坏。

⑦ 对于动态接收装置，如电视机，在有无信号时，IC 各引脚电压是不同的。如发现引脚电压不该变化的反而变化大，该随信号大小和可调元件不同位置而变化的反而不变化，就可确定 IC 损坏。

⑧ 对于多种工作方式的装置，如录像机，在不同工作方式下，IC 各引脚电压也是不同的。

（3）交流工作电压测量法

为了掌握 IC 交流信号的变化情况，可以用带有 dB 插孔的万用表对 IC 的交流工作电压进行近似测量。检测时万用表置于交流电压挡，正表笔插入 dB 插孔；对于无 dB 插孔的万用表，需要在正表笔串接一只 0.1～0.5μF 隔直电容。该法适用于工作频率比较低的 IC，如电视机的视频放大级、场扫描电路等。由于这些电路的固有频率不同，波形不同，所以所测的数据是近似值，只能供参考。

（4）总电流测量法

该法是通过检测 IC 电源进线的总电流来判断 IC 好坏的一种方法。由于 IC 内部绝大多数为直接耦合，IC损坏时（如某一个PN结击穿或开路）会引起后级饱和与截止，使总电流发生变化。所以通过测量总电流的方法可以判断IC的好坏。也可用测量电源通路中电阻的电压降，用欧姆定律计算出总电流值。

以上检测方法各有利弊，在实际应用中最好将各种方法结合起来，灵活运用。

1.10 焊接技术

焊接技术是从事电子技术工作的基本功。

焊接的过程可理解为加热→熔入→浸润→冷却→连接。即低熔点焊料（锡与铅合金）在助焊剂的帮助下，熔化并渗透到被焊元器件的金属表面，然后在冷却过程中凝固为新的合金结构，从而把焊件相互连接起来。

焊接操作不是用电烙铁来"粘""涂""抹"，也不是用焊料把元器件堆砌在焊点上，而是利用加热器，促使焊料与焊件的渗透与融合。焊接的质量取决于金属表面的清洁度、温度和时间等技术要素。

1.10.1 焊接工具

电路焊接所用的工具有电烙铁、吸锡器、放大镜、镊子、尖嘴钳、斜口钳、剥线钳、小刀、台灯和烙铁架等，以下介绍焊接工具电烙铁和拆焊工具吸锡器。

1. 电烙铁

① 电烙铁的外形如图1-53所示。

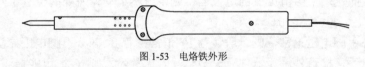

图1-53　电烙铁外形

② 电烙铁的结构如图1-54所示。

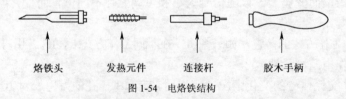

烙铁头　　　　发热元件　　　　连接杆　　　　胶木手柄

图1-54　电烙铁结构

③ 电烙铁的工作步骤。焊接的工作步骤如下。

接通电源→电阻丝发热→加热烙铁头→熔化焊锡→焊接。

内热式电烙铁的外形和内部结构如图1-53、图1-54所示，烙铁芯装在烙铁头的内部，故称之为"内热式"电烙铁。内热式电烙铁具有加热效率高、加热速度快、耗电少、体积小和重量轻等优点，20W规格的电烙铁适合印制电路板和小型元器件的焊接。

另外，还有一种外热式电烙铁。如图 1-55 所示，加热器通过传热筒套在烙铁头的外部，当电烙铁接通电源时，由电阻丝绕制成的加热器发热，再通过传热筒使烙铁头发热。这种电烙铁热效率较低，但价格相对便宜。

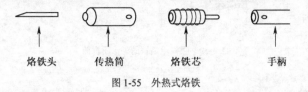

烙铁头　　传热筒　　烙铁芯　　　手柄

图 1-55　外热式烙铁

④ 电烙铁的常见故障。电烙铁最常见的故障是电路内部开路，其现象是通电后烙铁长时间不发热。如图 1-56 所示，使用者可拆开烙铁，用万用表欧姆挡分别测量 A、B 两处的电阻值，便可找出电烙铁的故障所在。若发现加热器过度氧化，则需要及时更换。

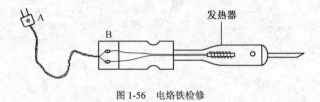

图 1-56　电烙铁检修

烙铁头使用过久，会出现腐蚀、凹坑等现象，这样会影响正常焊接，此时应使用锉刀对其进行整形，把它加工成符合焊接要求的形状。

⑤ 电烙铁的接地端。要求电烙铁接地的原因有两个：一是为了保护人身安全，防止烙铁的漏电外壳带电造成伤害，二是为了避免静电感应击穿 MOS 器件。

电烙铁接地就是将电烙铁金属外壳的引线接到三线电源插头中间接零线的铜片上，如图 1-57、图 1-58 所示。

图 1-57　电烙铁的接地端　　　　　　　　图 1-58　三线电源插头结构

如果所用的电烙铁没有引出地线，则可在焊接 MOS 类型集成电路时拔下电烙铁的电源插头，利用余热焊接。这一点要特别注意。

2. 吸锡器和吸锡电烙铁

① 吸锡器是无损拆卸元器件时的必备工具。吸锡器的原理是利用弹簧突然释放的弹力带动一个吸气筒的活塞向外抽气，同时在吸嘴处产生强大的吸力，从而将液态的焊锡吸走。

② 吸锡电烙铁的外形及内部结构如图 1-59、图 1-60 所示。

这类产品具有焊接和吸锡的双重功能，在使用时，只要把烙铁头靠近焊点，待焊点熔化后按下按钮，即可把熔化后的焊锡吸入储锡盒内。

焊锡太多　　控制按钮

图 1-59　吸锡电烙铁的外形示意图

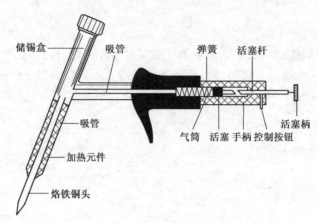

储锡盒　　吸管　　弹簧　活塞杆

吸管

气筒　活塞　手柄控制按钮　活塞柄

加热元件

烙铁铜头

图 1-60　吸锡电烙铁内部结构示意图

1.10.2　元器件的焊接

1. 焊接元器件前的准备工作

① 清洗印制电路板：一般用橡皮反复擦拭铜箔面氧化层，若铜箔氧化严重也可以用细砂纸轻轻打磨，直至铜箔表面光洁如新，然后在铜箔表面涂上一层松香水起防护作用。

② 元器件引脚镀锡：一般元器件引脚在插入印制电路板之前，都必须刮干净再镀锡，另外个别因长期存放而氧化的元器件，也应重新镀锡。需要注意的是，对于扁平封装的集成电路引线，不允许用刮刀清除氧化层，只能用橡皮擦。

③ 助焊剂的选择：选用松香作助焊剂。因为焊锡膏、焊油等助焊剂的腐蚀性大，所以在印制电路板的焊接中禁止使用。

④ 焊锡的选用：选用芯内储有松香助焊剂的空心焊锡丝，它的常用规格有 1mm、1.5mm 和 2mm 等。使用者可根据焊件大小加以选择。

⑤ 为了便于安装和焊接，在安装前要预先把元器件引脚弯曲成一定的形状，如图 1-61 所示。在没有专用工具或只需加工少量元器件引线时，可使用尖嘴钳和镊子等工具将引脚加工成形。

2. 元器件的焊接

安装元器件时应注意将元器件的标志朝向便于观察的方向，以便校核电路和维修。元器件的安装形式如图 1-62 所示。

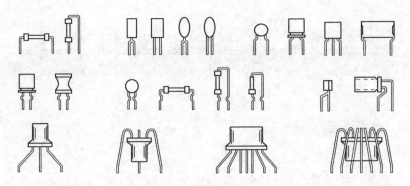

图 1-61 元器件引脚形式

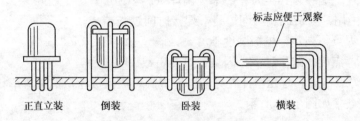

标志应便于观察

正直立装　　倒装　　卧装　　横装

图 1-62 元器件的安装形式

在印制电路板上安装元器件的先后次序没有固定的模式，特别是人工安装元器件一般取决于个人习惯，但应以前道工序不妨碍后道工序为基本原则。元器件一般有以下几种安装方式。

① 按元器件的属性：先全部接电阻→再接电容。

② 按元器件的体积大小：先小后大。

③ 按元器件的安装方式：先卧后立。

④ 按元器件的位置：先内后外。

⑤ 按电路原理图：逐一完成局部电路。

焊接时需要注意以下几点。

掌握焊接的热量和焊接的时间。若电烙铁没有达到足够的热度，就不能急着去焊元器件，因为此时焊锡没有充分熔化，焊接表面粗糙，且颜色暗淡，稍一用力焊点就会断裂，造成虚焊。另外，此时锡在焊点上熔化很慢，若元器件、印制焊盘和烙铁接触的时间较长，就会使热量过多地传导到印制焊盘和元器件上去，导致印制电路板焊盘翘起、变形，甚至会损坏元器件。焊接时间过长的主要原因是电烙铁的功率和加热时间不够或被焊元器件表面不干净，应根据实际情况分析解决。

焊接过程的把握。将经过镀锡处理的元器件找准焊孔后插入，焊脚在印制电路板反面透出的长度不得小于 5mm，然后将烙铁及焊丝同时凑到焊脚处加热，待焊锡熔化，浸润在焊脚周围并形成大小适中、圆润光滑的焊点时，将烙铁向上迅速抽出，不要让烙铁头在铜箔上拖动游移。焊点形成后，焊盘的焊锡尚未凝固，此时不能移动焊件，否则焊锡会凝成沙粒状，使被焊物件附着不牢，造成虚焊；另外也不要对焊锡吹气使其散热，应让它自然冷却。若将烙铁拿开后，焊点带不规则毛刺，则说明焊接时间过长。这是焊锡汽化引起的，需重新焊接。

焊点的检查。将焊接的结果罗列几种，如图 1-63 所示。

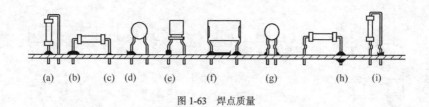

图 1-63　焊点质量

（a）焊点：优良焊点。

（b）焊点：焊料过多。

（c）焊点：焊料过少。

（d）焊点：外表不光滑，有毛刺，焊接时间过长。

（e）焊点：过于饱满，其实为焊锡未浸润焊点，多为虚焊。

（f）焊点：拖尾，易造成相互间短路，焊接时间过长造成。

（g）焊点：焊点不完整，机械强度不够。

（h）焊点：焊点反面渗出过多，因烙铁过热所致。

（i）焊点：焊点在凝固时元器件有晃动，造成焊料凝固成松散的豆渣形状。

单股线芯的连接如图 1-64 所示。

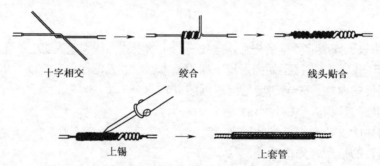

图 1-64　单股线芯的连接

元器件之间的焊接方式。元器件之间的焊接方式有钩焊、搭焊、插焊和网焊等几种形式，如图 1-65、图 1-66、图 1-67 和图 1-68 所示。

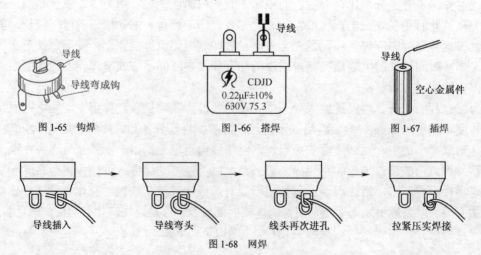

图 1-65　钩焊　　　　　　图 1-66　搭焊　　　　　　图 1-67　插焊

图 1-68　网焊

小型元器件的焊接。电子元器件的发展趋势是微型化。电子元器件的微型化带来了焊接技术的革命，一般工厂都采用波峰焊接等专门技术，但遇到试制、修理和批量生产中坏机的返修等情况，就只能用手工来焊接。这样的操作需要耐心、细心，同时焊接也需要专用的微焊工具，如放大镜、台灯等。微型烙铁头可自制，其方法是在烙铁头上加缠不同直径的铜丝，并将铜丝锉成烙铁头形状，如图 1-69 所示。

3．元器件拆卸

　　从事电子技术这一行，免不了要从印制电路板上拆卸电子元器件。若拆卸得当，元器件、印制焊盘就可反复使用；若拆卸不当，则容易损坏元器件和印制电路板，为后续工作带来麻烦。

　　为了拆焊的顺利进行，在拆焊过程中要使用一些专用的拆焊工具，如吸锡器、捅针和钩形镊子等工具。捅针可用硬钢丝线或注射器针头改制，其作用是清理锡孔的堵塞，以便重新插入元器件，捅针外形如图 1-70 所示。

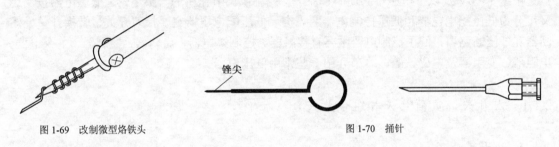

图 1-69　改制微型烙铁头　　　　　　　　　　　　　图 1-70　捅针

元器件拆卸方法如图 1-71、图 1-72 所示。

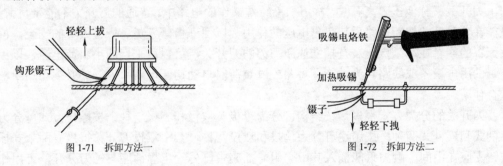

图 1-71　拆卸方法一　　　　　　　　　　　　　图 1-72　拆卸方法二

第 2 章　电工技术基础知识

2.1　常用低压电器

在电气设备中，如接触器、继电器、主令控制器、电阻器和熔断器等这些控制器件，统称电器，它能对电能的产生、分配和使用起控制和保护作用。由这类电器组成的控制电路，称为电器控制系统。电器按其控制对象可分为电器控制系统用电器和电力系统用电器。电器按电压等级可分为高压电器和低压电器。低压电器是用于交流额定电压 1000V 及以下和直流额定电压 1500V 及以下电路中起通断、保护、控制或调节作用的一类电器。低压电器按用途又可分为低压配电电器和低压控制电器两大类。低压配电电器主要指刀开关、转换开关、熔断器和低压断路器，低压控制电器主要有接触器、控制继电器、启动器、控制器、主令电器、电阻器、变阻器及电磁铁等。本节介绍一些常用低压电器。

2.1.1　刀开关、负荷开关和组合开关

1. 刀开关

刀开关又称低压隔离开关，常用于不经常操作的电路中。普通的刀开关不能带负荷操作，只能在负荷开关切断电路后起隔离电压的作用，以保证检修人员、操作人员的安全。但装有灭弧罩的或者在动触点上装有辅助速断刀刃的刀开关，可以用来切断小负荷电流，以控制小容量的用电设备或线路。为了能在短路或过负荷时自动切断电路，刀开关必须与熔断器串联配合使用。

刀开关的分类方式很多，按结构可分为单极、双极和三极 3 种；按操作方式可分为直接手柄式和连杆式两种；按用途可分为单投和双投两种，其中双投刀开关每极有两个静插座，铰链支座在中间，触刀只能插入其中一组静插座中，另一组静插座与触刀分开，可用作转换电路，故又称刀形转换开关；按灭弧结构分，又有不带灭弧罩和带灭弧罩两种。

HD 和 HS 系列刀开关的型号含义如图 2-1 所示。

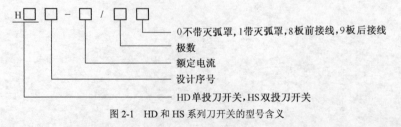

图 2-1　HD 和 HS 系列刀开关的型号含义

在刀开关中还有一种组合式的开关电器——刀熔开关。它是利用 RTO 型熔断器两端的触刀作刀刃组合而成的开关电器，用来代替低压配电装置中的刀开关和熔断器。它具有熔断器

和刀开关的基本性能（操作正常工作电路和切断故障电路），故具有节省材料、降低成本和缩小安装面积等优点。我国目前生产的刀熔开关产品有 HR3、HR5 及 HR20 等系列。

刀开关和刀形转换开关的选用：首先应根据它们在线路中的作用和它们的安装位置来确定其结构形式。如果线路中的负载电流由低压断路器、接触器或其他电器通断，则刀开关和刀形转换开关仅用来隔离电源，选用无灭弧罩的产品；反之，如果必须由它们分断负载电流，则应选用有灭弧罩而且是用手动操作机构或电动操作机构操作的产品。此外，还应按操作位置选择正面操作或侧面操作，按接线位置选用板前接线或板后接线等。

2. 负荷开关

负荷开关有开启式（俗称闸刀开关）和半封闭式（俗称铁壳开关）两种。

常用负荷开关的型号有 HK 和 HH 系列，其型号含义如图 2-2 所示。

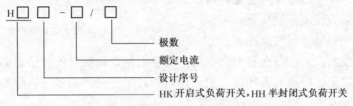

图 2-2　HK 和 HH 系列负荷开关型号含义

选用负荷开关时，额定电流一般等于负载额定电流之和；若用于电动机电路，根据经验，开启式负荷开关的额定电流一般取电动机额定电流的 3 倍，半封闭式负荷开关的额定电流取电动机额定电流的 1.5 倍。

负荷开关熔丝的选择，一般注意以下 3 个方面。

① 对于变压器、电热器和照明电路，熔丝的额定电流宜等于或略大于实际负荷电流。

② 对于配电线路，熔丝的额定电流宜等于或略微小于线路的安全电流。

③ 对于电动机，熔丝的额定电流一般为电动机额定电流的 1.5～2.5 倍。

负荷开关的使用及维护。

① 负荷开关不准横装或倒装，必须垂直地安装在控制屏或开关板上，更不允许将开关放在地上使用。

② 负荷开关安装接线时，电源进线和出线不能接反，开启式负荷开关的电源进线应接在上端进线座，负载应接在下端出线端，以便更换熔丝；60A 以上的半封闭式负荷开关的电源线应接在上端进线座，60A 以下的应接在下端进线座。

③ 半封闭式负荷开关的外壳应可靠接地，防止意外的漏电使操作者发生触电事故。

④ 更换熔丝必须在闸刀断开的情况下进行，且应换上与原用熔丝规格相同的新熔丝。

⑤ 应经常检查开关的触点，清理灰尘和油污等物。操作机构的摩擦处应定期加润滑油，使其动作灵活，延长使用寿命。

⑥ 在修理半封闭式负荷开关时，要注意保持手柄与门的连锁，不可轻易拆除。

3. 组合开关

在机床电气控制线路中，组合开关常作电源引入隔离开关，也可以用它来直接启动和停止小容量笼型电动机或使电动机正反转，如图2-3（a）所示，局部照明电路也常用它来控制。

组合开关的种类很多，常用的有 HZ 等系列。组合开关有单极、双极、三极和四极等几种，额定持续电流有 10A、25A、60A 和 100A 等多种。

HZ10 系列组合开关是一种层叠式手柄旋转的开关，如图2-3（b）所示。它的每组动、静触点均装于一个不太高的胶木触点座内，一般有 3 对静触片，每个触片的一端固定在绝缘垫板上，另一端伸出盒外，连在触点座的接线柱上。动触片是由磷铜片制成并被铆接在绝缘钢纸上。绝缘钢纸上开有方形孔，套在装有手柄的方截面绝缘转动轴上。由于转轴穿过各层绝缘钢纸，手柄可左右旋转至不同位置，可以将 3 个（或更多个）触片（彼此相差一定

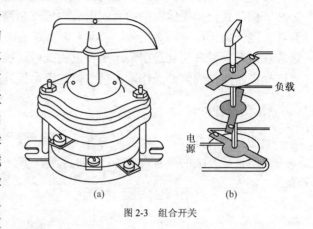

图 2-3　组合开关

角度）同时接通或断开，在每个位置上都对应着各对静、动触点不同的通断状态。触点座上的接线柱分别与电源、用电设备相接。触点座可以堆叠起来，最多可以叠 6 层，这样，整个结构就向立体空间发展，缩小了安装面积。

HZ 系列组合开关的型号含义如图2-4所示。

图 2-4　HZ 系列组合开关的型号含义

组合开关的选择：选择组合开关主要是要使额定电流等于或大于被控电路中各负载电流的总和。若用于电动机电路，额定电流一般取电动机额定电流的 1.5～2.5 倍。

组合开关的使用与维护。

① 由于组合开关的通断能力较低，故不能用来分断故障电流。当用于控制电动机作可逆运转时，必须在电动机完全停止转动后，才允许反向接通。

② 当操作频率过高或负载功率因数较低时，组合开关要降低容量使用，否则会影响开关寿命。

2.1.2　低压断路器

低压断路器也称自动空气开关，是配电电路中常用的一种低压保护电器，主要由触点系统、操作机构和保护元器件 3 部分组成。主触点用耐弧合金制成，采用灭弧栅片灭弧，故障时自动脱扣，触点通断时瞬时动作，与手柄的操作速度无关。由于它具有灭弧装置，因此可以安全地带负荷通断电路，还可实现短路、过载、欠电压和失压分断保护，自动切除故障。它相当于刀闸开关、熔断器、热继电器和欠电压继电器等的组合。低压断路器除可对导线和

配电负载实施保护外，也可对电动机实施保护。现在在配电电路中还广泛使用另一种低压保护断路器——漏电断路器，漏电断路器能在线路或电动机等负载发生对地漏电时起安全保护作用。

低压断路器的主要参数是额定电压、额定电流和允许切断的极限电流，选择低压断路器时，允许切断的极限电流应略大于线路的最大短路电流。

由于低压断路器的操作传动机构比较复杂，因此不能频繁操作。低压断路器按结构形式分，有塑料外壳式（DZ系列）和框架式低压断路器（DW系列）两类。几种塑料外壳式（a、b）和框架式低压断路器（c、d）的外形图，分别如图2-5（a）、（b）和图2-5（c）、（d）所示。

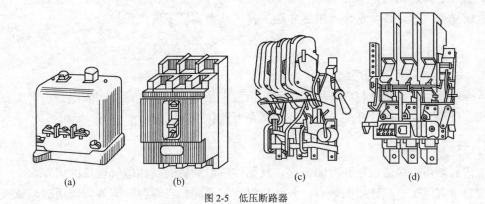

图2-5　低压断路器

低压断路器的型号含义如图2-6所示。

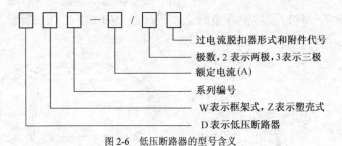

图2-6　低压断路器的型号含义

1. 塑料外壳式低压断路器

塑料外壳式低压断路器具有封闭的塑料外壳，除中央操作手柄和板前接线端外，其余部分均安装在壳内，结构紧凑，体积小，使用和操作都较安全。其操作机构采用四连杆机构，可自由脱扣，分手动和电动两种操作方式。手动操作是利用中央操作手柄直接操作；电动操作是利用专门的控制电动机操作，但一般只限于250A以上才装有电动操作机构。

塑料外壳式低压断路器的中央操作手柄共有3个位置：合闸位置、自由脱扣位置、分闸和脱扣位置。

塑料外壳式低压断路器的保护方式有过电流保护、欠电压保护、漏电保护等。

2. 框架式低压断路器

框架式低压断路器为敞开式结构，一般安装在固定的框架上。它的保护方案和操作方式也较多，有直接手柄式操作、电磁分合闸操作、电动机操作等，保护有瞬时式、多段延时式、过电流保护、欠电压保护等。

框架式低压断路器的主触点通常是由手柄带动操作机构来闭合的。开关的脱扣机构是一套连杆装置。当主触点闭合后就被锁扣锁住。如果电路中发生故障，脱扣机构就在相关脱扣器的作用下将锁扣脱开，于是主触点在释放弹簧的作用下迅速分断。脱扣器有过电流脱扣器和欠电压脱扣器等，它们都是电磁操动机构。在正常情况下，过电流脱扣器的衔铁是释放着的；一旦发生严重过载或短路故障时，与主电路串联的线圈就将产生较强的电磁吸力把衔铁往下吸而顶开锁扣，使主触点断开。欠电压脱扣器的工作恰恰相反，在电压正常时，吸住衔铁，主触点才得以闭合；一旦电压严重下降或断电时，衔铁就被释放而使主触点断开；当电源电压恢复正常时，必须重新合闸后才能工作，从而实现了失压保护。

2.1.3 主令电器

主令电器是用来接通与断开控制电路，以发出命令或用作程序控制的电器。其主要类型有按钮、行程开关、接近开关、主令控制器和万能转换开关等。

1. 按钮

按钮通常用于接通或断开控制电路，从而控制电动机或其他电气设备的运行。

按钮中有用于电气连接的触点，分常闭触点和常开触点两种。无外力作用时，原来就接触连通的触点，称为常闭触点；原来就断开的触点，称为常开触点。按钮一般利用弹簧力储能复位。图 2-7 所示的按钮有一组常开触点和一组常闭触点，也有具有两组常开触点和两组常闭触点的。常见的一种双联按钮盒由两个按钮组成，如图 2-7（a）所示，一个用于电动机启动，另一个用于电动机停止。

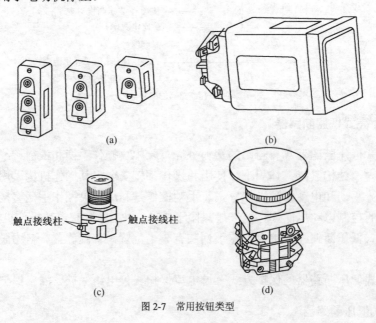

图 2-7　常用按钮类型

按钮形式有：平钮，如图 2-7（c）所示；蘑菇钮，如图 2-7（d）所示，有直径较大的红色蘑菇钮头，作紧急切断电源用；带灯钮（按钮与信号灯装在一起），如图 2-7（b）所示；还有旋钮（用手把旋转按钮帽）及钥匙钮（在按钮帽上插入钥匙后才可以操作）等。

按钮的型号含义如图 2-8 所示。

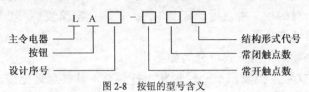

图 2-8　按钮的型号含义

按钮的使用和维护。

① 由于按钮的触点间距较小，如有油污等极易发生短路故障，故使用时应经常保持触点间的清洁。

② 按钮如用于高温场合，易使塑料变形老化，导致按钮松动，引起接线螺钉间相碰短路，可视情况在安装时多加一个紧固圈，两个拼紧使用。

③ 带指示灯的按钮由于灯泡要发热，时间长时易使塑料灯罩变形，造成调换灯泡困难，故不宜用在通电时间较长之处。

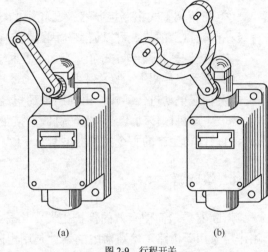

(a)　　　　　　　　　(b)

图 2-9　行程开关

2. 行程开关

行程开关是一种由工作机械直接驱动的主令电器，用以反映工作机械的行程，发出命令以控制其运动方向或行程大小。行程开关结构如图 2-9 所示。如果把行程开关安装在工作机械行程终点处，以限制其行程，则称为限位开关。限位开关按其传动方式分为杠杆式、转动式和按钮式几种。行程开关是一种很重要的主令电器，将机械信号转变为电信号，以实现对工作机械的电气控制。

行程开关型号的含义如图 2-10 所示。

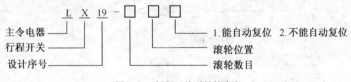

图 2-10　行程开关型号的含义

行程开关的选择。

① 根据应用场合及控制对象选择是一般用途开关还是起重设备用行程开关。

② 根据安装环境选择防护形式，是开启式还是防护式。

③ 根据控制回路的电压和电流选择采用何种系列的行程开关。

④ 根据机械对行程开关的作用力与位移关系选择合适的头部结构形式。

行程开关的使用和维护：行程开关安装时位置要准确，否则不能达到行程控制和限位控制的目的。应定期清扫行程开关，以免触点接触不良而达不到行程控制和限位控制的目的。

3．主令控制器

主令控制器是按照预定的程序分合触点，以发布命令和转换控制电路接线的主令电器。

主令控制器由手柄、外壳、转轴、装在转轴上的多个凸轮、多个触点组及定位机构等组成。每个凸轮控制一对触点，触点用于控制电路，故额定电流较小，凸轮制成各种形状，使触点按一定的次序接通和分断。

主令控制器按凸轮的结构形式可分为如下几种。

① 凸轮非调整式主令控制器：凸轮形状不能调整，其触点只能按一定的触点分合次序表动作。

② 凸轮调整式主令控制器：凸轮由凸轮片和凸轮盘两部分组成，均开有孔和槽，凸轮片装在凸轮盘上的位置可以调整，因此其触点分合次序表也可以调整。

主令控制器按操作方式可分为如下几种。

① 手动式：用人力操作手柄。

② 伺服电动机传动式：由伺服电动机经减速机构带动主令控制器的主轴转动。

③ 生产机械传动式：由生产机械直接带动或经减速机构带动主令控制器的主轴转动。

目前国内生产的主令控制器型号有 LK 和 IS 等系列。

2.1.4　熔断器

熔断器是最简便有效的保护电器，俗称"保险"。熔断器是利用本身过电流时熔体的熔化作用来切断电路。熔断器中的熔体是用电阻率较高的易熔合金制成，或用截面积很小的良导体制成。线路在正常工作时，熔断器内的熔体不应熔断。一旦发生短路或严重过载时，熔体立即熔断。熔断器熔体按热惯性可分为大热惯性、小热惯性和无热惯性 3 种；熔断器熔体按形状可分为丝状、片状、笼状（栅状）3 种；熔断器按支架结构分有瓷插式、螺旋式、封闭管式 3 种，其中封闭管式又分有填料和无填料两类。图 2-11 是常用的 3 种熔断器的结构图。

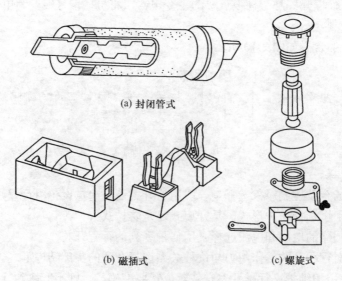

(a) 封闭管式

(b) 磁插式　　　　(c) 螺旋式

图 2-11　常用的 3 种熔断器的结构图

瓷插式熔断器的型号含义如图 2-12 所示。

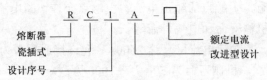

图 2-12　瓷插式熔断器的型号含义

熔断器的保护作用用安秒特性来表示。所谓安秒特性是指熔断电流与熔断时间的关系，如表 2-1 所示。

表 2-1　　　　　　　　　　　熔断器的熔断电流与熔断时间的关系

熔断电流	$1.25I_N$	$1.6I_N$	$2I_N$	$2.5I_N$	$3I_N$	$4I_N$
熔断时间	∞	1h	40s	8s	4.5s	2.5s

熔断器要根据负载的具体情况进行选择，不可一概而论，否则，不但起不到保护作用，还会导致事故发生。选择熔丝的原则如下。

① 电灯支线的熔丝：应选择熔丝额定电流≥支线上所有电灯的工作电流。

② 一台电动机的熔丝：为了防止电动机启动时将熔丝烧断，熔丝不能按电动机的额定电流来选择，应按下式计算：

熔丝额定电流≥电动机的启动电流/2.5

或　　　　　　　　熔丝额定电流≥(1.5～2.5)×电动机的额定电流

如果电动机启动频繁，则为

熔丝额定电流≥电动机的启动电流/(1.6～2)

或　　　　　　　　熔丝额定电流≥(3～3.5)×电动机的额定电流

③ 几台电动机合用的总熔丝：一般按下式计算：

熔丝额定电流 = (1.5～2.5)×容量最大的电动机的额定电流 + 其余电动机的额定电流

常用的熔断器有管式熔断器 R1 系列、螺旋式熔断器 RL1 系列、有填料封闭式熔断器 RT 系列以及快速熔断器 RS 系列等多种产品。

熔断器的使用与维护。

① 应正确选用熔断器的熔体。有分支电路时，分支电路的熔体额定电流应比前一级小 2～3 级；对不同性质的负载，如照明电路、电动机电路的主电路和控制电路等，应尽量分别保护，装设单独的熔断器。

② 安装螺旋式熔断器时，必须注意将电源线的相线（俗称火线）接到瓷底座的下接线端，以保证安全。

③ 瓷插式熔断器安装熔丝时，熔丝应顺着螺钉旋紧的方向绕过去，同时应注意不要划伤熔丝，也不要把熔丝绷紧，以免减小熔丝截面尺寸或折断熔丝。

④ 更换熔体时应切断电源，并应换上相同额定电流的熔体，不能随意加大熔体。

2.1.5　接触器

接触器是一种用于远距离频繁地接通和断开主电路的控制电器，分为交流接触器和直流接触器两类。

接触器的基本参数有：主触点的额定电流、主触点允许切断电流、触点数、线圈电压、操作频率、动作时间、机械寿命和电气寿命等。

目前生产的接触器，其额定电流可高达 2500A，允许接通次数为 150～1500 次/小时，电气寿命达 50 万～100 万次，机械寿命为 500 万～1000 万次。

1. 接触器的结构和工作原理

接触器一般由电磁机构、主触点和灭弧装置、辅助触点、释放弹簧机构、支架与底座等组成。图 2-13 是交流接触器的结构图。

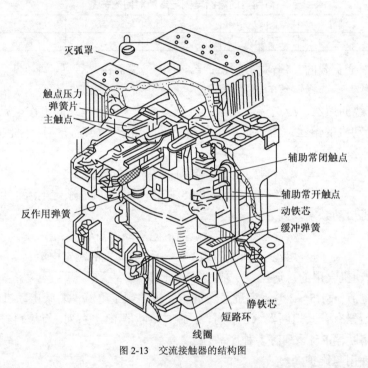

图 2-13　交流接触器的结构图

接触器的触点用于接通或分断电路，根据用途不同，接触器的触点分主触点和辅助触点两种。辅助触点通过电流较小，常接在控制电路中；主触点能通过较大电流，接在电动机主电路中。

（1）触点

触点是用来接通或断开电路的执行元件。其按接触形式可分为点接触、线接触和面接触3 种。

①　点接触，它由两个半球形触点或一个半球形与另一个平面形触点构成，常用于小电流的电器中，如接触器的辅助触点或继电器触点。

②　线接触，它的接触区域是一条直线。触点在通断过程中是滚动接触。其好处是可以自动清除触点表面的氧化膜，保证了触点的良好接触。这种滚动接触多用于中等容量的触点，如接触器的主触点。

③　面接触，可允许通过较大的电流，应用较广。在这种触点的表面上镶有合金以减小

接触电阻和提高耐磨性，多用作较大容量接触器的主触点。

（2）电弧的产生与灭弧装置

当接触器触点断开电路时，若电路中动、静触点之间电压超过 12V，电流超过 80mA，动、静触点之间将出现强烈火花，这实际上是一种空气放电现象，通常称为"电弧"。所谓空气放电，就是空气中有大量的带电质点做定向运动。当触点分离瞬间，间隙很小，电路电压几乎全部降落在动、静两触点之间，在触点间形成了很高的电场强度，负极中的自由电子会逸出到气隙中，并向正极加速运动。由于撞击电离、热电子发射和热游离的结果，在动、静两触点间呈现大量向正极飞驰的电子流，形成电弧。随着两触点间距离的增大，电弧也相应地拉长，不能迅速切断。由于电弧的温度高达 3000℃或更高，触点被严重烧伤，缩短了电器的寿命，给电气设备的运行安全和人身安全等都造成了极大的威胁。因此，我们必须采取有效的方法，尽可能消灭电弧。常采用的灭弧方法和灭弧装置有如下几种。

① 磁吹式灭弧装置。

② 灭弧栅灭弧。

③ 多断点灭弧。

④ 灭弧罩灭弧。

通常交流接触器的触点都做成桥式，它有两个断点，以降低触点断开时加在断点上的电压，使电弧容易熄灭；相间有绝缘隔板，以防止相间电弧短路。

（3）电磁机构

电磁机构是接触器的重要组成部分，它由吸引线圈和磁路两部分组成，磁路包括铁芯、衔铁、铁轭和空气隙，利用气隙将电磁能转换为机械能，带动动触点使之与静触点接通或断开。电磁机构的种类很多，常见的分类方法如下。

① 按铁芯的运动方式，可分为铁芯后退式和铁芯迎击式两种。

② 按磁系统形状，可分为 U 形和 E 形。

③ 按线圈的连接方式，可分为并联（电压线圈）和串联（电流线圈）两种。

④ 按吸引线圈的种类，可分为直流线圈和交流线圈两种。

电磁机构的吸力与气隙的关系曲线称为吸力特性，它随励磁电流种类（交流或直流）和线圈的连接方式（串联或并联）而有所差异。电磁机构转动部分的静阻力与气隙的关系曲线称为反力特性。反力的大小与反作用弹簧的弹力和衔铁重量有关。

2. 接触器的主要技术数据

交流接触器和直流接触器的型号代号分别为 CJ 和 CZ。

直流接触器型号的含义如图 2-14 所示。

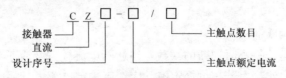

图 2-14　直流接触器型号的含义

交流接触器型号的含义如图 2-15 所示。

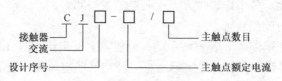

图 2-15 交流接触器型号的含义

我国生产的交流接触器常用的有 CJI、CJ10、CJ12、CJ20 等系列产品。CJ12 和 CJ20 新系列接触器所有受冲击的部件均采用了缓冲装置；合理地减小了触点开距和行程；运动系统布置合理，结构紧凑；采用结构连结，不用螺钉，维修方便。

直流接触器常用的有 CZl 和 CZ3 等系列和新产品 CZ0 系列。新系列接触器具有寿命长、体积小、工艺性好、零部件通用性强等优点。

接触器的基本技术参数。

① 额定电压。接触器额定电压是指主触点上的额定电压。其电压等级如下。

交流接触器：220V，380V，500V；

直流接触器：220V，440V，660V。

② 额定电流。接触器额定电流是指主触点上的额定电流。其电流等级如下。

交流接触器：10A，15A，25A，40A，60A，150A，250A，400A，600A；

直流接触器：25A，40A，60A，100A，150A，250A，400A，600A。

③ 线圈的额定电压。其电压等级如下。

交流线圈：36V，127V，220V，380V；

直流线圈：24V，48V，220V，440V。

④ 额定操作频率，即每小时通断次数。交流接触器高达 6000 次/小时，直流接触器高达 1200 次/小时。

3. 接触器的选择

在选用接触器时，应注意它的电源种类、额定电流、线圈电压及触点数量等。

（1）接触器类型的选择

接触器的类型应根据负载电流的类型和负载的轻重来选择，即根据是交流负载还是直流负载，是轻负载还是重负载来选择。

（2）接触器主触点额定电流的选择

$$主触点额定电流 I_N \geqslant \frac{电动机额定电功率 P_N(W)}{(1\sim 1.4) 电动机额定电压 U_N(V)}$$

如果接触器控制的电动机启动、制动或正反转频繁，一般将接触器主触点的额定电流降一级使用。

（3）接触器操作频率的选择

操作频率是指接触器每小时通断的次数。当通断电流较大及通断频率过高时，会引起触点过热，甚至熔焊。操作频率若超过规定值，应选用额定电流大一级的接触器。

（4）接触器线圈额定电压的选择

接触器线圈的额定电压不一定等于主触点的额定电压。当线路简单、使用电器少时，可直接选用 380V 或 220V 电压的线圈；如线路较复杂，使用电器超过 5 小时，可选用 24V、48V 或 110V 电压的线圈。

4．接触器的使用与维护

① 接触器安装前应检查线圈的额定电压等技术数据是否与实际使用相符，然后将铁芯极面上的防锈油脂或锈垢用汽油擦净，以免多次使用后被油垢粘住，造成接触器断电时不能释放。

② 接触器安装时，一般应垂直安装，其倾斜度不得超过 5°，否则会影响接触器的动作特性。安装有散热孔的接触器时，应将散热孔放在上下位置，以利于线圈散热。

③ 接触器安装与接线时，注意不要把杂物失落到接触器内，以免引起卡阻而烧毁线圈；同时应将螺钉拧紧，以防震动松脱。

④ 接触器的触点应定期清扫并保持整洁，但不得涂油。当触点表面因电弧作用形成金属小珠时，应及时铲除，但银及银合金触点表面产生的氧化膜，由于接触电阻很小，可不必处理。

2.1.6 继电器

继电器是一种根据特定形式的输入信号而动作的自动控制电器。它与接触器不同，主要用于反映控制信号，其触点一般接在控制电路中。

继电器的种类很多，按功能分为电压继电器、电流继电器、功率继电器、中间继电器、时间继电器、热继电器、速度继电器、极化继电器和冲击继电器等。

1．中间继电器

中间继电器主要用于扩大信号的传递，提高控制容量，在自动控制系统中常与接触器配合使用。它输入的是线圈得电、失电信号，输出的是触点开、闭信号。中间继电器的触点数量较多，因而可用其增加控制电路中信号的数量。

常用的中间继电器有 JZ7、JZ8 系列，其型号含义如图 2-16 所示。

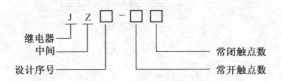

图 2-16　中间继电器 JZ7、JZ8 系列型号含义

中间继电器一般根据负载电流的类型、电压等级和触点数量来选择。其使用与接触器类似，但中间继电器由于触点容量较小，一般不能接到主线路中应用。

2．热继电器

热继电器是用来保护电动机等负载，使之免受长期过载的危害。电动机在欠电压、断相或长时间过载情况下工作，都会使其工作电流超过额定值，从而引起电动机过热。严重的过热会损坏电动机的绝缘，因此需要对电动机进行过载保护。

（1）热继电器的工作原理

热继电器是利用电流的热效应而动作的，它的结构和原理如图2-17所示。热元件是一段电阻不大的电阻丝，接在电动机的主电路中，双金属片由两种具有不同线膨胀系数的金属辗压而成。一层金属的膨胀系数大，称为主动层；另一层的膨胀系数小，称为被动层。当主电路中电流超出允许值而使双金属片受热时，每一种金属都因受热而伸长，伸长的大小由其线膨胀系数决定。由于两者伸长的长度不等，且又紧密结合为一体，故它便向线膨胀系数小的一侧方向弯曲，因而使脱扣机构脱扣，扣板在弹簧的拉力下将常闭触点断开。控制接触器的线圈断电，从而断开电动机的主电路。

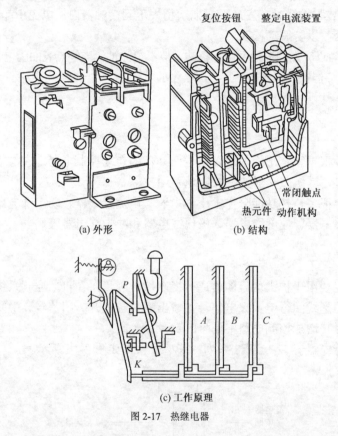

(a) 外形　　　　　　　　(b) 结构

(c) 工作原理

图 2-17　热继电器

热继电器的型号含义如图2-18所示。

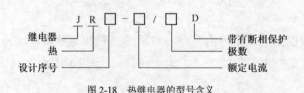

图 2-18　热继电器的型号含义

由于热惯性，热继电器不能作短路保护。因为发生短路事故时，我们要求电路立即断开，而热继电器是不能立即动作的。但在电动机启动或短时过载时，热继电器的热惯性可使电动机避免不必要的停车。

热继电器动作后，一般机构将被锁住不能复位，如果要使热继电器复位，则应等双金属片冷却后，按下复位按钮才可解锁复位，为下次动作做好准备。

JR1、JR2系列热继电器的双金属片是通过发热元件间接加热的。热继电器的动作电流与周围的介质温度有关，当周围介质温度变化时，主双金属片发生零点漂移，因而在一定动作电流下的动作时间会出现误差。为了补偿这种由于介质温度变化造成的误差，带温度补偿的热继电器中设置了补偿双金属片。当主双金属片因环境温度升高而向右弯曲时，补偿双金属片也向右弯曲，这样便可使热继电器在同一稳定电流之下，动作行程基本一致，这样就使上述JR1、JR2系列的缺点得以克服。这种热继电器的整定可通过调节凸轮来实现。

（2）带断相保护的热继电器

用普通热继电器保护电动机时，若电动机是Y形接线，当线路发生一相断电时，另两相将发生过载，过载相电流将超过普通热继电器的动作电流，因线电流等于相电流，这时热继电器可以对此进行保护。但若电动机定子为△形接线，发生断相时线电流可能达不到普通热继电器的动作值而电动机绕组已过热，这时用普通的热继电器已经不能起到保护作用，必须采用带断相保护的热继电器。它是利用各相电流不均衡的差动原理实现断相保护的。

（3）热继电器的选择

选择热继电器作为电动机的过载保护时，应使选择的热继电器的安秒特性位于电动机的过载特性之下，并尽可能地接近，甚至重合，以充分发挥电动机的能力，同时使电动机在短时过载和启动瞬间不受影响。

① 热继电器的类型选择：一般轻载启动、长期工作的电动机或间断长期工作的电动机，选择二相结构的热继电器；电源电压的均衡性和工作环境较差或较少有人照管的电动机，或多台电动机的功率差别较显著，可选择三相结构的热继电器；而△形接线的电动机，应选用带断相保护装置的热继电器。

② 热继电器的额定电流及型号选择：根据热继电器的额定电流应大于电动机的额定电流的原则，查有关表即可确定热继电器的型号。

③ 热元件的额定电流选择：热继电器的热元件额定电流应略大于电动机的额定电流。

④ 热元件的整定电流选择：根据热继电器的型号和热元件额定电流，查有关表得出热元件整定电流的调节范围。一般将热继电器的整定电流调整到等于电动机的额定电流；对过载能力差的电动机，可将热元件整定值调整到电动机额定电流的0.6~0.8倍；对启动时间较长，拖动冲击性负载或不允许停车的电动机，热元件的整定电流应调节到电动机额定电流的1.1~1.15倍。

（4）热继电器的使用及维护

① 热继电器安装接线时，应清除触点表面污垢，以避免电路不通或因接触电阻太大而影响热继电器的动作特性。

② 如电动机启动时间过长或操作次数过于频繁，将会使热继电器误动作或烧坏热继电器，故这种情况一般不用热继电器作过载保护；如仍用热继电器，则应在热元件两端并一副接触器或继电器的常闭触点，待电动机启动完毕，使常闭触点断开，热继电器再投入工作。

③ 热继电器周围介质的温度，原则上应和电动机周围介质的温度相同，否则，势必要破坏已调整好的配合情况。当热继电器与其他电器安装在一起时，应将它安装在其他电器的下方，以免其动作特性受到其他电器发热的影响。

④ 热继电器出线端的连接导线不宜太粗，也不宜过细。如连接导线过细，轴向导热性差，热继电器可能提前动作；反之，连接导线太粗，轴向导热快，热继电器可能滞后动作。

3. 时间继电器

（1）空气阻尼式时间继电器

空气阻尼式时间继电器利用空气通过小孔时产生阻尼的原理获得延时。其结构由电磁系统、延时机构和触点3部分组成。空气阻尼式时间继电器既有通电延时型，也有断电延时型。

只要改变电磁机构的安装方向，便可实现不同的延时方式。当衔铁位于铁芯和延时机构之间时为通电延时，当铁芯位于衔铁和延时机构之间时为断电延时。

空气阻尼式时间继电器的外形和工作原理如图2-19所示。其特点是延时范围大，寿命长，价格低，但延时误差较大，在对延时精度要求较高的场合，不宜使用空气阻尼式时间继电器。

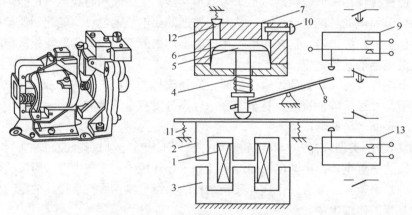

1—线圈；2—动衔铁；3—静衔铁；4—弹簧；5—活塞杆；6—橡皮膜；7—进气孔；
8—杠杆；9—微动开关；10—调节螺钉；11—弹簧；12—出气孔；13—微动开关
图2-19　空气阻尼式时间继电器

（2）电动机式时间继电器

电动机式时间继电器是利用小型同步电动机带动减速齿轮而获得延时的。其结构由同步电动机、离合电磁铁、减速齿轮、差动轮系、复位游丝、触点系统和推动延时触点脱扣的凸轮等组成，如图2-20所示。当接通电源后，齿轮空转。需要延时时，再接通离合电磁铁，齿轮带动凸轮转动，经过一定时间，凸轮推动脱扣机构使延时触点动作，同时其常闭触点断开同步电动机和离合电磁铁的电源，所有机构在复位游丝的作用下返回原来位置，为下次动作做好准备。

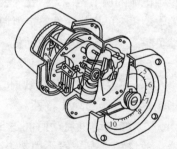

图2-20　电动机式时间继电器

延时的长短，可以通过改变指针在刻度盘上的位置进行调整。这种延时继电器定时精度高，调节方便，延时范围很大，且误差较小，可以从几秒到几小时。延时时间不受电源电压与温度的影响，但因同步电动机的转速与电源频率成正比，所以当电源频率降低时，延时时间加长，反之则缩短。这种延时继电器的缺点是结构复杂，价格较贵，齿轮容易磨损，不适于频繁操作。

（3）电子式时间继电器

电子式时间继电器的基本原理是利用 RC 积分电路中电容的端电压在接通电源之后逐渐上升的特性。电源接通后，经变压器降压后整流、滤波、稳压，提供延时电路所需的直流电压。从接通电源开始，稳压电源经定时器的电阻向电容充电，经一段时间后充电至某电位，使触发器翻转，控制继电器动作，继电器触点提供所需的延时，同时断开电源，为下一次动作做准备。调节电位器电阻即可改变延时时间的长短。

这种继电器机械结构简单，寿命长；延时范围广，精度高；调节方便，返回时间短；消耗功率小，值得推广应用。

4．速度继电器

速度继电器是一种可以按电动机转速的高低使电路接通或断开的电器。速度继电器与接触器配合，实现对电动机的反接制动和其他控制。

速度继电器主要根据电动机的额定转速来选择。安装速度继电器时，注意正反向的触点不能接错，否则，不能起到反接制动时接通和断开反向电源的作用。

2.1.7　电器元件的维护

电器的主要组成部分有触点、消弧装置、电磁装置和机械装置。

电器的维护工作主要包括触点、电磁铁和线圈的维护。接触器是典型的电气设备，以此说明电器元件的维护要点。

1．触点维护

触点是电器中极重要的部件。固定触点的螺母应拧紧，铜触点表面要仔细去除氧化物，触点表面灰尘和污垢可用汽油或四氯化碳仔细清洗并吹干；触点表面如有烧瘤、凹坑、蚀痕，要沿接触面按一个方向用细锉锉净，尽量保持原来形状。银触点表面的氧化层不用去除，触点表面轻微的烧瘤、凹坑、蚀痕等也不必锉平，对触点的接触电阻影响不大。严重烧损的触点应及时更换。对于严重磨损的触点，磨损量超过触点厚度的 1/2 时亦应及时更换。

2．铁芯维护

铁芯最易发生的故障是噪声，这说明磁路铁芯接触不良，原因可能如下。

① 铁芯和衔铁之间落进了污垢，或者螺钉松开，使铁芯和衔铁接触面接触不良。

② 交流电磁铁芯接触面小，槽中的短路环断裂或脱落也会发生噪声。

③ 机械部分有卡阻现象。

④ 合闸线圈电压过低，也会使铁芯发生噪声。

⑤ 触点上弹簧压力过大。

3．线圈的检修

因某种原因使电器元件工作不正常时，最先损坏的就是线圈。震动可以造成线圈断路或线端脱落，电源电压过高或铁芯卡住可使线圈过电流而烧毁等。线圈检查主要是测绝缘电阻和直流电阻。线圈烧毁后只能更换。

修理好的电器应通电检查，保证吸合、断开迅速可靠，无过热现象和噪声，带灭弧罩的电器在未装灭弧罩时不能带负荷操作，以免飞弧造成短路，烧坏触点。

2.2　低压配电线路

2.2.1　概述

低压配电线路可分为室外和室内两部分。室外部分可采用架空线路和电缆线路。在实际使用中，电缆输电安全可靠，而且没有电杆、架线，美观洁净。但由于电缆本身受到电压等级、敷设环境和投资的限制，因此室外较远距离输送和分配电能，目前采用架空线路较为普遍。低压输配电的方式有如下几种。

① 单相二线制：这是照明用低压配电最普遍的方式。凡是用电量在 10kW 以下的照明用电或 10kW 以下的单相电动机都可以采用这种方式（俗称照明线）。

② 三相四线制：这种方式是在三相 Y 形接线的中性点（变压器输出接地端）引出一条中性线，三相线间额定线电压为 380V，各线与中性线间的额定相电压为 220V。三相线间可接三相负荷，各相线和中性线间可接单相负荷（俗称动力线）。

一般医院、学校、机关、工厂的照明线路，大多采用 380/220V 三相四线制或三相五线制（除中线外增加一根保护地线）配电电路，分户照明配电采用单相二线制或单相三线制电路。380V 用于动力等电气设备，如电动机等。220V 用于照明和家用电器。

室内照明线路由进户线、配电箱（盘、板），以及配电线路、开关（或控制器）、插座、接线盒、灯具等组成。基本电路组成示意如图 2-21 所示。

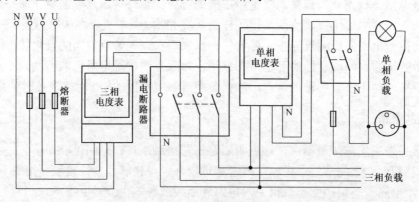

图 2-21　低压配电基本点

室内照明线路有暗敷和明敷两种方式。工厂和一般建筑物通常采用明敷方式。明敷的照明线路便于更改和延伸。明敷的照明线路可采用塑料护套线，也可用槽板、瓷夹板、绝缘子支撑导线，敷设时要求做到线路布置合理、整齐、连接可靠、安装牢固。在生活居所，为了使室内环境美观，采用暗敷方式已成为一种趋势。暗敷的照明线路采用穿管敷设，在房屋建造时预埋穿线管，在导线分支处或接头处设置接线盒，绝缘导线穿入管中，敷设时注意导线不要与管口摩擦而损伤导线，在穿线管中不得做任何形式的接头。

2.2.2 导线截面积的选择

正确地选择导线截面积是保证用电安全、可靠、经济的重要措施之一。

供电线路导线和电缆截面的选择应根据以下几个原则。

（1）按机械强度选择

架空导线要经受拉力；电缆要经受拖曳，不因机械损伤而发生折断。导线按机械强度要求的最小截面参见表 2-2 规定。

表 2-2 导线按机械强度所允许的最小截面

导 线 分 类	安 装 方 式	导线最小截面（mm²）	
		铜　　线	铝线（铝绞线）
照明装置用导线	户内用 户外用	0.5 1.0	2.5 2.5
双芯软电线	用于吊灯 用于移动生活用电设备	0.5 0.75	— —
多芯软电线及软电缆	用于移动式生产用电设备	1.0	—
绝缘导线	用于固定架设在户内绝缘支持件 上，其间距为：2m 及以下 　　　　　6m 及以下 　　　　　12m 及以下	1.0 2.5 4	2.5 4 10
裸导线	户内用（厂房内） 户外用 1kV 以下	2.5 6	4 16
绝缘导线	穿在管内 置于木槽板内	1.0 1.0	2.5 2.5
绝缘导线	户外沿墙敷设 户外其他方式	2.5 4	4 10

（2）按允许电流选择

导线要能经受长时间通过负载电流所引起的温升，各种导线都规定有长期允许温度和短时最高温度，从而决定了导线长期允许通过的电流值和短时热稳定电流值。选择导线时，要根据计算负载电流不超过电缆和导线的长期载流量来确定导线的截面积。

铜芯导线按发热条件确定其长期载流量。

（3）按允许电压损失选择

供电线路的电压损失：从变（配）电所到用户之间的输电线常有相当长的距离，必须考虑输电线路的电阻和电抗引起的电压降，线路上有若干负荷时，电压损失为：

$$\Delta U\% = \frac{\sum_1^n PR + \sum_1^n QX}{10U_{ex}^2} = \Delta U_a\% + \Delta U_r\%$$

式中，U_{ex}——线路的额定线电压（V）；

$\quad P$、Q——线路上的有功和无功负荷；

$\quad R$——线路的有效电阻（Ω）；

$\quad X$——线路的电抗（Ω）。

可见，导线中的电压损失是由两部分组成的：有功负荷在导线电阻中的电压损失 $\Delta U_a\%$

及无功负荷在导线电抗中的电压损失 $\Delta U_r\%$ 。

导线截面对线路电抗的影响不大，对 $6\sim10kV$ 架空线路一般取 $X_D = 0.30\sim0.40\Omega/km$ 。电缆线路 $X_D \approx 0.08\Omega/km$ 。对 0.4/0.23kV 架空线路一般取 $0.27\sim0.46\Omega/km$ 。因此可先假定线路电抗值（取平均值），计算出电抗部分的电压损失，那么线路电阻部分的电压损失可由上式得

$$\Delta U_a\% = \Delta U\% - \Delta U_r\%$$

式中，$\Delta U\%$——线路允许的电压损失；

$$\Delta U_a\%\left(= \frac{R_D}{10U_{ex}^2}\sum_1^n PL\right)$$——由有功负荷及电阻引起的电压损失；

$$\Delta U_r\%\left(= \frac{X_D}{10U_{ex}^2}\sum_1^n QL\right)$$——由无功负荷及电抗引起的电压损失；

L——线路长度（km）。

按照电业部门规定，10kV 以下的电力用户，输电线路允许电压损失为 $\pm7\%$ ，照明输电线路允许电压损失为 $-10\%\sim+5\%$ 。

$$\Delta U_a\% = \frac{\sum_1^n PR}{10U_{ex}^2} = \frac{1000}{10S \cdot \gamma U_{ex}^2}\sum_1^n PL$$

式中，S——导线截面（mm^2）；

γ——导线电阻系数（25℃时铜导线 $\gamma = 0.0188\Omega \cdot mm^2/m$，铝导线 $\gamma = 0.0312\Omega \cdot mm^2/m$）。

又因为计算负荷矩时长度以 km 为单位，计算电阻时以 m 为单位，所以换算后有

$$S = \frac{\sum_1^n PL \cdot 100}{\gamma \cdot U_{ex}^2 \cdot \Delta U_a\%}(mm^2)$$

算出截面 S，选一标称截面，然后再根据线路布置情况求出 X_D 的准确值。若 X_D 与所假设的值相差不大，则说明所选的截面合理，否则应代入求电压损失公式校验，或重新假定电抗值，进行复算。

在实际选用导线时，可采用与计算截面积相近的标准导线，再用导线的载流量和机械强度的条件来校验。

在选择导线截面的问题上虽然有以上 3 个因素需要考虑，但在解决实际问题时，哪个因素是主要的，起决定作用的，就应侧重于考虑这一因素，并由此来决定选用导线的截面积。如果是在长距离的输电线路中，则主要考虑电压降，导线截面积由电压损失的要求来决定。在配电线路比较短时，就不必计算线路电压降而主要考虑容许电流来决定导线的截面积。在小负荷的架空线路中往往只要考虑机械强度就够了。这样，选择导线截面积的问题就可以大大简化了。

2.2.3 配电箱

配电箱内通常装设控制、保护、计量等电气设备，安装有总控制开关及分配电能的各种开关，如低压断路器（或漏电断路器）、电能表（电度表）、熔断器、控制接触器和指示用照明灯等。

为了测量负载消耗的电能，在线路中接入电度表对负载所消耗的电能进行计量。对于单

相负荷，采用单相电度表，消耗的电能可以从电度表计数器上直接反映出来。对于三相负荷，采用三相电度表，工厂中除了测量有功电能以外还要测量无功损耗，通常安装有三相有功电度表和三相无功电度表，以此监测其对电源容量的利用情况。在照明负载线路中通常只安装三相有功电度表（测量总负荷）和单相电度表（测量各单元负荷）。电能与功率、时间的关系为：电能＝功率×时间。

电能的单位用 kW·h 表示，1kW 的负载运行 1 小时所消耗的电能就是 1 度。

根据住宅配电国家标准，一般两居室及以上住宅的设计用电负荷最小为 4kW，用表规格为 10（40）A。

2.3 低压配电线路安装工艺及规程

2.3.1 进户线路

1．进户方式

① 进户点离地面高度大于 2.7m 时，采用绝缘线穿瓷管进户，进户管口与接户线的垂直距离在 0.5m 以内。

② 进户点离地面虽高于 2.7m，但对原已放高的或由于安全要求必须放高的接户线垂直距离在 2.5m 以上时，应采用角铁加装瓷瓶支持单根绝缘线穿瓷管进户。

③ 进户点离地低于 2.7m 时，应加装进户杆，以绝缘导线穿瓷管或塑料管进户。

2．进户线

进户线应采用绝缘良好的铜芯、铝芯导线，不能用软线，不得有接头。进户线的最小截面积从机械强度考虑，铜芯绝缘线不小于 1.5mm^2，铝芯绝缘线不小于 2.5mm^2。

根据住宅配电国家标准，住宅供电系统的设计，应符合下列基本安全要求。

① 电气线路应采用符合安全和防火要求的敷设方法配线，导线采用铜线，每套住宅进户线截面积不应小于 10mm^2。

② 每套住宅的空调电源插座、电源插座与照明插座应分路设计，厨房电源插座和卫生间电源插座宜设计独立回路。

③ 除空调电源插座外，其他电源插座电路应设置漏电保护装置。

④ 每套住宅应设总的断电器。

⑤ 卫生间应作局部等电位连接。

3．室内配线的一般要求

① 室内配线的方式和导线的选择，通常根据环境特点和安全要求等因素来决定。

② 使用导线的额定电压应大于线路工作电压，明敷导线通常采用塑料或橡皮绝缘导线，导线截面积应满足供电和机械强度的要求。

③ 室内电气管线和配电设备与其他管道、设备间的最小距离应符合安全要求。

④ 配线时应尽量避免导线有接头。必须有接头时，应采用压接或焊接。穿在管内的导

线，无论任何情况都不允许有接头，接头应放在接线盒或灯头盒内。导线在分支连接处不应受机械力作用。

⑤ 导线穿过墙壁或穿过楼板时要用瓷管或塑料管保护。同一回路的几根导线可以穿在一根管内（进户线管除外），管内导线的总面积（包括绝缘层），不应超过管内截面积的 40%。

⑥ 当导线互相交叉时应在每根导线上套上绝缘套管，并牢靠固定，不使其发生移动。

4．采用线管配线的一般要求

① 配线管可以选用白铁管、电线管和硬塑料管。

② 穿管导线的绝缘强度不低于 500V，导线最小截面积按规定铜芯线为 $1mm^2$，铝芯线为 $2.5mm^2$。

③ 线管内导线不准有接头，也不得穿入绝缘破损后经过包缠恢复绝缘的导线。

④ 管内导线（包括绝缘层）的总截面积不应大于管内有效截面积的 40%；不同电压和不同回路的导线不得穿在同一根管内,同台设备的控制和信号回路导线允许穿在一根线管内。

5．线路明配方法

（1）槽板配线

多用于办公室、生活室等干燥房屋内。绝缘导线敷设在槽板的线槽内，上部用盖板把导线盖住。常用的槽板有木槽板和塑料槽板。目前已由槽板配线改变为线槽配线，线槽内可以容纳较多的绝缘导线。线槽有金属线槽和塑料线槽两种，可以固定在建筑物表面，也可以用吊挂器具将线槽吊挂。这种配线方式结构简单，组合方便。

（2）塑料护套线配线

塑料护套线配线是一种具有塑料防护层的多芯绝缘导线，有防化学腐蚀和防潮的优点。利用钢筋轧头或塑料卡作为导线的支持件。可以直接将导线敷设在预制楼板、砖墙及其他建筑物的表面。支持件的固定，可采用粘接或钉入等方法。

用塑料护套线布线时，要注意导线转弯半径应大于 6 倍导线宽度，转弯处两边均应固定。直导线固定点间距应保证导线不发生折弯，间距一般为 0.2m。塑料护套线的接头应放在开关、灯头和插头处，如果不能放在这些部位，则需加接线盒，把接头放在接线盒内。

（3）绝缘子配线

绝缘子配线适用于室内、外配线。绝缘子有瓷柱和瓷瓶两种。瓷柱配线适用于用电量较小、跨距较小的场合；瓷瓶配线适用于用电量较大、跨距大的车间，即使在潮湿场所也可使用。

（4）明管配线

明管配线是把绝缘导线穿在金属或塑料导管内，而将穿线导管敷设在墙上、柱上或楼板下。注意金属导管端口应预装绝缘护套，避免锐棱割破导线的绝缘层。这种配线方式可防止外部机械损伤并避免腐蚀性气体的侵蚀。采取适当措施后，也能用于有爆炸性和火灾危险的场所。

车间内配线还有滑触线等配线方式。

6．导线的连接

铜芯导线与铝芯导线的连接、线头与接线桩的连接如表 2-3 及表 2-4 所示。导线完成连接后，应将多余端头剪除，把线头压平，外面先包两层塑料带作补充绝缘，然后再用绝缘胶布包缠紧。

表 2-3　　　　　　　　　　　　　　　　　铜芯导线的连接

名　　称	连　接　方　法	图　　示
1. 单股铜芯导线的直接法	(1) 使 2 根芯线成 X 形相交。 (2) 两芯线互相绞合 3 圈。 (3) 扳直两芯线线端，分别紧贴另一根芯线缠绕 6 圈，余端割弃并钳平芯线末端	
2. 单股铜芯导线的 T 字分支接法	(1) 把支路芯线的线头与干线芯线垂直相交。 (2) 按顺时针方向缠绕支路芯线。 (3) 缠绕 6～8 圈后，割弃余线并钳平芯线末端	
3. 7 股铜芯线的直接法	(1) 将剖去绝缘层的芯线逐根拉直，绞紧占全长 1/3 的根部，把余下 2/3 的芯线分散成伞状。 (2) 把 2 个伞状芯线隔根对插，并捏平两端芯线。 (3) 把一端的 7 股芯线按 2、2、3 根分成 3 组，接着把第一组 2 根芯线扳起，按顺时针方向缠绕 2 圈后扳直余线。 (4) 再把第二组的 2 根芯线，按顺时针方向紧压住前 2 根扳直的余线缠绕 2 圈，并将余下的芯线向右扳直。 (5) 再把下面的第三组的 3 根芯线按顺时针方向紧压前 4 根扳直的芯线向右缠绕。 (6) 缠绕 3 圈后，弃去每组多余的芯线，钳平线端。再用同样方法缠绕另一边芯线	
4. 7 股铜芯线 T 字分支接法	(1) 把支路芯线松开钳直，将近绝缘层 1/8 处线段铰紧，把 7/8 线段的芯线分成 4 根和 3 根两组，然后用螺丝刀将干线也分成 4 根和 3 根两组，并将支线中一组芯线插入干线两组芯线间。 (2) 把右面 3 根芯线的一组往干线一边顺时针紧紧缠绕 3～4 圈，再把左边芯线的一组按逆时针方向缠绕 4～5 圈。 (3) 钳平线端并切去余线	
5. 接头处的锡焊	(1) 10mm² 及以下的铜芯线接头，可用 150W 电烙铁进行锡焊。 (2) 16mm² 及以上的铜芯线接头，应采用浇焊法	

表 2-4 铝芯导线的连接

名 称	连 接 方 法	图 示
1. 单股铝芯导线的压接	（1）2.5～10mm² 的单股铝芯导线压接，应选用单股导线压接钳及圆形或椭圆形铝连接管。 （2）压接前把导线两端绝缘层各剥去 50～55mm，然后将铝芯线和铝连接管内壁表面氧化层清除，并涂上中性凡士林油膏。 （3）用圆形铝连接管时，导线两端各插入连接管的一半。 （4）用椭圆形铝连接管时，应使两线端插入后各露出 4mm 长度（尺寸 A）。 （5）用压接钳压接时，应压到必要的极限尺寸，并使所有压坑的中心线处在同一条直线上	
2. 多股铝芯导线的压接	（1）16～240mm² 的多股铝芯导线可采用手提式油压钳及相应的铝连接管。 （2）压接前将两根铝芯导线的绝缘各剥去连接长度的一半加上 5mm，散开芯线除去氧化层并涂上中性凡士林油膏。同时除去连接管内壁氧化层并涂上中性凡士林油膏，然后将两根铝芯线各插入连接管 1/2，划好压坑标记。 （3）根据连接导线截面的大小，选好压模装到钳口内压接，压接时按 1、2、3、4 顺序压接 4 个坑，压完 1 个坑后，稍停 10～15s 后再压另一个坑，压完后用细锉锉去棱角，并用砂布打光	
3. 多股铝芯导线的分支线压接	将干线断开，与分支导线同时插入铝连接管内进行压接	

7. 导线的封端

对于导线截面大于 10mm² 的多股铜芯线和铝芯线的端头，一般必须用接线端子进行封端，再由接线端子与电气设备相连。铜芯导线的封端方法可以采用锡焊封端或压接封端，而铝芯导线的封端通常采用压接封端方法。

8. 暗配线路

暗配线路是预先把穿线导管敷设在地坪、墙壁、楼板或顶棚内，金属导管端口应装设绝缘护套。然后将导线穿入管内。暗配线路敷设后，在建筑物表面看不到配电线路，又不损坏建筑物，外形美观，能防水防潮，导线不受有害气体的侵蚀和外部机械性损伤，使用年限长。

对于一些要求较高的建筑物，为了美观和安全，经常选用暗设开关，暗配钢管线路以及铜芯绝缘导线，接线端放置在接线盒、插座盒和开关盒内，电源控制开关多采用带漏电保护的低压断路器。

2.3.2 电缆线

1. 电缆的型号

（1）电缆型号的含义（如图 2-22 所示）

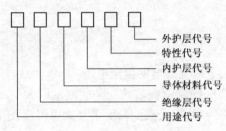

图 2-22 电缆型号的含义

（2）用途代号的含义

无字母—电力电缆；K—控制电缆；Y—移动式软电缆；N—农用电缆；P—信号电缆。

（3）绝缘层代号的含义

Z—纸绝缘；Y—聚乙烯绝缘；X—天然橡皮绝缘；V—塑料（聚氯乙烯）绝缘。

（4）导体材料代号的含义

T—铜芯（一般省略）；L—铝芯。

（5）内护层代号的含义

H—橡胶套；Q—铅包；L—铝包；V—聚氯乙烯护套。

（6）特性代号的含义

P—贫油式；D—不滴流；E—分相铅包。

（7）外护层代号的含义

0—无外护层；1—麻皮；2—钢带铠装；20—裸钢带铠装；3—细钢丝铠装；30—裸细钢丝铠装；5—单层粗钢丝铠装；11—防腐护层；12—钢带；120—裸钢带铠装有防腐层。

2. 电缆的结构

电缆的结构如图 2-23 所示。

① 导电芯线：一般由铜或铝制成。

② 绝缘层：目前有油浸纸绝缘、橡皮绝缘和塑料绝缘 3 种。

③ 内保护层：目前有铅包、铝包、橡胶套和聚

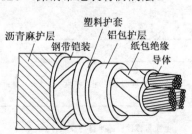

图 2-23 铠装电缆的结构

氯乙烯包 4 种。

④ 外保护层，在内保护层外面包上浸过沥青混合物的黄麻、钢带或钢丝。裸铅包电缆等没有外保护层。

3．电缆试验

① 测量绝缘电阻：根据电缆额定电压，选用相应的兆欧表进行测量，测量绝缘电阻通常在耐压试验前进行。

② 耐压试验：油浸纸绝缘电缆用 4～6 倍额定电压的直流电压进行试验，橡胶电缆用 2～3 倍额定电压的直流电压进行试验，塑料绝缘电缆用 3～4 倍额定电压的直流电压进行试验。1kV 电缆一般不做耐压试验。

③ 测量泄漏电流：在做直流耐压试验的同时，用接在高压侧的微安表测量泄漏电流，其值应符合规定要求。

4．电缆的选择

① 电缆的额定电压应大于或等于电网额定电压。

② 按发热条件选择电缆截面。电缆芯线安全载流量应大于或等于电缆的计算电流。当数根电缆敷设在地中或管中时，其安全载流量除了要乘以温度校正系数外，还应乘以并列在地中的工作电缆校正系数。

③ 根据环境和敷设方法来选择电缆。

5．电缆敷设规程

① 根据用电场所特点，需要采用电缆线路时，应选择电缆不易遭受各种损坏的有利走向。电缆一般采用铠装电缆，但敷设在电缆沟内或敷设在确无直接机械损伤和化学侵蚀危险的场所，也可采用无铠装电缆。

② 一般在对电缆无侵蚀作用的地区且同一路径电缆不超过 6 根时，应尽量采用直接埋设；当电缆线路与地下管网交叉不多，地下水位较低，而同一路径电缆根数较多，可采用电缆沟敷设，但沟内电缆一般不要超过 12 根；当同一路径电缆根数在 15 根以上时，可采用电缆隧道敷设。

③ 电缆在管内敷设的方式，因施工复杂，检修和更换也不便，且散热不好，所以除跨越道路等特殊路段外，一般不宜采用。

④ 电缆的埋设深度、电缆与各种设施接近和交叉的距离、电缆之间的距离和电缆明敷时的支持距离如表 2-5 所示。

表 2-5　　　　　　　　　　　　　　电缆敷设最小距离

项　　目		最小距离（m）
直埋电缆的埋设深度	一般情况	0.7
	机耕农田	1.0
电缆与各种设施平行与交叉净距	穿越路面	1.0
	离建筑物基础	0.6

项 目		最小距离（m）
电缆与各种设施平行与交叉净距	与排水沟底的交叉	0.5
	与热力管道平行	2.0
	与热力管道交叉	0.5
	与其他管道平行或交叉	0.5
电缆互相间净距	平行时	0.1
	交叉时	0.5
电缆明敷时的支持间距	铅包电缆垂直敷设时	1.5
	其他各类电缆垂直敷设时	2.0
	各种电缆水平敷设时	1.0

⑤ 电缆弯曲时曲率半径应不小于表 2-6 所示的值。

表 2-6　　　　　　　　　　　电缆的曲率半径

电 缆 种 类	曲率半径为电缆外径的倍数
纸绝缘铅包电缆	多芯 15 单芯 25
纸绝缘铅包电缆	30
橡胶绝缘或塑料绝缘 电缆（无金属屏蔽层）	多芯 6 单芯 8
橡胶绝缘或塑料绝缘 电缆（有金属屏蔽层）	多芯 8 单芯 10
橡胶绝缘或塑料绝缘电缆（铠装）	12

⑥ 直埋电缆时，沟底应平整，无硬质杂物，否则应铺 100mm 厚的细土。电缆上加盖 100mm 细土后，再盖混凝土盖板或砖保护。盖土前应测绘 1∶500 电缆实际走向详图，并同电缆的有关资料一起保存。地面上应装设电缆走向标志，以利于运行和检修。

⑦ 穿越路面和建筑物及引出地面高度 2m 以下的部分，均应穿在保护管内，保护管的内径应不小于电缆外径的 1.5 倍，每根 1 管，1 根单芯电缆不得穿在磁性保护管内，但可将同一回路的单芯电缆一起穿入同一管内。

⑧ 敷设铠装电缆或铝包电缆时，铝包电缆的金属外皮在两端应可靠接地，接地电阻应小于 10Ω。

⑨ 同一根绝缘电缆两端的高度差不应超过 25m。

⑩ 电缆在敷设前应做潮气检查。

⑪ 电缆过河或过桥的两端应留有 0.3～0.5m 余量，建筑物进出口电缆终端处应留有 1～1.5m 余量，以备重新封端用。

6．电缆终端及连接

电力电缆敷设以后，两端要与电气设备或线路连接，长度不够的各段电缆又要相互连接，在这些部位电缆内部电场会发生畸变，产生电应力局部集中。又因为破坏了电缆原有的密封性，电缆接头的工作条件比电缆本体苛刻。

据统计，电缆线路发生的故障，有 70%出现在其接头部位。因此，电缆连接的质量直接影响电力电缆的电气强度、机械强度和密封性能，并对电缆线路的安全运行有重要的作用。电缆线路的末端接头叫终端头，电缆线路相互连接的接头叫中间接头。安装在室内或室外的终端头因气候条件不同，在结构上有较大差别，分为户内型和户外型两种。中间接头根据所连接电缆的数量，分别有直接式接头、T 形接头、Y 形接头和十字形接头。具有特殊功能的中间接头，则有隔断两端油浸纸绝缘电缆油路的堵油型接头和连接两端不同绝缘结构电缆的"异种电缆接头"等。这里以油浸纸绝缘电缆做户内环氧树脂预制外壳式终端头的方法为例说明（电缆头结构示意图如图 2-24 所示）。

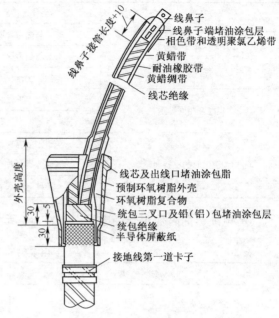

图 2-24　电缆头结构示意图

电缆终端头（含中间接头）的制作方法如下。

① 清理场地，用木板垫起电缆头，使其水平。

② 把电缆芯或绝缘纸松开，浸到 150℃的电缆油中，检查电缆是否受潮，若油中出现泡沫，说明有潮气存在；也可采用火烧法，把电缆绝缘纸点燃后，若纸的表面有泡沫，即表明有潮气存在。

③ 用兆欧表测量绝缘电阻并做好记录。

④ 根据需要确定剥切铅包的长度，然后再确定剥切钢带铠装层的尺寸，并做好标记。

⑤ 在标记以下约 100mm 处的钢带上，用浸有汽油的抹布把沥青混合物擦净，再用砂布或锉刀打磨，使其表面露出金属光泽。涂上一层焊锡以备放置接地线用。

⑥ 锯切钢带铠装层时，用专用的刀锯在钢带上锯出一个环形深痕，深度约为钢带厚度的 2/3，切勿伤及其他包层。

⑦ 剥钢带时，锯完后，用螺丝刀在锯痕尖角处将钢带挑起，用钳子夹住，沿逆原缠绕方向把钢带撕下，再用同样方法剥去第二层钢带。然后用锉刀修平钢带切口，使其光滑无刺。

⑧ 剥削铅包（或铝包）并套装预制的环氧树脂电缆头外壳，按设计要求确定喇叭口的位置，然后按剥削尺寸，先在铅包切断的地方切一环形深痕，再沿着电缆轴向在铅包上用剥切刀划两道深痕，其间距约为 10mm，深度为铅包厚度的 1/2 左右，用木锉或锯条把喇叭口下 30mm 处一段铅包拉毛并用塑料带临时包扎 1～2 层以防弄脏。接着把预制的环氧树脂电缆头外壳套入电缆钢带上并用干净的棉花塞满，最后从电缆头顶端把两道深痕间的铅皮条用螺丝刀撬起，用钳子夹住铅皮慢慢卷起往下撕，并把其折断。

⑨ 扩张喇叭口。剥完铅皮包层后，用胀口器把铅包口胀成喇叭口。

⑩ 剥统包纸绝缘并分开芯线。在喇叭口向上 30mm 一段统包绝缘上，用白纱布临时包扎 3～4 层，然后将统包绝缘线自上而下撕掉，并分开线芯，用汽油将芯线表面的电缆油擦去。

⑪ 剥除芯线端部绝缘。按设备接线位置所需的长度，割除多余的电缆，然后用电工刀、油橡胶管从每根芯线末端套入。套到离芯线根部 20mm 即可，然后将上部橡胶管往下翻，使芯线端部的导线露出，最后在芯线三叉口处用干净的布盖住。

⑫ 装线鼻子。在芯线上套上接线鼻子并压接，然后将接线鼻子的管形部分用锯条或锉刀拉毛并在压坑内用无碱玻璃丝带填满，再将耐油橡胶管的翻口往上翻，盖住线鼻子下的压坑。

⑬ 涂包芯线。先将铅包及统包上的临时包缠带拆除，然后在喇叭口以上 5mm 处用蜡线紧扎一圈，将统包外层的半导体屏蔽纸自上而下沿蜡线撕平，再在统包及芯线上分别包上一层干燥的无碱玻璃丝带。按规定的涂包尺寸在芯线及出线口堵油处刷一层环氧树脂涂料，然后用无碱玻璃丝带在其表面涂一层涂料，边涂边包，共涂两层。再在统包部分涂包两层，然后在三相分叉口部位交叉缠绕并压紧 4～6 层，并在分叉处填满环氧树脂涂料。最后，以三叉口以下沿统包纸绝缘到喇叭口下的电缆包皮约 30mm 的一段涂包 2～3 层，并在无碱玻璃丝带表面均匀地涂刷一层环氧树脂涂料。同时在接线鼻子管形部分与耐油橡胶管接合处刷一层环氧树脂涂料，并用玻璃丝带按上述方法涂包 3～4 层。

⑭ 装配环氧树脂外壳。先把外壳内临时放的棉纱取出，然后把外壳向上移至喇叭口附近，从喇叭口向下 30mm 处用塑料带重叠包缠成卷，包绕直径与外壳下口外径相近，将外壳放在塑料带卷上，用塑料带把外壳下口和塑料带卷扎紧，使外壳平整地固定在电缆上。调整芯线位置，使其离外壳内壁有 3～5mm 的间隙，并对称排列。再用支撑架或带子使三相芯线固定不动，最后用电吹风加速涂包层硬化和预热外壳。

⑮ 浇注环氧树脂复合物。将环氧树脂复合物从预制外壳中间浇入，以便空气逸出，不致形成气孔，一直浇到外壳平口为止。

⑯ 包绕外护层：待浇入壳内的环氧树脂冷却干涸后，可包绕线芯的外护加强层，从外壳出线口至接线鼻子的一段耐油橡胶管上，先用黄蜡带包绕二层，包绕时要拉紧，然后按确定的相位分别在各芯线上包一层相色带和一层透明塑料带。最后按设备的接线位置弯曲好芯线，进行直流耐压试验，合格后再接到设备上。

电缆终端头的制作方法，户内还有漏斗式和干包式终端头，户外有环氧树脂式和铸铁鼎足式终端头等。

第 3 章　电子仪器设备使用指导

3.1　BT3C-B 型频率特性测试仪

3.1.1　概述

　　BT3C-B 型频率特性测试仪是由 1~300MHz 宽带 RF 信号源和 7 英寸（in，1in=2.54cm）大屏幕显示器组成的一体化宽带扫频仪。

　　本仪器可广泛用于 1~300MHz 范围内各种无线电网络，以及接收和发射设备的扫频动态测试。例如各种有源无源四端网络、滤波器、鉴频器及放大器等的传输特性和反射特性的测量，特别适用于各类发射和差转台、MATV 系统、有线电视广播以及电缆的系统测试。其内部采用先进的表面安装技术（STM），关键部件选用先进的优质器件，输出衰减器采用电控衰减，并采用轻触式步进控制，输出衰减由 LED 数字显示。其独特的设计构思确保了整机工作的可靠性，提高了仪器的性价比。图 3-1 是其外观示意图。

图 3-1　BT3C-B 型频率特性测试仪的外观

　　本仪器功能齐全，既可在 1~300MHz 范围内全频段一次扫描，满足宽带测试需要，也可进行窄带扫频和给出稳定的单频信号输出。本仪器输出动态范围大，谐波值小，输出衰减器采用电控衰减，适用于各种工作场合，具有各种指标可供用户选择。该仪器体积小、重量轻，便于携带，适合室内外各种不同工作环境，是工厂、院校和科研部门的理想测试仪器。

3.1.2　仪器成套性

- BT3C-B 频率特性测试仪　　一台
- 75Ω 宽带鉴波器　　一套
- 电源线　　一根
- 技术说明书　　一份

- 合格证　　　　　　　　　　　一份

3.1.3　性能参数

① 有效频率范围：1～300MHz。

② 扫频方式：全扫、窄扫、点频 3 种工作方式。

③ 中心频率：窄扫中心频率在 1～300MHz 范围内连续可调。

④ 扫频宽度：

全扫：优于 300MHz；

窄扫：±1～20MHz 连续可调；

点频：连续正弦波 1～300MHz 连续可调。

⑤ 输出电平、阻抗：

输出电平：0dB 时 500mV±10%（75Ω负载）；

输出阻抗：75Ω。

⑥ 稳幅输出平坦度：1～300MHz 范围内系统平坦度优于±0.35dB。

⑦ 扫频线性：相邻 10MHz 线性比优于 1：1.3。

⑧ 输出衰减：

粗衰减：10dB×7 步进，误差优于±2%A±0.5dB，A 为显示值；

细衰减：1dB×9 步进，误差优于±0.5dB。

⑨ 标记种类、幅度：

菱形标记：给出 50MHz、10MHz、1MHz 间隔菱形标记；

外频率标记：仪器外频标输入端，输入 6dBm 的 10～300MHz 正弦波信号，可产生外频率标志的菱形标记；

标记幅度：菱形标记显示不低于 0.5cm，幅度连续可调。

⑩ 垂直显示、垂直偏转因数：

分为×1、×10 两种，Y 幅度连续可调。垂直偏转因数优于 2.5mV/div。

⑪ 水平显示：水平幅度在 0.5～1.2 倍屏幕范围内连续可调，位移量大于 2 格。

⑫ 显示器：7 英寸中余辉磁偏转显示管。

⑬ 安全性能：仪器电源进线与机壳之间绝缘电阻大于 2MΩ，泄漏电流小于 5mA，并且工作在 1500V 正弦交流电，1 分钟内应无飞弧或击穿现象。

⑭ 工作电压：AC 220V±10%，50Hz±5%。

⑮ 仪器功耗：约 50W。

⑯ 仪器尺寸及重量：尺寸 380×200×360（mm），重量 8kg。

⑰ 仪器连续工作时间不低于 8h。

3.1.4　仪器方框图

仪器原理方框图如图 3-2 所示。

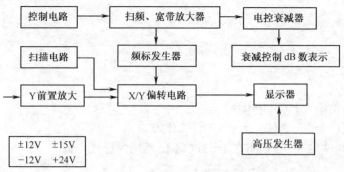

图 3-2 BT3C-B 型频率特性测试仪的方框图

3.1.5 原理简述

该仪器由扫描发生器产生周期为 20ms 的锯齿波及方波，一路送 X 偏转电路供水平显示扫描用；另一路送扫描控制电路，进行信号变换。扫描方式选择等线性变换电路将从控制电路来的 0～10V 锯齿波电压，通过二极管网络进行变换，产生一非线性电压送到扫频振荡器，以抵消变容二极管产生的频率变换非线性。在扫描振荡器里，一个固频振荡源和一个扫频振荡源输出的正弦波信号经混频后产生 1～300MHz 的差频信号，并加以放大后反馈给宽带放大器进行放大。

该放大器是一个优良的带 ALC 电路的宽带放大器，输出平坦度优于 ±0.25dB。放大后的信号一路经衰减器输出到面板输出端口，同时从宽带放大器输出电平给 AGC 电路，输出一个平坦的稳幅输出的扫描信号；另一路送给频标发生器。

在频标发生器中由晶体振荡器及分频产生的信号与馈入的扫频信号混频后产生差拍的菱形标记，经叠加后变换输出。扫频方式选择控制振荡器的扫频变换，频标选择实现频标的组合。Y 前置放大器由 Y 衰减选择开关选择 "×1" "×10" 使用，接受从被测件检出的信号，送 Y 偏转电路放大后送显示器显示结果。

衰减控制电路对电控衰减器输出的 RF 信号幅度进行控制，其范围是 0～79dB，方便使用。本仪器的稳压电源输出为 +24V、−12V、±15V，非稳定电压为 ±12V。

3.1.6 仪器面板布局及操作说明

BT3C-B 型频率特性测试仪面板布局如图 3-3、图 3-4 所示。

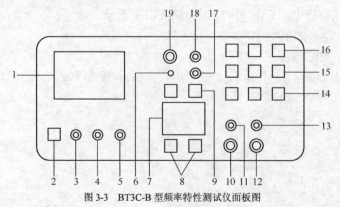

图 3-3 BT3C-B 型频率特性测试仪面板图

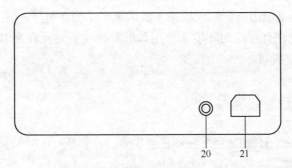

20　　21

图 3-4　BT3C-B 型频率特性测试仪背板图

图中指示代码含义如下。

① 屏幕　　　　　　　　　　显示的频率为左低右高
② 电源开关　　　　　　　　按下电源接通
③ 亮度　　　　　　　　　　调节显示器亮度旋钮
④ X 位移　　　　　　　　　调节水平线左右位置旋钮
⑤ X 幅度　　　　　　　　　调节水平线增益旋钮
⑥ 外频标输入端口
⑦ LED 显示　　　　　　　　显示衰减分贝数，00～79dB 变化
⑧ 细衰减按钮　　　　　　　0～9dB 步进
⑨ 粗衰减按钮　　　　　　　0～70dB 步进
⑩ Y 输入端口
⑪ Y 位移调节　　　　　　　调节垂直显示位置旋钮
⑫ 扫频输出端口　　　　　　输出 RF 扫频信号
⑬ Y 增益　　　　　　　　　调节 Y 增益旋钮
⑭ Y 方式选择　　　　　　　分 AC/DC、"×1，×10"、+/-极性选择
⑮ 扫频功能　　　　　　　　分全扫、窄扫、点频 3 挡
⑯ 频标功能　　　　　　　　分 50MHz、10/1MHz 和外标 3 种方式
⑰ 扫频宽度　　　　　　　　在窄扫状态下调节频率范围
⑱ 频标幅度　　　　　　　　调节频标高度
⑲ 中心频率　　　　　　　　窄扫及点频时指示显示的中心频率
⑳ 熔丝　　　　　　　　　　1.5A/250V
㉑ 电源插座　　　　　　　　AC220V 50Hz

3.1.7　仪器使用与存放须知

① 使用时应注意仪器的正常工作条件为电压 220V±10%，频率 50Hz±5%。
② 由于本仪器工作频率较高，所以应保证仪器有妥善的接地。
③ 仪器的各部分接探头工作时，其操作应着力均匀，不可过猛过快，以免损坏。
④ 仪器的输出/输入端口应保持清洁，与外接接头连接时应互相对准接牢，以免损坏。
⑤ 仪器检波灵敏度高，严禁大于 128dBμV 的高频电压及 3V 直流电压通过，以免损坏。

⑥ 为保证仪器长期使用，仪器应放在干燥通风清洁的环境下，并与地面有一定的距离。

⑦ 本仪器应避免在有震动的环境下使用和储存，也应避免在高温、高湿和强磁场中使用，以免仪器工作发生异常。

3.1.8 仪器的应用测量和检查

在操作本仪器前，应仔细阅读说明书前述章节，并熟悉有关的扫描测试技术。

仪器的操作程序如下。

先接上电源，揿入电源开关 2，将衰减器 8、9 置零，扫频功能 15 为全扫键，频标功能 16 置 50MHz，检波器接 RF 输出口 12，再将检波器输出与显示输入 10 相连，适当调节 Y 位移旋钮 11 和调节 Y 增益旋钮 13，Y 选择开关 14 置"×1"挡，这时可在显示屏上看到一个检波后的方框，如图 3-5 所示，此时说明仪器基本正常。使用时应适当调节亮度 3 及水平扩展 5 和位移 4。

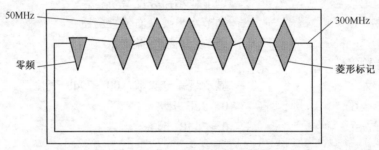

图 3-5　检波示意图

频率检查：在屏幕上应有 6 根 50MHz 标志，并可看到左边的零频，频标按键改变频标也应相应改变，扫频功能改变扫描方式也相应改变。然后经平坦度检查，即先找出检波后显示的包络线的最高点和最低点之间垂直间隔的大小，再看包络线上任意点衰减 1dB 后的间隔，相互比较，应优于 ± 0.25dB。

输出功率检查：在扫频输出口接毫伏表，面板粗细衰减器置零，扫频功能键置单频（CW），这时输出应大于 500mV ± 10%。

仪器的应用测量：在测量过程中，应注意输入/输出口要牢靠接地，保证阻抗匹配，应适当选择输出电平大小、频率范围及标志组合等。

典型测试方法如下。

① 无源滤波器的测量：测量时如图 3-6 那样连接，垂直显示置"×1"挡，适当调节位移及 Y 增益，选择适当的频率及带宽。这时可由频标确定滤波器的带宽，用衰减器来确定带内/带外特性及插入损耗大小。其他无源四端网络测试方法类似。

② 有源放大器、中高频电路的测量（见图 3-6）：对有源网络的测量必须注意信号馈给时的隔直问题，还必须注意 RF 输出的大小应保证被测网络输出不失真，不饱和。同时，通过检波器的信号不可大于 128dBμV，以免损坏检波器。对于被测电路的自激振荡问题也不可忽略，自激振荡一般分为回路本身固有的寄生振荡和外信号注入的寄生振荡。它们会显著改变幅频曲线的形状，使曲线有大的起伏和出现突变点或饱和状态，这些现象应在调试过程中予以排除。对于有源网络的有关测量指标可用仪器的衰减器和频率标志来确定。

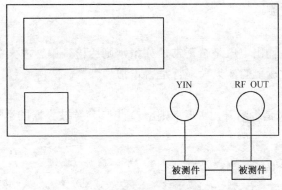

图 3-6　测试电路连接图

③ 谐振回路的测量（见图 3-6）：应尽量使外部电路与谐振回路相耦合（信号的馈入与取出），为此可在信号馈入点并一匹配电阻，用一小电容将信号耦合到被测回路里，如有必要应在信号馈入点加入适当的电抗分量元件，使被测电路的输入端尽量形成行波状态，以减少反射影响。信号的定性检测用高阻探头测试比较方便，还应在探头输入处串接一小电容，以减少测试回路可能产生的失真或自激等问题。

④ 测量电压驻波比（见图 3-7）：电压驻波比测量可用衰减器来确定，将衰减器置适当位置，将电桥输出的反射曲线置适当位置，接法见图 3-7，然后将被测件与电桥测试端断开，可看到全反射曲线，这时全反射曲线与带负载时的反射曲线之间的变化量就是回波损耗，其值可通过衰减器求得。

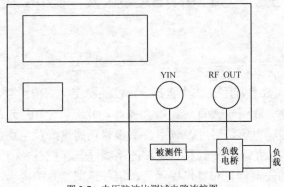

图 3-7　电压驻波比测试电路连接图

3.1.9　仪器的维修

1. 显示器的故障维修

（1）无光点

首先检查显像管灯丝是否点亮，如不亮则测量显像管 3、4 脚是否有 12V 电压，如无电压可检查电源，如电源正常则说明显像管损坏；如显像管灯丝点亮，可检查高压发生器各电压输出是否正常，如不正常则检查偏转放大板上 ±15V、±12V 是否正常，如不正常则检查仪器背板上的电源线是否正常，如正常则应检查偏转放大板各级电压。

（2）无扫描线

首先检查电源板各输出电压是否正常，如正常则应检查偏转放大板各级波形是否正常，如正常则应检查偏转线圈。

（3）X、Y半偏

首先检查电源板各输出电压是否正常，如正常则应检查偏转放大板各级电压是否正常，如正常则应检查仪器背板上的 4 只功率管是否正常。

（4）无方框

首先检查 Y 输入线是否断开，如正常则应检查 Y 前置放大器的运放（TL084）是否正常，如损坏则更换之。

2．扫频单元部分的故障维修

（1）无输出、无频标

首先检查电路板各输出电压是否正常，如正常则应检查偏转放大板上锯齿波和方波是否正常，如正常则应检查扫频控制板上方波是否正常，如正常则应检查扫频振荡器和宽带放大器。

（2）有输出、无频标

首先检查频标发生器± 15V、+ 5V 电压是否正常，如正常则检查 50MHz、10MHz 晶体振荡器是否正常，如正常则应逐级检查。

（3）扫频功能不正常

首先检查扫频功能控制板上锯齿波是否正常，如正常则应检查运放，如损坏则更换之。

3.2　UT39A/B/C 型数字万用表

3.2.1　概述

UT39A/B/C 手持式数字万用表，功能齐全，性能稳定，结构新颖，安全可靠。整机电路设计以大规模集成电路、双积分 A/D 转换器为核心，并配以全功能过载保护，可用于测量交直流电压和电流、电阻、电容、温度、频率、二极管正向压降及电路通断，具有数据保护和睡眠功能。该仪表配有保护套，使其具有足够的绝缘性能和抗震性能。

本节包括了有关的安全信息和警告提示等，请仔细阅读有关内容，并严格遵守所有的警告和注意事项。

警告： 在使用仪表之前，请仔细阅读有关"安全操作准则"。

3.2.2　仪器的成套性

- 表笔　　　　　　　　　　一副
- 温度探头（仅用于 UT39C）一个

3.2.3　安全操作准则

仪表严格遵循 GB4793.1—2007《电子测量仪器安全要求》以及安全标准 IEC61010 进行设

计和生产，符合双重绝缘、过电压标准（CAT I 1000V、CAT II 600V）和污染等级 2 的安全标准。使用前请仔细阅读说明书，并遵循其使用说明，否则可能会削弱或失去仪表提供的保护功能。

① 使用前应检查仪表或表笔，谨防任何损坏或不正常现象。如发现任何异常情况，如表笔裸露、机壳破裂或者已无法正常工作，请勿再使用仪表。

② 表笔破损必须更换，并换上同样型号或相同电气规格的表笔。在使用表笔时，手指必须放在表笔手指保护环之后。

③ 不要在仪表终端及接地之间施加 1000V 以上的电压，以防电击和损坏仪表。

④ 当仪表在 60V 直流电压或 30V 交流有效电压下工作时，应多加小心，此时会有电击的危险。

⑤ 后壳没有盖好时严禁使用仪表，否则有电击的危险。

⑥ 更换保险丝或电池时，在打开后壳或电池盖前应将表笔与被测量电路断开，并关闭仪表电源。仪器长期不用时，应取出电池。

⑦ 必须使用同类标称规格的快速反应保险丝来更换已损坏的保险丝。

⑧ 应将仪表置于正确的挡位进行测量，严禁在测量进行中转换挡位，以防损坏仪表。

⑨ 不允许使用电流测量端子或在电流挡测试电压。

⑩ 被测信号不允许超过规定的极限值，以防电击和损坏仪表。请勿随意改变仪表内部接线，以免损坏仪表和危及安全。

⑪ 当 LCD 上显示"⚡"符号时，应及时更换电池，以确保测量精度。

⑫ 不要在高温、高湿环境中使用，尤其不要在潮湿环境中存放仪表，受潮后仪表性能可能变劣。

⑬ 维护保养使用湿布和温和的清洁剂清洁仪表外壳，不要用研磨剂。

3.2.4　安全标志

安全标志如表 3-1 所示。

表 3-1　　　　　　　　　　　　　UT39A/B/C 型数字万用表的安全标志

机内电池不足	接地	⚠ 警告提示
⏜ AC 交流	DC（直流）	⊏□ 保险丝
□ 双重绝缘	•))) 蜂鸣通断	▷ 二极管
	AC 或 DC	
	MC 中国技术监督局，制造计量器具许可证	
	CE 符合欧盟（European Union）标准	

3.2.5　综合指标

① 电压输入端子和地之间的最高电压：1000V。

② mA 端子的保险丝: $\phi 5 \times 20$, 0.315A/250V。

③ 10A 或 20A 端子: 无保险丝。

④ 量程选择: 手动。

⑤ 最大显示: 1999, 每秒更新 2～3 次。

⑥ 极性显示: 负极性输入显示"–"符号。

⑦ 过量程显示: "1"。

⑧ 数据保持功能: LCD 左上角显示"H"。

⑨ 电池电量不足: LCD 显示"⊘"符号。

⑩ 机内电池: 9V NEDA1604 或 6F22 或 006P。

⑪ 工作温度: 0～40℃ (32～104℉)。

⑫ 储存温度: –10～50℃ (14～122℉)。

⑬ 海拔高度: (工作) 2000m、(储存) 10000m。

⑭ 外形尺寸: 172mm × 83mm × 38mm。

⑮ 重量: 约 310g (包括电池)。

3.2.6 外观结构

图 3-8 所示为 UT39A 数字万用表的外观结构。

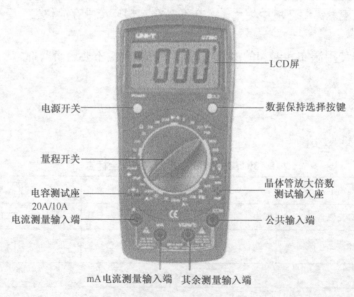

图 3-8 UT39A 数字万用表外观结构

3.2.7 按键功能及自动关机

(1) 电源开关按键

当黄色"POWER"键被按下时, 仪表电源即被接通; 当黄色"POWER"键处于弹起状态时, 仪表电源即被关闭。

（2）自动关机

仪表工作约 15min，电源将自动切断，仪表进入休眠状态，此时仪表约消耗 10μA 的电流。当仪表自动关机后，若要重新开启电源，则重复按动电源开关两次。

（3）数据保持显示

按下蓝色"HOLD"键，仪表 LCD 上保持显示当前测量值，再次按一下该键则退出数据保持显示功能。

3.2.8　显示符号及其含义

UT39A/B/C 型数字万用表的显示符号如图 3-9 所示，其相应符号含义如表 3-2 所示。

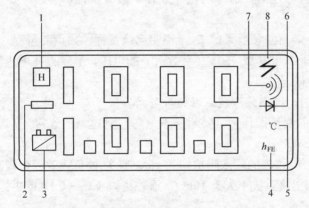

图 3-9　UT39A/B/C 型数字万用表的显示符号

表 3-2　　　　　　　　　　　UT39A/B/C 型数字万用表显示符号的含义

序号	符号	含义
1	$\boxed{\text{H}}$	数据保持提示符
2	—	显示负的读数
3	⊟	电池欠电压提示符
4	h_{FE}	晶体管放大倍数提示
5	℃	温度：摄氏符号
6	⊬	二极管测试提示符
7	•)))	电路通断测试提示符
8	⌁	高压测试提示符

3.2.9　操作说明

仪表具有电源开关，同时设置有自动关机功能，当仪表持续工作约 15min 会自动进入睡眠状态，因此，当仪表的 LCD 上无显示时，首先应确认仪表是否已自动关机。

开启仪表电源后，观察 LCD 显示屏，如出现"□"符号，则表明电池电量不足，为了确保测量精度，须更换电池。

测量电压和电流前须注意，不要超出指示值。

1. 直流电压测量

① 将红表笔插入"VΩ"插孔，黑表笔插入"COM"插孔。

② 将功能开关置于 V "•••" 量程挡，并将测试表笔并联到待测电源或负载上。

③ 从显示器上读取测量结果。

注意

• 不知被测电压范围时，请将功能开关置于最大量程，根据读数需要逐步调低测量量程挡。

• 当 LCD 只在最高位显示"1"时，说明已超量程，须调高量程。

• 不要输入高于 1000V 或 750V（有效值）的电压，显示更高电压值是可能的，但有损坏仪表内部线路的危险。

• 测量高电压时，要格外注意，以免触电。

• 在完成所有的测量操作后，要断开表笔与被测电路的连接，并从仪表输入端将表笔拿掉。

• 每一个量程挡，仪表的输入阻抗均为 10MΩ，这种负载效应在测量高阻电路时会引起测量误差，如果被测电路阻抗不大于 10kΩ，误差可以忽略（0.1%或更低）。

2. 交流电压测量

操作说明及注意事项类同直流电压测量。

3. 直流电流测量

① 将红表笔插入"mA"或"10A 或 20A"插孔（当测量 200mA 以下的电流时，插入"mA"插孔；当测量 200mA 及以上的电流时，插入"10A 或 20A"插孔），黑表笔插入"COM"插孔。

② 将功能开关置 A "——" 量程，并将测试表笔串联接入到待测负载回路里。

③ 从显示器上读取测量结果。

注意

• 当开路电压与地之间的电压超过安全电压直流 60V 或 30V（有效值）时，请勿尝试进行电流的测量，以避免仪表或被测设备的损坏，以及伤害到自己。因为这类电压会有电击的危险。

• 在测量前一定要切断被测电源，认真检查输入端子及量程开关位置是否正确，确认无误后，才可通电测量。

• 不知被测电流值的范围时，应将量程开关置于高量程挡，根据读数需要逐步调低量程。

• 若输入过载，内装保险丝会熔断，须予更换。保险丝外形尺寸：φ5 × 20mm，规格为 0.315A/250V。

- 测试大电流时，为了安全使用仪表，每次测量时间应小于10s，测量的间隔时间应大于15min。

4．交流电流测量

操作说明及注意事项类同直流电流测量。

5．电阻测量

① 将红表笔插入"VΩ"插孔，黑表笔插入"COM"插孔。
② 将功能开关置于Ω量程挡，并将测试表笔并接到待测电阻上。
③ 从显示器上读取测量结果。

注意
- 测在线电阻时，为了避免仪表受损，须确认被测电路已关掉电源，同时电容已放完电，方能进行测量。
- 在200Ω挡测量电阻时，表笔引线会带来0.1～0.3Ω的测量误差，为了获得精确读数，可以将读数减去红、黑两表笔短路读数值，为最终读数。
- 当无输入时，例如开路情况，仪表显示为"1"。
- 在被测电阻值大于1MΩ时，仪表需要数秒后方能读数稳定，属于正常现象。

6．频率测量

① 将红表笔插入"VΩ"插孔，黑表笔插入"COM"插孔。
② 将功能开关置于kHz量程挡，并将测试表笔并接到待测电路上。
③ 从显示器上读取测量结果。

注意
- 不要输入高于直流60V或30V（有效值）的电压，以避免损坏仪表及危及人身安全。
- 被测频率信号的电压值≥30V（有效值）时，仪表不能保证测量精度。

7．温度测量（仅UT39C）

① 将热电偶传感器冷端的"+""−"极分别插入"VΩ"插孔和"COM"插孔。
② 将功能开关置于TEMP（℃）量程挡，热电偶工作端置于待测物上面或内部。
③ 从显示器上读取读数，其单位为℃。

注意
- 随机所附温度探头为K型热电偶，此类热电偶的极限温度为250℃。如果要测量更高的温度，须另选购其他型号的温度探头。
- 无温度探头插入仪表时，LCD显示"1"。
- 不要输入高于直流60V或交流30V的电压，避免损坏仪表及伤害自己。

8．电容测量

① 将功能开关置于电容量程挡。

② 将待测电容插入电容测试输入端，如超量程，LCD 显示"1"，需调高量程。

③ 从显示器上读取读数。

注意

- 如果被测电容短路或其容值超过量程时，LCD 显示"1"。
- 所有的电容在测试前必须充分放电。
- 当测量在线电容时，必须先将被测线路内的所有电源关掉，并将所有电容充分放电。
- 如果被测电容为有极性电容，测量时应按面板上输入插座上方的提示符将被测电容的引脚正确地与仪表连接。
- 测量电容时，应尽可能使用短连接线，以减少分布电容带来的测量误差。
- 每次转换量程时，归零需要一定时间，此过程中读数漂移不会影响最终的测量精度。
- 不要输入高于直流 60V 或交流 30V 的电压，避免损坏仪表及伤害自己。

9. 二极管和蜂鸣通断测量

① 将红表笔插入"VΩ"插孔，黑表笔插入"COM"插孔。

② 将功能开关置于二极管和蜂鸣通断测量挡。

③ 如将红表笔连接到待测二极管的正极，黑表笔连接到待测二极管的负极，则 LCD 上的读数为二极管正向压降的近似值。

④ 如将表笔连接到待测线路的两端，若被测线路两端之间的电阻大于 70Ω，认为电路断路；若被测线路两端之间的电阻不大于 10Ω，认为电路良好导通，蜂鸣器发出连续声响；若被测两端之间的电阻在 10～70Ω，蜂鸣器可能响，也可能不响。同时 LCD 显示被测线路两端的电阻值。

注意

- 如果被测二极管开路或极性接反（即黑表笔连接的电极为"+"，红表笔连接的电极为"−"）时，LCD 将显示"1"。
- 用二极管挡可以测量二极管及其他半导体器件 PN 结的电压降，对一个结构正常的硅半导体，正向压降的读数应该是 0.5～0.8V。
- 为避免仪表损坏，在线测试二极管前，应先确认电路已切断电源，电容已放电。
- 不要输入高于直流 60V 或交流 30V 的电压，避免损坏仪表及伤害到自己。

10. 晶体管参数测量（h_{FE}）

① 将功能/量程开关置于"h_{FE}"。

② 决定待测晶体管是 PNP 或 NPN 型，正确将基极（B）、发射极（E）、集电极（C）对应插入四脚测试座，显示器上即显示出被测晶体管的 h_{FE} 近似值。

3.2.10 技术指标

准确度：$\pm a\% + b$，保证期 1 年；环境温度：23 ± 5℃；相对湿度：<75%。

1. 直流电压（见表3-3）

表3-3 UT39A/B/C型数字万用表直流电压

量　程	分　辨　力	准　确　度		
		UT39A	UT39B	UT39C
200mV	100μV	±0.5%＋1		
2V	1mV			
20V	10mV			
200V	100mV			
1000V	1V	±0.8%＋2		

输入阻抗：所有量程为10MΩ。

过载保护：对于200mV量程为直流250V或交流有效值250V。

其余量程过载保护为：交流750V或直流1000V。

2. 交流电压（见表3-4）

表3-4 UT39A/B/C型数字万用表交流电压

量　程	分　辨　力	准　确　度		
		UT39A	UT39B	UT39C
2V	1mV	±0.8%＋3		
20V	10mV			
200V	100mV			
750V	1V	±1.2%＋3		

输入阻抗：所有量程均为10MΩ。

频率范围：40～400Hz。

过载保护：交流750V或直流1000V。

显示：正弦波有效值（平均值响应）。

3. 直流电流（见表3-5）

表3-5 UT39A/B/C型数字万用表直流电流

量　程	分　辨　力	准　确　度		
		UT39A	UT39B	UT39C
20μA	0.01μA	±2%＋5		
200μA	0.1μA	±0.8%＋3		
2mA	1μA	±0.8%＋1		±0.8%＋1
20mA	10μA			
200mA	100μA	±1.5%＋1		
10A/20A	10mA	±2%＋5		

μA/mA量程：0.315A/250V保险丝。

10A/20A挡量程：无保险丝，每次测量时间不大于10s，间隔时间不小于15min。

测量电压降：满量程为200mV。

4．交流电流（见表 3-6）

表 3-6 　　　　　　　　　UT39A/B/C 型数字万用表交流电流

量 程	分 辨 力	准 确 度		
		UT39A	UT39B	UT39C
200μA	0.1μA	± 1% + 3		
2mA	1μA		± 1% + 3	
20mA	10μA	± 1% + 3		
200mA	100μA		± 1.8% + 3	
10A/20A	10mA		± 3% + 5	

μA/mA 量程：0.315A/250V 保险丝。

10A/20A 挡量程：无保险丝，每次测量时间应不大于 10s，间隔时间应不小于 15min。

测量电压降：满量程为 200mV。

频率响应：40～400Hz。

显示：正弦波有效值（平均值响应）。

5．电阻（见表 3-7）

表 3-7 　　　　　　　　　UT39A/B/C 型数字万用表电阻

量 程	分 辨 力	准 确 度		
		UT39A	UT39B	UT39C
200Ω	0.1Ω	± 0.8% + 3		
2kΩ	1Ω		± 0.8% + 1	
20kΩ	10Ω	± 0.8% + 1		
200kΩ	100Ω			
2MΩ	1kΩ		± 0.8% + 1	
20MΩ	10kΩ		± 1% + 2	
200MΩ	100kΩ	± 5% + 10		

开路电压：≤700mV（200MΩ 量程，开路电压约为 3V）。

过载保护：所有量程直流 250V 或交流有效值。

注意：在 200MΩ 挡，表笔短路，显示器显示 10 个字是正常的，在测量中应从读数中减去这 10 个字。

6．电容（见表 3-8）

表 3-8 　　　　　　　　　UT39A/B/C 型数字万用表电容

量 程	分 辨 力	准 确 度		
		UT39A	UT39B	UT39C
2nF	1pF		± 4% + 3	
200nF	0.1nF			
2μF	1nF	± 4% + 3		
20μF	10nF		± 4% + 3	

过载保护：交流 250V。

测试信号：约 400Hz，40mV（有效值）。

7. 频率（仅 UT39C，见表 3-9）

表 3-9   UT39C 型数字万用表工作频率

量　程	分 辨 力	准 确 度
2kHz	1kHz	±2%＋5
20kHz	10kHz	±1.5%＋5

过载保护：交流 250V。

灵敏度：≤200mV，输入电压：≥30V（有效值），不保证测量精度。

8. 温度（仅 UT39C，见表 3-10）

表 3-10   UT39C 型数字万用表工作温度

量　程	分 辨 力	准 确 度
−40～0℃		±4%＋4
1～400℃	1℃	±2%＋8
401～1000℃		±3%＋10

过载保护：交流 250V。

9. 二极管、通断测试（见表 3-11）

表 3-11   UT39A/B/C 型数字万用表二极管及通断测试

功　能	量　程	分 辨 率	输 入 保 护	备　注
二极管	⊣▷⊢	1mV	250V — ∼	开路电压约 2.8V
蜂鸣通断测试	•)))	1Ω	250V — ∼	<70Ω 蜂鸣器连续发声

3.3　YB1713 双路直流电源

3.3.1　概述

　　YB1713 双路直流电源具有恒压、恒流（CV/CC）工作功能，且这两种工作模式可随负载变化而进行自动变换。它具有串联主从工作功能，其中左边一路是主路，右边为从路。在跟踪状态下，从路输出电压随主路发生变化。这在需要对称且可调双极性电源场合特别适用。其每一路均可输出 0～32V、0～2A 的直流信号。串联或串联跟踪工作时可输出 0～64V、0～2A 或 0～±32V、0～2A 的单极或双极性信号。每一路输出均有一块高品质磁电电表作输出参数的指示。该电源具有方便有效、短路时的电流恒定等特点。面板上每一路的输出端都有一接地端，使本电源能方便地接入系统地电位。全部输出功率大于124W。

3.3.2 性能指标

YB1713 双路直流电源的性能指标如表 3-12 所示。

表 3-12　　　　　　　　　　**YB1713 双路直流电源的性能指标**

型　　号		YB1713
输出（双路）	电　　压	0～32V
	电　　流	0～2A
输　　入		220 ± 10%V 50 ± 4%Hz
负载效应	CV	$5 \times 10^{-4} + 2mV$
	CC	20mA
源效应	CV	$1 \times 10^{-4} + 2mV$
	CC	$1 \times 10^{-4} + 5mA$
纹波及噪声	CV	1mV（有效值）
	CC	1mA（有效值）
输出调节分辨率	CV	20mV
	CC	50mA
相互效应	CV	$5 \times 10^{-5} + 1mV$
	CC	<0.5mA
跟踪误差		$5 \times 10^{-3} + 2mV$
瞬态恢复时间		50μs(20mV)
指示仪表精度	电　　压	2.5 级
	电　　流	2.5 级
温度范围	工作温度	0～+40℃
	储存温度	5～+45℃
可靠性 MTBF		≥2000h
冷却方式		自然通风冷却
尺寸		305mm × 197mm × 152mm

3.3.3　工作原理

1. 换挡原理

由于输出电压的变化范围是 0～32V，所以采用变压器次级输出的交流电压要通过换挡后加至整流器。这个过程是由换挡控制电路及驱动电路来完成的，换挡时刻是由输出电压的变化过程决定的。原理框图如图 3-10 所示。

恒压、恒流工作模式相互转换原理：当恒压工作时，恒压比较放大器对整流管处于优先控制状态；当恒压工作的输出电流达到恒流点设定值时，恒流比较放大器对调整管起控处于优先控制状态，电路的工作模式由恒压向恒流转换。

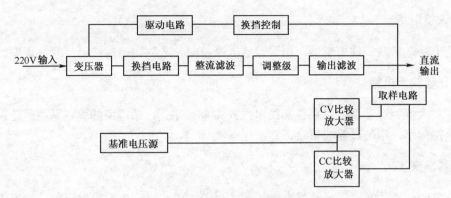

图 3-10　YB1713 双路直流电源原理框图

图 3-11 表明了这种转换过程的输出特性。

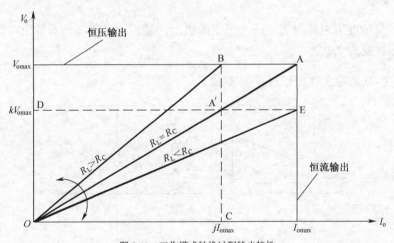

图 3-11　工作模式转换过程输出特性

转换点的负载值为 $R_C = R_L = \dfrac{kV_{omax}}{jI_{omax}}$；其中 $0 \leqslant \dfrac{k}{j} \leqslant 1$。

当 $k=j$ 时，电源输出最大功率，$R_C = R_L = \dfrac{V_{omax}}{I_{omax}}$；

当 $k>j$ 时，电路工作在恒流状态，A 点移到 BC 线上的 A′ 点；

当 $k<j$ 时，电路工作在恒压状态，A 点移到 DE 线上的 A′ 点；

设 k、j 不变，假定均为 1，即 $k=j$ 而 R_L 变化，也可使电路转入恒压工作线上的 B 点或恒流工作线上的 E 点上。

通过以上叙述，可知恒压工作与恒流工作模式的转换点，一方面依赖于输出参数的设定来改变 k、j 的值，另一方面可以通过改变负载与临界负载 R_C 的关系来改变。而模式的转换最终是由机内的电子线路自己来完成。

理想的转换区应是一个点，但在实际上是不存在的，从数学角度上来看是因为在这一点输出电压或输出电流的变化不连续。在实际转换过程中存在着转换交迭区，当然这个交迭区越小，恒压恒流的转换特性越好。

2．调整电路

调整电路是串联线性调整器。由误差放大器控制使之对输出参数进行线性调整。

3．比较放大电路

比较放大器相对于调整级来说其馈电方式为全悬浮式，该电路的优点是调整范围大，精度高，电路简单，不怕过载或短路。

4．基准源

由 2DW7C 类的零温度系数基准电压和二极管构成，具有电路简单可靠，精度稳定性高的特点。

5．指示电路

由两块高灵敏度磁电式仪表组成，可由面板上的琴键开关控制，对输出电压或电流进行指示，其指示精度为 2.5 级。

6．串联主-从跟踪工作原理（见图 3-12）

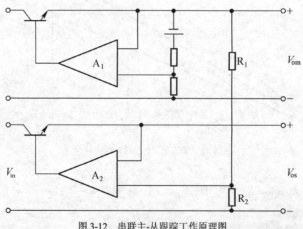

图 3-12　串联主-从跟踪工作原理图

若 $R_1 = R_2$，如 A_2 的两个输入端电压 $V_{in} = 0$，必有 $V_{os} = V_{om}$，即从路输出跟踪主路输出变化。

3.3.4　使用方法

1．面板控制功能说明（结构外观见图 3-13）

① 电压表：指示输出电压。
② 电流表：指示输出电流。
③ 电压调节：调整恒压输出值。

图 3-13　YB1713 双路直流电源

④ 电流调节：调整恒流输出值。

⑤ 跟踪工作：串联跟踪工作按钮。

⑥ 独立：非跟踪工作。

⑦ 接地端：机壳接地接线柱。

⑧ 跟踪工作时连接：串联跟踪工作的串联短接线。

2．使用方法

① 左边的按键为左路仪表指示功能选择，按下时，指示该路输出电流，否则指示该路输出电压，右边按键功能相同。

② 中间按键是跟踪/独立选择开关，按下此键后，再在左路输出负载至右路输出正端之间加一短接线，开启电源开关后，整机即工作在主-从跟踪状态。

③ 输出电压宜在输出端开路时调节，输出电流宜在输出短路时调节。

3．接地法

① 本电源的接地原理图如图 3-14 所示，用户可根据自己的使用情况将本电源接地或接入自己的系统地电位。

② 串联工作或串联主-从跟踪工作时，两路的 4 个输出端子原则上只允许有一个端子与机壳相连。

③ 接地的益处在于安全以及进一步减小输出纹波和接地电位差造成的有害杂波干扰及 50Hz 干扰。

图 3-14　YB1713 直流电源接地原理图

3.3.5　一般维修

电源的工作性能在使用一段时间后会发生微变，应定期检查。用户可以着重检查两项：电压及电流输出范围、电表指示精度。

注意：输出电压及电流不可调得过大，超过指标规定时，将发生故障。

3.3.6　成套性

YB1713 的成套包装如下。

- YB1713 主机　　　　　　　　　　　　　一台
- 说明书　　　　　　　　　　　　　　　一份
- 输入保险丝管 BGXP（$\phi 5 \times 20$mm，2.5A）　一个

3.3.7　储存

YB1713 应储存在温度 5～45℃，相对湿度低于 80% 的不结露通风室内，室内不应有烟

雾、煤气、酸碱性气体、挥发性溶剂及高粉尘含量。

3.4 YB4320G/40G/60G 示波器

3.4.1 概述

YB4300G 系列双时基示波器主要有 YB4320G、YB4340G 和 YB4360G 等型号，该系列示波器新颖小巧、使用方便，外观见图 3-15，具有下列特点。

① 频率范围广：YB4360G：DC～60MHz，－3dB
　　　　　　　　YB4340G：DC～40MHz，－3dB
　　　　　　　　YB4320G：DC～20MHz，－3dB

② 灵敏度高：最高偏转系数为 1mV/div。

③ 6 英寸大屏幕，便于清楚观看信号波形。

④ 标尺亮度：便于夜间和照相使用。

⑤ 数字编码开关，操作灵活，可靠性高。

⑥ 可对主扫描 A 全量程任意时间段（Δt）通过延迟扫描 B 进行扩展设定，延迟扫描 B 能够对被观察信号进行水平放大，以便进行精确测量。

图 3-15　YB4320G 双踪示波器

⑦ 触发源：丰富的触发源功能（CH1、CH2、电源触发、外触发），使用交替触发操作可获得两个不相关电信号稳定的同步显示。

⑧ 触发耦合：全新的触发耦合电路设计，对各类不同频率、不同电平组合的电信号使用该操作可获得稳定的同步显示。

⑨ 自动聚焦：测量过程中聚焦电平可自动校正。

⑩ 触发锁定：触发电路呈全自动同步状态，无需人工调节触发电平。

⑪ 释抑调节：使各种复杂波形同步更加稳定。

3.4.2 仪器的成套性

该仪器提供的标准配置如下。

- 示波器　　　　　　　　　一台
- 探针　　　　　　　　　　两根

3.4.3 使用注意事项

① 避免过冷或过热。不可将示波器长期暴露在日光或靠近热源的地方，如火炉。

② 不可在寒冷天气时在室外使用。仪器工作温度应是 0～40℃。

③ 避免在炎热与寒冷交替环境下使用。不可将示波器从炎热环境中突然转移到寒冷的

环境或相反进行，否则将导致仪器内部形成水汽凝结。

④ 避免潮湿、水分和灰尘。如果将示波器置于潮湿或灰尘多的地方，可能导致仪器操作出现故障。最佳使用相对湿度范围是 35%～90%。

⑤ 示波器是一种精密测量仪器，应避免放置在强烈震动的地方，否则会导致仪器操作出现故障。

⑥ 避免放置仪器的地方有磁性物体和强磁场。示波器对电磁场较为敏感，不可在具有强烈磁场的地方操作示波器，不可将磁性物体靠近示波器。

⑦ 使用之前的检查步骤。

a. 检查电压：首先检查示波器是否处于正确工作电压范围，工作电压范围：额定电压为交流 220V，工作电压为交流 198～242V。

b. 确保所用的保险丝是指定的型号：为防止由于过电流引起的电路损坏，应使用正确的保险丝。其额定电压为交流 220V，额定电流为 1A。如果保险丝熔断，仔细检查原因，修理之后换上规定的保险丝。如使用的保险丝不当，不仅会导致出现故障，甚至会使故障扩大，因此，必须使用正确的保险丝。

c. 辉度不可太亮，不可将光点和扫描线调得过亮，否则不仅会使眼睛疲劳，而且如果长时间使用，会使示波管的荧光屏变黑。

d. 操作注意：为防止直接加到示波器输入端或探极输入端的电压过高，不可使用高于下列范围的电压。

输入电压（直接）：400V 直流或交流峰峰值，频率≤1kHz；

使用探极时：400V 直流或交流峰峰值，频率≤1kHz；

外触发输入：100V 直流或交流峰峰值，频率≤1kHz；

Z 轴输入：50V 直流或交流峰峰值，频率≤1kHz。

3.4.4 面板控制键作用说明

阅读本节内容请参看图 3-16 所示的 YB4320G 前面板和图 3-17 所示的 YB4320G/4340G/4360G 后面板示意图，YB4340G/4360G 与 YB4320G 的前面板基本一致。

1. 主机电源部分

【46】交流电源插座：该插座下部装有保险丝，用来连接交流电源线。

【9】电源开关（POWER）：按键弹出为"关"位置，按电源开关键，接通电源。

【8】电源指示灯：电源接通时，指示灯亮。

【2】辉度旋钮（INTENSITY）：控制光点和扫描线的亮度，顺时针方向旋转旋钮，亮度增强。

【4】聚焦旋钮（FOCUS）：用辉度控制钮将亮度调至合适的标准，然后调节聚焦控制钮直至光迹达到最清晰的程度。虽然调节亮度时，聚焦电路可自动调节，但聚焦有时也会发生轻微变化，如出现这种情况，需重新调节聚焦旋钮。

【5】光迹旋转（TRACE ROTATION）：由于磁场的作用，当光迹在水平方向发生轻微倾斜时，该旋钮用于调节光迹与水平刻度平行。

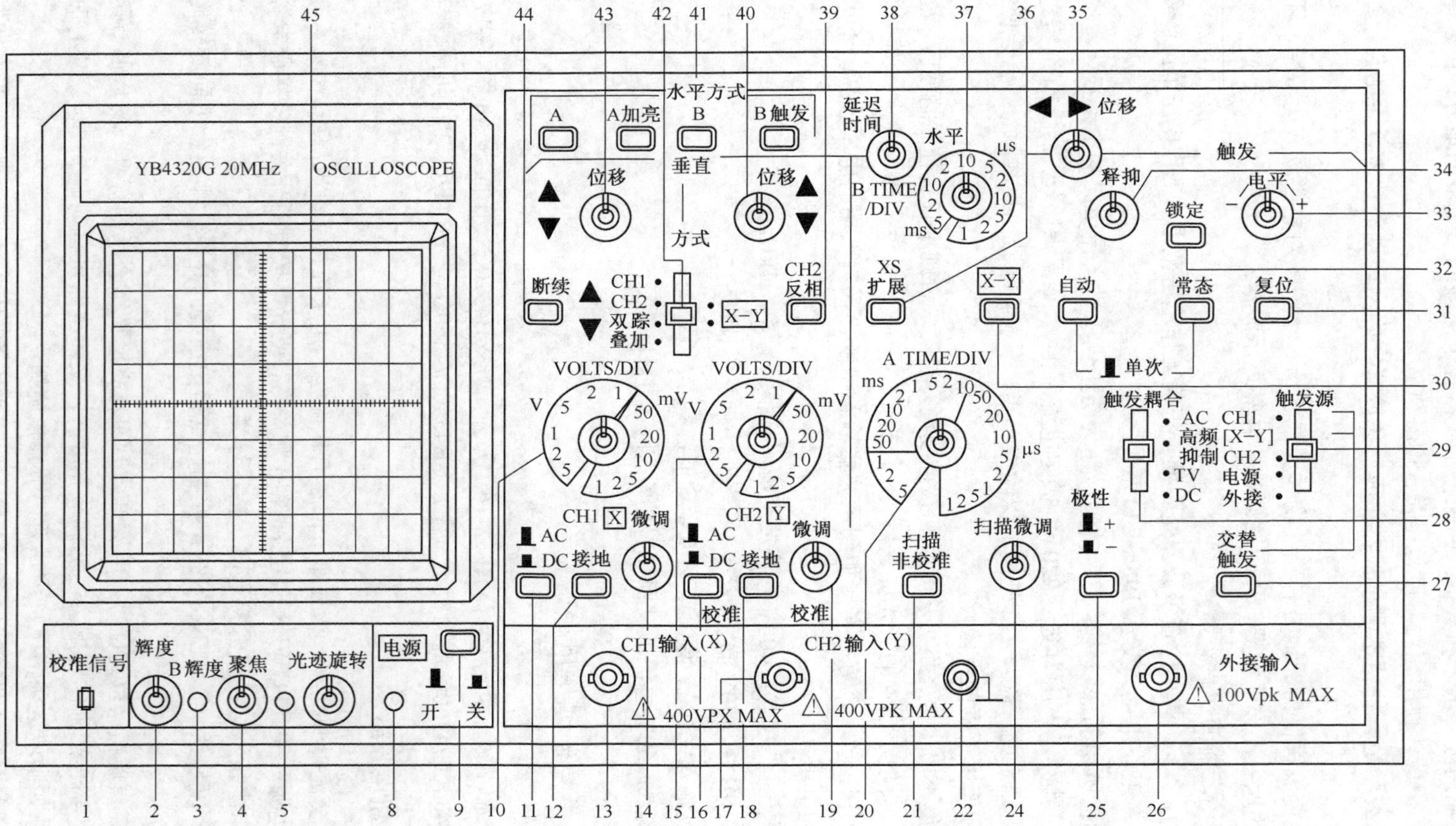

图 3-16 YB4320G 双踪示波器前面板示意图

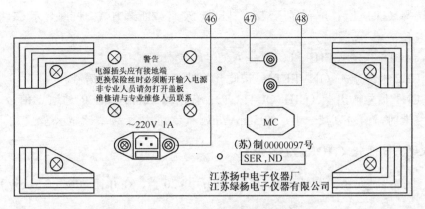

图 3-17 YB4320G/40G/60G 双踪示波器后面板示意图

【45】显示屏：仪器测量显示终端。

【3】延迟扫描辉度控制钮（B INTEN）：顺时针方向旋转此钮，增加延迟扫描 B 显示光迹亮度。

【1】校准信号输出端子（CAL）：提供 1kHz ± 2%，2V ± 2%方波做主机 X 轴、Y 轴校准用。

【47】Z 轴信号输入（Z-AXIS INPUT）：外界亮度调制输入端。

2. 垂直方向部分（VERTICAL）

【13】通道 1 输入端[CH1 INPUT（X）]：该输入端用于垂直方向的输入，在 X-Y 方式时，作为 X 轴输入端。

【17】通道 2 输入端[CH2 INPUT（Y）]：和通道 1 一样，但在 X-Y 方式时，作为 Y 轴输入端。

【11】、【12】、【16】、【18】交流—直流—接地（AC、DC、GND）：输入信号与放大器连接方式选择有关。

交流（AC）：放大器输入端与信号连接由电容器来耦合；

接地（GND）：输入信号与放大器断开，放大器输入端接地；

直流（DC）：放大器输入与信号输入端直接耦合。

【10】、【15】衰减器开关（VOLTS/DIV）：用于选择垂直偏转系数，共 12 挡。如果使用 10：1 的探针，计算时将幅度 × 10。

【14】、【19】垂直微调旋钮（VARIBLE）：垂直微调用于连续改变电压偏转系数。此旋钮在正常情况下应位于顺时针方向旋到底的位置。将旋钮逆时针旋到底，垂直方向的灵敏度下降到 2.5 倍以上。

【44】断续工作方式开关：CH1、CH2 两个通道按断续方式工作，断续频率为 250kHz，适用于低速扫描。

【43】、【40】垂直移位（POSITION）：调节光迹在屏幕中的垂直位置。

【42】垂直方式工作开关（VERTICAL MODE）：选择垂直方向工作方式。

通道 1 选择（CH1）：屏幕上仅显示 CH1 的信号。

通道 2 选择（CH2）：屏幕上仅显示 CH2 的信号。

双踪选择（DUAL）：屏幕显示双踪，以自动交替或断续方式，同时显示 CH1 和 CH2 的信号。

叠加（ADD）：显示 CH1 和 CH2 输入信号的代数和。

【39】CH2 极性开关（INVERT）：按此开关时 CH2 显示反向信号。

【48】CH1 信号输出端（CH1 OUTPUT）：输出约 100mV/div 的通道 1 信号。输出端接 50Ω 匹配终端时，信号衰减一半，约 50mV/div。该功能用于频率计显示等。

3．水平方向部分（HORIZONTAL）

【20】主扫描时间系数选择开关（time/div）：共 20 挡，在 0.1μs/div～0.5s/div 范围选择扫描速率。

【30】X-Y 控制键：按入此键，垂直偏转信号接入 CH2 输入端，水平偏转信号接入 CH1 输入端。

【21】扫描非校准状态开关键：按入此键，扫描时基进入非校准调节状态，此时调节扫描微调有效。

【24】扫描微调控制旋钮（VARIBAL）：此旋钮以顺时针方向旋转到底时，处于校准位置，扫描由 time/div 开关指示。此旋钮以逆时针方向旋转到底，扫描减慢 2.5 倍以上。当按键 21 未按入，旋钮调节无效，即为校准状态。

【35】水平位移（POSITION）：用于调节光迹在水平方向移动。顺时针方向旋转该旋钮向右移动光迹，逆时针方向旋转向左移动光迹。

【36】扩展控制键（MAG×10）：按下去时，扫描因数×10 扩展（YB4320G 为×5）。扫描时间是 time/div 开关指示数值的 1/10（1/5）。

【37】延迟扫描 B 时间系数选择开关（B time/div）：分 12 挡，在 0.1μs/div～0.5s/div 范围选择 B 扫描速率。

【41】水平工作方式选择（HORIZ DISPLAY）：

主扫描（A）：按入此键主扫描 A 单独工作，用于一般波形观察。

加亮（A INT）：选择 A 扫描的某区段扩展为延迟扫描，可用此扫描方式。与 A 扫描相对应的 B 扫描区段（被延迟扫描）以高亮度显示。

触发（B TRIG′D）：选择连续延迟扫描和触发延迟扫描。

【38】延迟时间调节旋钮（DELAY TIME）：调节延迟扫描对应于主扫描开始多少时间启动延迟扫描，调节该旋钮，可使延迟扫描在主扫描全程任何时间段启动延迟扫描。

【22】接地端子：示波器外壳接地端。

4．触发系统（TRIGGER）

【29】触发源选择开关（SOURCE）：

通道 1 触发（CH1，X-Y）：CH1 通道信号为触发信号，当工作方式为 X-Y 方式时，拨动开关应设置于此挡。

通道 2 触发（CH2）：CH2 通道的输入信号是触发信号。

电源触发（LINE）：电源频率信号为触发信号。

外触发（EXT）：外触发输入端的触发信号是外部信号，用于特殊信号的触发。

【27】交替触发（TRIG ALT）：在双踪交替显示时，触发信号来自于两个垂直通道，此方式可用于同时观察两路不相关信号。

【26】外触发输入插座（EXT INPUT）：用于外部触发信号的输入。

【33】触发电平旋钮（TRIG LEVEL）：用于调节被测信号在某选定电平触发，当旋钮转向"+"时显示波形的触发电平上升，反之触发电平下降。

【32】电平锁定（LOCK）：无论信号如何变化，触发电平自动保持在最佳位置，不需人工调节电平。

【34】释抑（HOLD OFF）：当信号波形复杂，用电平旋钮不能稳定波形时，可用该旋钮使波形稳定同步。

【25】触发极性按钮（SLOPE）：触发极性选择，用于选择信号的上升沿还是下降沿触发。

【31】触发方式选择（TRIG MODE）：

自动（AUTO）：在"自动"扫描方式时，扫描电路自动进行扫描。在没有信号输入或输入信号没有被触发同步时，屏幕上仍然可以显示扫描基线。

常态（NORM）：有触发信号才能扫描，否则屏幕上无扫描线显示。当输入信号的频率低于50Hz时，请用"常态"触发方式。

单次（SINGLE）：当"自动""常态"两键同时弹出时，被设置于单次触发状态，当触发信号来到时，准备（READY）指示灯亮，单次扫描结束后指示灯熄，复位键（RESET）按下后，电路处于待触发状态。

3.4.5　操作方法

1. 基本操作（按表 3-13 设置仪器的开关及控制旋钮或按键）

表 3-13　　　　　　　　　　YB4320G/40G/60G 双踪示波器的设置

项　目	编　号	设　置
电源（POWER）	9	弹出
辉度（INTENSITY）	2	顺时针 1/3 处
聚焦（FOCUS）	4	适中
垂直方式（VERT MODE）	42	CH1
断续（CHOP）	44	弹出
CH2 反相（INV）	39	弹出
垂直位移（POSITION）	40、43	适中
衰减开关（VOLTS/DIV）	10、15	0.5V/div
微调（VARIABLE）	14、17	校准位置
AC—DC—接地（GND）	11、12、16、18	接地（GND）
触发源（SOURCE）	29	CH1
耦合（COUPLING）	28	AC
触发极性（SLOP）	25	+
交替触发（TRIG ALT）	27	弹出

续表

项　目	编　号	设　置
电平锁定（LOCK）	32	按下
释抑（HOLD OFF）	34	最小（逆时针方向）
触发方式	31	自动
水平显示方式（HORIZ DISPLAY）	41	A
A TIME/DIV	20	0.5ms/div
扫描非校准（SWP UNCAL）	21	弹出
水平位移（POSITION）	35	适中
×5 扩展（×5MAG） ×10 扩展（×10MAG）	36	弹出
X-Y	30	弹出

按上述设定开关和控制按钮后，将电源线接到交流电源插座，然后按以下步骤操作。

① 打开电源开关，确定电源指示灯变亮，约 20s 后，示波器屏幕上会显示光迹，如 60s 后仍未出现光迹，应按上表检查开关和控制按钮的设定位置。

② 调节辉度（INTEN）和聚焦（FOCUS）旋钮，将光迹调到适当，且最清晰。

③ 调节 CH1 位移旋钮及光迹旋转旋钮，将扫描线调到与水平刻度线平行。

④ 将探极连接到 CH1 输入端，将 2V 校准信号加到探针上。

⑤ AC—DC—GND 开关拨到 AC，屏幕上将出现如图 3-18 所示的波形。

⑥ 调节聚焦（FOCUS）旋钮，使波形达到最清晰。

⑦ 为便于信号的观察，将 VOLTS/DIV 开关和 TIME/DIV 开关调到适当的位置，使信号波形幅度适中，周期适中。

⑧ 调节垂直位移和水平位移旋钮到适当位置，使显示的波形对准刻度线且电压幅度（V）和周期（T）能方便读出。

上述为示波器的基本操作步骤。CH2 的单通道操作方法与 CH1 类似，进一步的操作方法在下面章节中逐一讲解。

2. 双通道操作

将 VERT MODE（垂直方式）开关置双踪（DUAL），此时，CH2 的光迹也显示在屏幕上，CH1 光迹为标准方波信号，CH2 因无输入信号显示为水平基线。

如同通道 CH1，将校准信号介入通道 CH2，设定输入开关为 AC，调节垂直方向位移旋钮 40 和 43，使两通道信号如图 3-19 所示。

双通道操作时（双踪或叠加），"触发源"开关选择 CH1 或 CH2 信号，如果 CH1 和 CH2 信号为相关信号，则波形均被稳定显示，如果为不相关信号，必须使用"交替触发"（TRIG ALT）开关，那么两个不相关信号波形也都被稳定同步。但此时不可同时按下"断续"（CHOP）和"交替触发"（TRIG ALT）开关。

5ms/div 以下的扫速范围使用"断续"方式，2ms/div 以上的扫速范围为"交替"方式。当"断续"开关按下时，在所有扫描范围内均以"断续"方式显示两条光迹，"断续"方式优先于"交替方式"。

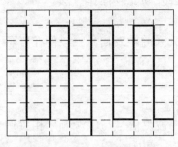

图 3-18 单通道操作得到的波形

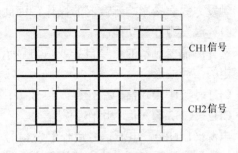

CH1信号

CH2信号

图 3-19 双通道操作得到的波形

3．叠加操作

将垂直方式（VERT MODE）设定在相加（ADD）状态，可在屏幕上观察到 CH1 和 CH2 信号的代数和，如图 3-20 所示。如果按下了 CH2 反向（INV）按键开关，则显示为 CH1 和 CH2 信号之差。

如果想要得到精确的相加或相减结果，借助于垂直微调（VAR）旋钮将两通道的偏转系数精确调整到同一数值上。

垂直位移可由任一通道的垂直移位旋钮调节，观察垂直放大器的线性，请将两个垂直位移旋钮设定在中心位置。

4．X-Y 操作与 X 外接操作

"X-Y"按键按下，内部扫描电路断开，由"触发源"（SOURCE）选择的信号驱动水平方向的光迹。当触发源开关设定为"CH1（X-Y）"位置时，示波器为"X-Y"工作，CH1 为 X 轴，CH2 为 Y 轴；当触发源设定外接（EXT）位置时，示波器变为"X 外接方式"（EXT HOR）扫描工作。

X-Y 操作：垂直方式开关选择"X-Y"方式，触发源开关选择"X-Y"，CH1 为 X 轴，CH2 为 Y 轴，可进行 X-Y 工作。水平位移旋钮直接用作 X 轴。

注意：X-Y 工作时，若要显示高频信号则必须注意 X 轴和 Y 轴之间的相位差及频带宽度。

X 外接操作：作用在外触发输入端（23）上的外接信号驱动 X 轴，任一垂直信号由垂直工作方式（VERT MODE）开关选择，当选定双踪（DUAL）方式时，CH1 和 CH2 信号均以断续方式显示，如图 3-21 所示。

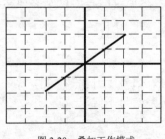

图 3-20 叠加工作模式

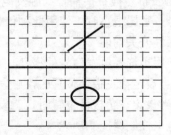

图 3-21 X 外接操作双路方式

5. 触发

触发方式直接影响示波器的操作，因此必须熟悉各种触发功能及操作方法。

（1）触发源开关功能

选择所需要显示的信号自身或是与显示信号具有时间关系的触发信号，以便在屏幕上显示稳定的信号波形。

CH1：CH1 输入信号用作触发信号。

CH2：CH2 输入信号用作触发信号。

电源（LINE）：电源信号用作触发信号，这种方法用在被测信号与电源频率相关信号时有效，特别是测量音频电路、闸流管电路等的工频电源噪声时更为有效。

外接（EXT）：扫描由作用在外触发输入端的外加信号触发，使用的外接信号与被测信号具有周期性关系。由于被测信号没有用作触发信号，波形的显示与被测量信号无关。上述触发源信号选择功能如表 3-14 所示。

表 3-14　　　　　　　　　　　　　　触发源信号选择功能

触发源 \ 垂直方式	CH1	CH2	DUAL（双踪）	ADD（叠加）
CH1	由 CH1 信号触发			
CH2	由 CH2 信号触发			
ALT	由 CH1 和 CH2 交替触发			
LINE	由交流电源信号触发			
EXT	由外接输入信号触发			

（2）耦合开关功能

根据被测信号的特点，用此开关选择触发信号的耦合方式。

交流（AC）：这是交流耦合方式，由于触发信号通过交流耦合电路，而排除了输入信号的直流成分的影响，可得到稳定的触发。该方式低频截止频率为 10Hz（-3dB）。使用交替触发方式且扫速较慢时（如产生抖动），可使用直流方式。

高频抑制（HF REJ）：触发信号通过交流耦合电路和低通滤波器（约 50Hz，-3dB）作用到触发电路，触发信号中高频成分通过滤波器被抑制，只有低频信号部分能作用到触发电路。

电视（TV）：TV 触发，以便于观察 TV 视频信号，触发信号经交流耦合通过触发电路，将电视信号馈送到电视同步分离电路，分离电路拾取同步信号作为触发扫描用，这样视频信号能稳定显示。调整主扫描 TIME/DIV 开关，扫描速度根据电视的场和行作如下切换：TV-V：0.5s/div～0.1ms/div；TV-H：0.5～0.1μs/div。

DC：触发信号被直接耦合到触发电路，触发需要触发信号的直流部分或需要显示低频信号以及信号占空比很小时，使用此种信号。

（3）极性开关功能

该开关用于选择触发信号的极性。

"+"：当设定在正极性位置时，触发电平产生在触发信号上升沿；

"-"：当设定在负极性位置时，触发电平产生在触发信号下降沿。

（4）电平控制器控制功能

该旋钮用于调节触发电平以稳定显示图像。一旦触发信号超过控制旋钮所设置的触发电平，扫描即被触发且屏幕上稳定显示波形，顺时针旋动旋钮，触发电平向上变化，反之向下变化，变化特性如图 3-22 所示。

电平锁定：按下电平锁定（LOCK）开关时，触发电平被自动保持在触发信号的幅值之内，且不需要进行电平调节即可得到稳定的触发，只要屏幕信号幅度或外接触发信号输入电压在下列范围内，该自动触发锁定功能都是有效的。

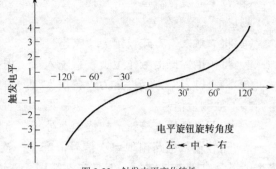

图 3-22　触发电平变化特性

YB4320G：50Hz～20MHz，≥2.0div（0.25V）。

YB4340G/YB4360G：50Hz～40MHz，≥2.0div（0.25V）。

（5）"释抑"控制功能

当被测信号为两种频率以上的复杂波形时，上面提到的电平控制触发可能并不能获得稳定波形。此时，可通过调整扫描波形的释抑时间（扫描回程时间），使扫描与被测信号波形稳定同步，如图 3-23 所示。

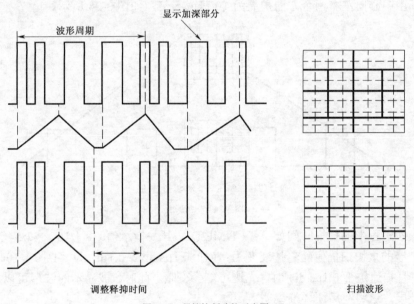

图 3-23　释抑控制功能示意图

图 3-23 中上半部分表示的是屏幕交迭的几条不同波形，当释抑"HOLD OFF"按钮在最小状态时，很难观察到稳定同步信号。

图 3-23 中下半部分所示的信号不需要部分被释抑掉，波形在屏幕中的显示没有重叠现象。

6．单次扫描工作方式

非重复信号和瞬间信号采用通常的重复扫描工作方式，在屏幕上很难观察。这些信号必须采用单次工作方式显示，并可拍照以供观察。

① "自动"和"常态"按钮均弹出。

② 将被测信号作用于垂直输入端，调节触发电平。

③ 按下"复位"按钮，扫描产生一次，被测信号在屏幕上即显示一次。

测量单次瞬变信号。

① 将"触发"方式设定为"常态"。

② 将校准输出信号作用于垂直输入端，根据被测信号的幅度调节触发电平。

③ 将"触发"方式设定为"单次"，即"自动"和"常态"按钮均弹出，在垂直输入端重新接入被测量信号。

④ 按下"复位"按钮，扫描电路处于"准备"状态且指示灯变亮。

⑤ 随着输入电路出现单次信号，产生一次扫描把单次瞬变信号显示在屏幕上，单次扫描也能以 A 加亮方式进行。但是它不能用于双通道交替工作方式。在双通道单次扫描工作方式中，应使用断续方式。

7．扫描扩展

当被显示波形的一部分需要时间轴扩展时，可使用较快的扫描速度，但如果所需扩展部分远离扫描起点，此时欲加快扫速，它可能会跑出屏幕。在此种情况下可按下扩展开关按钮，显示的波形由中心向左右两个方向扩展为 10 倍或 5 倍，如图 3-24 所示。

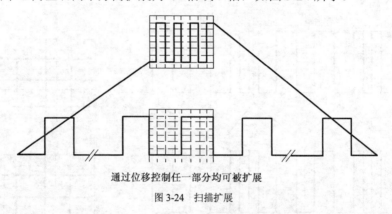

通过位移控制任一部分均可被扩展

图 3-24　扫描扩展

扩展操作过程中的扫描时间如下：（TIME/DIV 开关指示值）× 1/10、× 1/5（YB4320G）。因此，未扩展的最快扫描值随着扩展变为：（如 0.1μs/div）0.1μs/div × 1/10 = 10ns/div。当扫描被扩展，且扫速快于 0.1μs/div 时，光迹可能会变暗，此时，被显示的波形可以通过 B 扫描方式进行扩展，这将在后面详细说明。

8．用延迟扫描进行波形扩展

前面所述的扫描扩展，虽然扩展方法简单，但扩展倍率仅限为 10 倍。下面所述的延迟扫描方式，根据 A 扫描时间与 B 扫描时间之间的比值，扫描扩展范围可为几倍至几千倍。

当被测信号的频率较高，未扩展信号的 A 扫描系数较小时，得到的扩展倍率将变小，并且随着扩展倍率的扩大，光迹的亮度越来越暗，且延迟晃动加剧，为解决这些问题，该示波器中设定了一种连续可调的延迟电路和触发延迟电路。

（1）连续可调延迟

在扫描处于常规操作方式中一般将"水平显示方式"设定为"A"显示信号波形，然后将"B"TIME/DIV 开关的挡位值设定得比"A"TIME/DIV 快几挡。使水平显示方式的 B 触发（B TRIG′D）按钮处于弹出位置，然后将水平显示方式开关设定为 A 加亮（A INTEN）位置，延迟扫描波形的一部分将会加亮显示，如图 3-25（a）所示，表示该种状态可进行延迟扫描，加亮部分可在 B 扫描扩展。

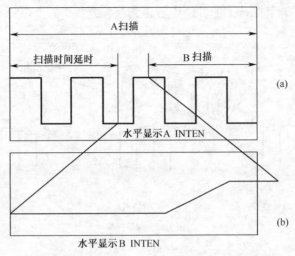

图 3-25　连续可调延迟

A 扫描起点到 A 扫描被加亮起点的时间被称为"扫描延迟时间"（Sweep Delay Time），该时间可通过"延迟时间"位移旋钮连续调节，然后转换水平工作开关到 B 扫描位置，B 扫描波形将扩展至全屏幕，如图 3-25（b）所示。B 扫描时间由 B TIME/DIV 开关设置，扩展倍率的计算方法如下：

$$扩展倍率 = \frac{"A\ TIME/DIV"指示值}{"B\ TIME/DIV"指示值}$$

（2）触发延迟

在使用上述连续延迟可调方式中，当被显示波形扩展 100 倍或更大时，将会产生延迟晃动，为消除晃动可使用触发延迟方式触发，这样触发晃动随着 B 扫描再次触发而减小。且在这种操作过程中，即使按下了"B 触发"按钮，B 扫描由触发脉冲触发，A 触发电路仍继续工作，因此，即使通过旋转"时间延迟位移"旋钮来改变延迟时间，扫描起点仍然是跳跃变化的，而不是连续变化的。在 A 加亮方式中，屏幕上加亮部分是跳跃变化，但在 B 扫描方式时，B 扫描波形能保持稳定显示，如图 3-26 所示。

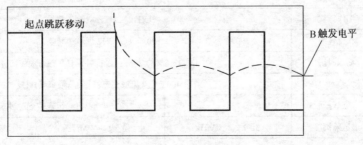

图 3-26　B 扫描波形

9. 探针校准

如前所述，为使探针能够在本机频率范围内准确衰减，必须有合适的相位补偿，否则显示的波形就会失真，从而引起测量误差。因此在使用之前，探针必须作适当的补偿调节。将探针 BNC 接到 CH1 或 CH2 输入端，将 VOLTS/DIV 设定为 5mV，将探针接到校准电压输出端，如图 3-27 所示，调节探针上的补偿电容得到最佳方波。

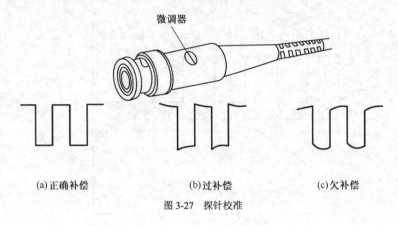

(a)正确补偿　　　　　　　(b)过补偿　　　　　　　(c)欠补偿

图 3-27　探针校准

3.4.6　技术指标

YB4320G/40G/60G 双踪示波器的技术指标如表 3-15 所示。

表 3-15　　　　　　　**YB4320G/40G/60G 双踪示波器的技术指标**

		YB4320G	YB4340G	YB4360G
垂直系统	偏转系数	1mV/div～5V/div　1-2-5 进制分 12 挡；误差 ±5%（1～2mV ±8%）		
	偏转系数微调比	≥2.5∶1		
	频带宽度（-3dB）	5mV/div～5V/div DC～20MHz 1～2mV/div DC～10MHz	5mV/div～5V/div DC～40MHz 1～2mV/div DC～15MHz	5mV/div～5V/div DC～60MHz 1～2mV/div DC～15MHz
		AC 耦合：频率下限（-3dB）10Hz		
	上升时间	5mV/div～5V/div 约 17.5ns 1～2mV/div 约 35 ns	5mV/div～5V/div 约 8.8ns 1～2mV/div 约 23ns	5mV/div～5V/div 约 6ns 1～2mV/div 约 23ns
	瞬态响应	上冲≤5%，阻尼≤5%（5mV/div）		
	工作方式	CH1、CH2、双踪、叠加		
	相位转换	180°　（仅 CH2 通道可转换）		
	输入阻抗	1MΩ±2%约 27pF；经探针：1MΩ±5%约 17pF		
	最大输入电压	400V（直流或交流峰值），频率≤1kHz		
	延迟时间	有：可观察到脉冲前沿		
	通道隔离度	30∶1，20MHz	30∶1，40MHz	30∶1，60MHz
	共模抑制比	1000∶1，50kHz		

		YB4320G	YB4340G	YB4360G
触发系统	触发源	CH1、CH2、电源、外接		
	极性	+/−		
	耦合	AC、高频抑制、TV、DC（TV 耦合能观察 TV-V 和 TV-H，由 TIME/DIV 自动转换，TV-V：0.5s/div～0.1ms/div；TV-H：0.5～0.1μs/div）		
	触发阈值	DC～20MHz：1.5div（外：0.2V）	DC～40MHz：1.5div（外：0.2V）	DC～60MHz：1.5div（外：0.2V）
	触发方式	自动、常态、单次		
	电平锁定或触发交替	50Hz～20MHz：2div 外：0.25V	50Hz～40MHz：2div 外：0.25V	
	外接输入阻抗	1MΩ±2%，约 35pF		
	最大输入电压	100V（直流或交流峰值），频率≤1kHz		
	B 触发	有		
水平系统	水平显示方式	A：A 加亮；B：B 加亮		
	A 扫描时基	0.1μs/div～0.5s/div，1-2-5 进制分 21 挡；误差±5%		
	扫描微调比	≥2.5：1，连续可调		
	扫描释抑时间	可将释抑时间延长至最小扫描休止期的 8 倍以上，连续可调		
	B 扫描时基	0.1μs/div～0.5ms/div，1-2-5 进制分 12 挡；误差±5%		
	延迟时间	0.1μs/div～0.5ms/div 连续可调		
	延迟晃动比	≤1：10000		
	线形误差	×1：±8%；扩展×10：±15%		
X-Y 工作方式	灵敏度	Y 同 CH2，X 同 CH1，误差±5%，扩展×10：±10%		
	X 频带宽度（−3dB）	DC～1MHz，−3dB	DC～2MHz，−3dB	
	X-Y 相位差	≤3°，DC～50kHz	≤3°，DC～100kHz	
水平外接方式	阈值	约 0.1V/div，在 CHOP 方式时，可使用于外扫描观察两个相关信号的时间、相位		
	频带宽度	1MHz，−3dB	2MHz，−3dB	
触发系统	阈值	TTL 电平（负电平加亮）		
	频率范围	DC～5MHz		
	输入阻抗	约 5kΩ		
	最大输入电压	50V（直流或交流峰值），频率≤1kHz		
探针信号	频率	方波：1kHz±2%		
	幅度	2V±2%		
示波管	类型	6 英寸，矩形屏		
	后加速电压	约 2kV	约 15kV	
	有效显示面积	8×10div		
其余特性	整机尺寸	$310W×150H×440D$（mm）		
	重量	约 8kg		
	适应电源	220V±10%，50±2Hz		
	额定功率	约 40W		
	工作环境	0～40℃，85%RH		
	储存环境	−10～+60℃，70%RH		

3.4.7 保养与储存

① 本设备由精密的元器件及精密部件构成，因此在运输和储存的时候必须小心轻放。

② 经常用干净的软布擦拭滤色片。

③ 储存该设备的最佳室温：-10～+60℃。

④ 校准周期：为能够保证仪器测量精度，仪器每工作 1000h 或 6 个月要求校准一次，若使用时间较短，则一年校准一次。

3.5　SG2270 型超高频毫伏表

3.5.1　概述

SG2270 型超高频毫伏表可测量 10kHz～1GHz 频段的正弦电压。测量电压范围为 1mV～10V，可广泛用于教学、生产等领域。SG2270 型超高频毫伏表可在 0～+40℃的环境中工作，具有操作简单、维修方便等特点。外观如图 3-28 所示。

图 3-28　SG2270 型超高频毫伏表

3.5.2　性能特性

（1）测量频率 1000kHz 信号电压的最大示值误差（20±2℃）

① <5%（3mV 以上量程）；

② <15%（3mV 量程）。

（2）最大过载电压

最大过载电压 15V（100kHz）。

（3）频响最大示值误差

① 4%（10kHz≤f<100MHz）；

② 6%（100MHz≤f<200MHz）；

③ 8%（200MHz≤f<500MHz）；

④ 10%（500MHz≤f<800MHz）；

⑤ 15%（800MHz≤f<1000MHz）。

（4）输入阻抗

① ≥100kΩ（100kHz，3V 量程）；

② ≥50kΩ（50MHz，3V 量程）。

（5）零点漂移

≥2mm（20±2℃）。

（6）三通接头端面驻波系数

① ≥1.2（50MHz 以下）；

② ≥1.3（800MHz 以下）；

③ ≥1.35（1000MHz 以下）。

（7）供电电源

① 电源电压：220（1±10%）V；

② 电源频率：50（1±5%）Hz；

③ 电源功耗：≤5W。

（8）仪器尺寸和重量

① 尺寸：225mm × 200mm × 150mm；

② 重量：约 3.5kg。

3.5.3 工作原理

仪器由检波探测器、分压器、输入放大器、负反馈电路、稳压电路和显示输出组成。方框图如图 3-29 所示。被测电压从检波器探头输入，经倍压检波后输出直流电压，再经分压器传至输入放大器，输入放大器放大信号推动表头电路显示被测电压读数。负反馈电路是为调节不同量程的增益而设计的。

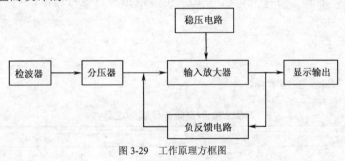

图 3-29 工作原理方框图

3.5.4 结构特性及使用方法

1．面板说明（见图 3-30）

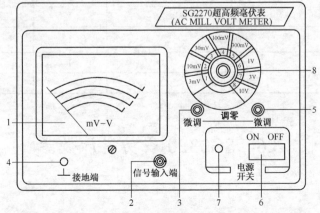

1—显示屏；2—输入端；3—粗调零；4—接地端；5—细调零；6—电源开关；7—电源指示灯；8—量程开关

图 3-30 SG2270 型超高频毫伏表前面板

2．使用方法

连接电源线到后面板 AC220V 输入插座，接上 220V 交流电源，连通仪器前面板电源开关 6，电源指示灯 7 亮，表明仪器工作正常，预热 15min。

接通检波器探头 BNC 插头至仪器输入插座 2。T 形三通的一端接被测仪器，另一端接标准负载，选择适当的量程开关 8，将检波器探头轻轻拔起，使其不与输入信号接通，通过粗调 3、细调 5 调节使显示器为零，再将检波器探头轻轻插入与信号相通进行测量。

每当转换量程时，都必须断开信号调为零，然后再测量。在小信号测量时，可将探头上的接地夹和仪器的接地端 4 相接以提高测量精度。

3.5.5 维修、故障处理

仪器在移动或搬动时，应避免剧烈冲击，远程运输时，应包装好。

简单故障修理。

① 保险丝烧毁，取下后面板电源插座中的保险丝，更换 0.5A 的保险丝管。

② 接通电源，若指示灯不亮，检查 15V 电源或指示灯是否正常。

3.5.6 仪表的成套性

仪表的成套性如表 3-16 所示。

表 3-16　　　　　　　　　　SG2270 型高频毫伏表的成套性

序　　号	名称和型号		数　　量	备　　注
1	SG2270 型超高频毫伏表		1	
2	附件盒	检波探头	1	鱼嘴夹
		N 形三通接头	1	
		50Ω 终端负载	1	
		长探针	1	
		隔离罩	1	
3	使用说明书		1	
4	电源线		1	
5	接地线		1	

3.6　SG3320 多功能计数器

3.6.1　概述

本仪器是一种测频范围为 1Hz～1000MHz 的多功能计数器。其特点是采用八位 0.5

英寸高亮度 LED 数码管显示，具有 6 种测量功能和多种基准频率信号输出，采用低功耗线路设计，体积小，重量轻，灵敏度高。具有全频段等精度测量、等位数显示功能（本机基础为 10MHz 等精度计数器）。高稳定性的晶体振荡器可保证测量精度和全输入信号的测量。

本仪器有 6 项主要功能：A 通道测频、B 通道测频、A 通道测周期、A 通道计数、A 通道脉冲正宽度及 A 通道脉冲负宽度，其全部测量采用单片机 AT89C52 及 DDS 进行智能化的控制和数据测量处理。其中 A 路输入通道具有输入信号衰减、低通滤波器选择功能。

该仪器可广泛用于实验室、工矿企业、大专院校、科研、生产调试线以及无线通信设备维修。高灵敏度的测量设计可实现通信领域高频信号的正确测量，并取得良好的效果。外观如图 3-31 所示。仪器的功能选择操作、指示器、输入端子参看后续章节的详细说明。

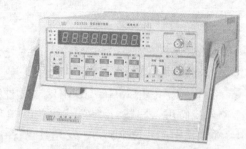

图 3-31　SG3320 多功能计数器

3.6.2　技术指标

① 频率测量范围：

A 通道：1Hz～100MHz；

B 通道：100～1000MHz。

② 周期测量范围（仅限于 A 通道）：

1Hz～10MHz。

③ 计数频率及容量（仅限于 A 通道）：

频率：1Hz～10MHz；

容量：10^8-1。

④ 脉冲宽度测量（仅限于 A 通道）：

频率：1Hz～1MHz。

⑤ 输入阻抗：

A 通道：$R \approx 1M\Omega$；$C \leqslant 35pF$；

B 通道：50Ω。

⑥ 输入灵敏度：

A 通道：1Hz～10MHz 时，优于 50mV（RMS）；10Hz～100MHz 时，优于 30mV（有效值）；

B 通道：100～1000MHz 时，优于 20mV（RMS）。

测试条件：环境温度 25 ± 5℃（环境温度 0～40℃时，输入灵敏度指标不得降低 10mV）；

输入波形：正弦波或方波。

⑦ 闸门时间预选：快速、慢速或保持。

⑧ 输入衰减（仅限于 A 通道）：×1 或×20 固定。

⑨ 输入低通滤波器（仅限于 A 通道）：

截止频率：约 100kHz；

衰减：约 3dB（100kHz 频率点，输入灵敏度不得<30mV）。

⑩ 最大安全电压：

A 通道：250V（直流和交流之和，衰减置×20 挡）；

B 通道：3V。

⑪ 准确度：

±时基准确度±触发误差×被测频率（或被测周期）±LSD

其中：$LSD = \dfrac{100ns}{闸门时间} \times 被测频率（或被测周期）$

⑫ 时基标称频率为 10MHz，频率稳定度优于 5×10^{-6}/d。

⑬ 时基输出：

标称频率：0.125Hz～10MHz，32 种频率输出；

输出幅度（空载）："0" 电平，0～0.8V；"1" 电平，3～5V。

⑭ 显示：八位 0.5 英寸发光数码管并带有十进制小数点显示数据；溢出灯、闸门灯、标频输出灯、MHz、kHz、μs 测量单位及保持指示灯，发光管指示；标频调节、功能选择、闸门预选指示灯。

⑮ 工作环境：0～40℃。

⑯ 电源电压：

电压：交流 220V±10%；

频率：50Hz±2%。

⑰ 重量：约 1.5kg。

⑱ 外形尺寸：280×250×80（mm）。

3.6.3　工作原理

SG3320 多功能计数器的工作原理框图如图 3-32 所示。

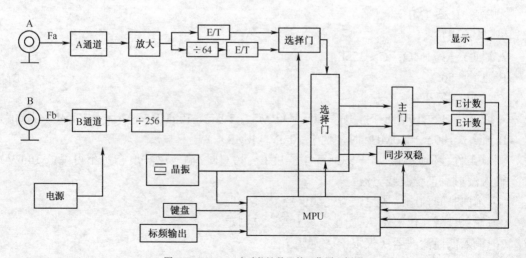

图 3-32　SG3320 多功能计数器的工作原理框图

测量的基本电路主要由 A 通道（100MHz 通道）、B 通道（1000MHz 通道）、系统选择控制门、同步双稳以及 E 计数器、T 计数器、微处理器单元（MPU）、电源等组成。

该多功能计数器进行频率、周期测量是采用等精度的测量原理，即在预定的测量时间（闸门时间）内对被测信号的 N_x 个整周期信号进行测量，分别由 E 计数器累计在所选闸门内的对应个数，同时 T 计数器累计标准时钟的个数。最后由微处理器进行数据处理。

计算公式如下：频率：$F_x = N_x/T_x$

周期：$P_x = T_x/N_x$

根据上述原理，可知本机的闸门时间实际上是预选时间，实际测量时间为被测信号的整周期数（总比预选时间长），从而降低了测量误差，标频输出由微处理器直接控制，可输出多种标频信号，使仪器的使用范围更加广泛。

3.6.4 结构特征

SG3320 型多功能计数器机箱体积小，色彩淡雅，美观大方。1GHz 通道放大器和晶体振荡器都用小屏蔽盒进行屏蔽并实现保温要求。屏蔽盒的固定不用螺钉等紧固件，只需将盒体焊接在电路板上并卡好盖板即可，装配简单，使用维修方便可靠。

3.6.5 使用说明

本节介绍完整而必须的操作过程，包括前面板所有的控制、连接和显示、操作训练、用户保养等。

1．使用前的准备

① 电源要求：AC220V ± 10%，50Hz 单相，最大消耗功率为 10W。
② 测量前预热 20min 以保证晶体振荡器的频率稳定。

2．前面板特征（仪器前面板如图 3-33 所示）

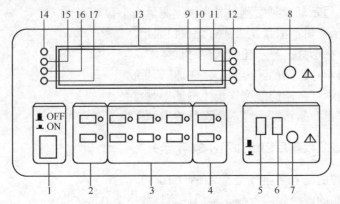

图 3-33　SG3320 型多功能计数器前面板

【1】电源开关：按下按钮电源打开，仪器进入工作状态，再按一下则关闭整机电源。

【2】标频选择：可按"升高"或"降低"键从 32 种标频输出脉冲波形中选择任意一种频率的脉冲波形。被选频率在面板上显示。

【3】测量选择：测量选择模块，可选择"A 频率""B 频率""A 周期""A 计数""A 正宽""A 负宽"测量方式，按一下所选功能键，仪器认可操作有效后，点亮相应的指示灯，以表示所选择的测量功能。所选键按动一下，机内原有测量无效，机器自动复原，并根据所选功能进行新的控制。"A 计数"键按动一次为计数开始，闸门指示灯点亮，此时 A 输入通道所输入的信号个数将被累计并显示。当"A 计数"键再按动一次，仪器将自动清零，计数重新开始。

【4】闸门选择：闸门速度选择模块可供 3 种闸门速度预选（快速、慢速或保持）。闸门速度的选择不同将得到不同的分辨率。"保持"键的操作：按动一下保持指示灯亮，仪器进入休眠状态，显示窗口保持当前显示的结果，功能选择键、闸门选择键均操作无效（仪器不给予响应）。"保持"键重新按动一次保持指示灯灭，仪器进入正常工作状态。（注："A 计数"功能操作时，仪器置保持状态下，此时计数暂停，显示状态不变，当"保持"释放后，机器将恢复计数功能，并在暂停前累计的基础上继续累计）。

【5】衰减：A 通道输入信号衰减开关，当按下时输入灵敏度降低为原来的 1/20。

【6】低通滤波器：此键按下，A 通道输入信号经低通滤波器后进行测量（被测信号频率大于 100kHz，将被衰减）。此键可提高低频测量的准确性和稳定性，提高抗干扰性能。

【7】A 通道输入端：标准 BNC 插座，被测信号频率为 1Hz～100MHz 接入此通道进行测量。当输入信号幅度大于 3V 时，应按下衰减开关 ATT，降低输入信号幅度能提高测量值的精确度。当信号频率<100kHz 时，应按下低通滤波器进行测量，可防止叠加在输入信号上的高频信号干扰低频主信号的测量，以提高测量值的精确度。

【8】B 通道输入端：标准 BNC 插座，被测信号频率大于 100MHz 时，接入此通道进行测量。

【9】"保持"显示灯：仪器处于保持状态时点亮。

【10】"μs"显示灯：周期测量时自动点亮。

【11】"kHz"显示灯：频率测量时，根据测量大小自动点亮。

【12】"MHz"显示灯：频率测量时，根据测量大小自动点亮。

【13】数据显示窗口：测量结果通过此窗口显示。

【14】"溢出"指示灯：显示超出八位时点亮。

【15】"快"指示灯：闸门速度置于"快速"时点亮。

【16】"慢"指示灯：闸门速度置于"慢速"时点亮。

【17】"标频输出"指示灯：当进行标频输出频率调节时点亮。

3．后面板特征（仪器后面板如图 3-34 所示）

【18】交流电源的输入插座（交流 220V±10%）。

【19】交流电源的限流保险丝座，座内保险丝规格为 0.5A/220V。

【20】标频输出：内部基准信号的输出插座，该插座可输出 32 种频率的脉冲信号，这个信号可用作其他频率计数的标准信号。

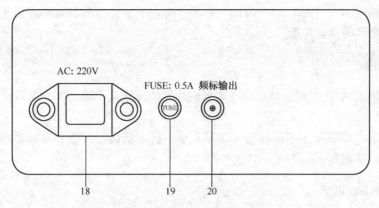

图 3-34　SG3320 型多功能计数器后面板

4. 频率测量

根据所需测量信号的频率大致范围选择"A 频率"或"B 频率"测量。

"A 频率"测量输入信号接至 A 输入通道口，"A 频率"功能键按一下。"B 频率"测量输入信号接至 B 输入通道口，"B 频率"功能键按一下。

"A 频率"测量时，根据输入信号的幅度大小决定衰减按键置于"×1"或"×20"位置；输入幅度大于 3V（RMS）时，衰减开关应置"×20"位置。并根据输入信号的频率高低，决定低通滤波器按键置"开"或"关"位置。输入频率低于 100kHz，低通滤波器应置"开"位置。

根据所需的分辨率选择适当的闸门预选速度（快或慢），闸门预选速度置于"慢速"时分辨率较高。

5. 周期测量

功能选择模块置"A 周期"输入信号，接入 A 输入通道口。

根据输入信号频率高低和输入信号幅度大小，决定低通滤波器和衰减器的所处位置，具体操作参考"频率测量"。

根据所需的分辨率，选择适当的闸门预选速度（快或慢）。闸门预选速度置于"慢"时分辨率较高。

6. 累计

功能选择模块置"A 计数"键一次，输入信号接入 A 输入通道口，此时闸门指示灯亮，表示计数控制门已打开，计数开始。

根据输入信号频率高低和输入信号幅度大小决定低通滤波器和衰减器的所处位置，具体操作参考"频率测量"。

"A 计数"键再置一次则计数重新开始。

按"保持"键一次，累计功能暂停，再按"保持"键一次，累计功能恢复，并在原累计基础上继续累计。

当计数值超过 10^8-1 后，则"溢出"指示灯亮，表示计数器已计满，显示已溢出，而显示的数值为计数器的累计尾数。

7. 脉宽测量

输入信号接入 A 输入通道口。功能选择模块置"A 正宽"或"A 负宽"可分别测量脉冲信号的正、负脉宽。

根据输入信号频率高低和输入信号幅度大小，决定低通滤波器和衰减器的所处位置，具体操作参照"频率测量"。

8. 标频输出的调节

仪器开机即输出 10MHz 标频信号，按"上升"键和"下降"键可在 0.125Hz～10MHz 范围内改变标频信号的频率，改变后的频率值在仪器面板上的数据显示窗口内显示。

3.6.6　维护与维修

1. 维护

本仪器使用一段时间后，为保证本仪器的测量准确性和小信号的正常测量，应对其时基振荡器的频率和 A 通道的触发电平进行一次校正。

（1）维修设备要求

① 石英晶振：f_0 为 10MHz，稳定度为 $\pm 1 \times 10^{-8}$。

② 正弦波发生器：频率范围为 1kHz～1GHz。

（2）时基频率校正

① 环境温度要求：$+22$～$+25℃$；

② 预热时间：大于 30min；

③ 将石英晶振的输出频率输入至 A 通道输入口；

④ 闸门预选速度置"慢"，功能置"A 频率"测量；

⑤ 观察测量结果，读数应为 10.000000MHz，如有偏差，则应打开仪器上盖，调节仪器电路板上晶体振荡器屏蔽盒小孔内的微调器件，以保证读数为 10.000000MHz $\pm$ 1Hz。

（3）触发电平校正

① 使正弦波信号发生器输出频率为 10MHz，输出幅度为 20mV；

② 将信号接至 A 通道输入口；

③ 闸门预选速度置"慢"，功能置"A 频率"测量；

④ 观察测量结果应为一个稳定读数。如果读数不稳，应打开仪器上盖，微调 A 通道输入电路的电位器，以达到读数稳定。

2. 维修

遇到故障后，必须仔细分析整机的组成框图弄清故障部位，加以修理或电询生产厂家技术服务部，以获得技术支持。

常见故障的处理如下。

① 接通电源后，数码管不显示，应检查电源保险丝是否完好，若保险丝断，则更换保险丝；若保险丝完好，应开机检查电路。

② 电源电路为常见三端稳压块电路，按工作原理检查变压器次级电压、整流滤波电路、三端稳压块，若有损坏，更换已坏器件。

③ 若遇仪器忽好忽坏，则打开机盖，检查机内连接电缆是否有接触不良现象。

3.6.7 仪器的成套性

- SG3320 型多功能计数器　　　　　一台
- 电源线（6V/250V）　　　　　　　一根
- Q9 测试电缆　　　　　　　　　　一根
- BGXP-1-18-0.3 保险丝　　　　　　一只

3.7　SG1052S 高频信号发生器

3.7.1　概述

SG1052S 高频信号发生器具有下列优点：采用台式便携式结构，体积小巧，造型新颖。电路采用高可靠的集成电路组成高质量的音频信号发生器、调频立体声信号发生器和稳压电源。高频信号发生器采用稳幅的调频、调幅电路，性能稳定，波形好。6 位 LED 显示频率计数器可以直接读取内部信号发生器或外部信号源的频率。

3.7.2　工作特性

1. 调频立体声信号发生器

① 工作频率：$88\sim108MHz \pm 1\%$。

② 导频频率：$19kHz \pm 1Hz$。

③ 1kHz 内调制方式：左（L）、右（R）和左+右（L＋R）。

④ 外调输入：输入的信号源内阻小于 600Ω，输入幅度小于 15mV，输入插孔：左（L）声道输入和右（R）声道输入。

⑤ 高频输出：不小于 30mV（有效值），分高、低挡输出连续调节。

2. 调频、调幅高频信号发生器

① 工作频率：$100kHz\sim150MHz$ 分 6 个频段，见表 3-17。

② 1kHz 内调制方式：调幅、载频（等幅）和调频。

③ 高频输出：不小于 30mV（有效值），分高、低挡输出连续调节。

表 3-17	SG1052S 高频信号发生器的频段划分	
频　段	频率范围（MHz）	频率误差
2	0.1～0.33	5%
3	0.32～1.06	5%
4	1～3.5	5%
5	3.3～11	6%
6	10～35	6%
7	34～150	8%

3．音频信号发生器

① 工作频率：1kHz±10%。

② 失真度：小于 1%。

③ 音频输出：最大 2.5V（有效值）。分高、中、低 3 挡输出连续可调，最小可达微伏数量级。

4．频率计数器

① 频率范围：HF 挡为 10Hz～100MHz，VHF 挡为 100～1300MHz。

② 灵敏度：不大于 100mV（有效值）。

③ 最大输入电压：3V（有效值）。

④ 频率精度：$\pm 5 \times 10^{-5} \pm 1$ 字。

⑤ 输入阻抗：HF 挡为 1MΩ，VHF 挡为 50Ω。

5．正常工作条件

① 环境温度：0～40℃。

② 相对湿度：<90%（40℃）。

③ 大气压：86～106kPa。

④ 电源电压：220±22V，50±2.5Hz。

⑤ 电源功耗：<10W。

6．仪器的外形尺寸及重量

尺寸：220×160×240（mm）；重量：4kg。

3.7.3　工作原理

SG1052S 高频信号发生器是由音频信号发生器、调频/调幅高频信号发生器、调频立体声信号发生器、频率计、频段选择开关、各种功能开关和稳压电源等组成的，如图 3-35 所示。

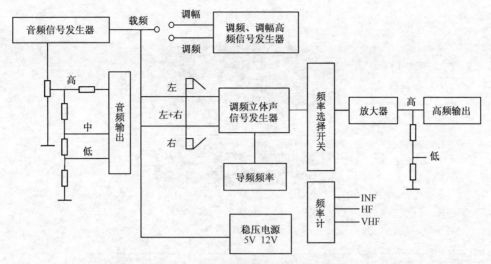

图 3-35　SG1052S 高频信号发生器原理框图

音频信号发生器：由运放、稳幅管和阻容组成稳幅低失真的文氏电桥振荡器。

调频、调幅高频信号发生器：由高频稳幅的 LC 振荡电路组成，它由频段选择开关转换电感 L 来改变频段，从而达到双向（$f_上$、$f_下$）的调频，载频（等幅）无调制信号输入为等幅波。

调幅：采用调制稳幅电平的方法，使等幅振荡变成调幅波。

调频立体声信号发生器：由立体声集成电路和 LC 振荡回路组成，它的负载波频率 38kHz 由石英晶体振荡产生，导频频率 19kHz，其调制方式由转换开关置于左（L）、右（R）、左+右（L＋R）等以及双通道外调输入插孔来选择。

稳压电源：由电源变压器次级输出，经过桥式整流和电容滤波，用集成电路稳压 12V 电源。

3.7.4　结构特征

仪器的外形如图 3-36（a）、（b）所示，其中图 3-36（b）是该仪器的后面板示意图。仪器采用塑料面板，固定在基座和底座上，再盖上外罩构成便携式仪器。在仪器内部基座的右边频段开关上装有高频发生器的电感，左下是放大器和稳幅控制电路，基座的右后边是稳压电源和音频振荡器，可变电容器的右边是高频振荡电路，左边是调频立体声发生器电路，中后是电源变压器，仪器的后面有电源输入插座、保险丝座、导频输出插座和外调双通道输入插座。图中各个数字指示的含义如下。

【1】电源开关；

【2】电源指示灯；

【3】音频输出幅度调节；

【4】音频输出高、中、低开关；

【5】音频输出插座；

【6】高频发生器的调幅、载频（等幅）、调频开关；

【7】高频（射频）输出插座；

【8】高频发生器的频宽调节；

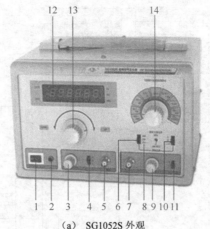

(a) SG1052S 外观

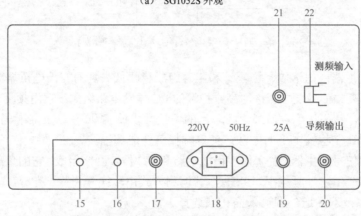

（b）SG1052S 后面板示意图

图 3-36　SG1052S 外观及后面板示意图

【9】高频输出幅度调节；

【10】立体声发生器调制选择：左（L）、右（R）、左+右（L＋R）；

【11】高频输出高、低开关；

【12】LED6 位数字显示中，Hz、kHz、MHz 3 个指示灯分别代表信号的频率范围，GATE灯的闪烁是闸门时间，OVER 灯亮是代表输入的信号频率超出范围；

【13】频率调节；

【14】频段选择开关；

【15】外调左（L）输入插孔；

【16】外调右（R）输入插孔；

【17】外调高频输入插孔；

【18】电源输入插座；

【19】保险丝座；

【20】导频输出插座；

【21】外测频输入插座；

【22】测频选择开关。

3.7.5 使用操作

① 开机预热，先将电源线插入仪器的电源输入插座，然后将电源线的插头插入电源插座，开电源开关使指示灯发亮，预热 3～5min。

② 音频信号使用：将频段选择开关 14 置于 "1"。调制开关 6 置于 "载频（等幅）CM"，音频信号由音频输出插座 5 输出，根据需要选择信号幅度开关的 "高、中、低" 挡，如：低挡调节范围自微伏到 2mV，中挡自毫伏到几十毫伏，高挡自几十毫伏到 2.5V。

③ 调频立体声信号发生器的使用：将频段选择开关 14 置于 "1"；调制开关 6 置于 "载频"，切忌置于 "调频"，否则，就要影响立体声发生器的分离度。

④ 调频、调幅高频信号发生器的使用：将频段选择开关 14 按需置于选定频段，调制开关 6 按需选调幅、载频（等幅）和调频，高频信号输出幅度调节由电平选择开关 11 置于 "高" 或 "低" 和输出调解，高频信号由插座 7 输出。

⑤ 调节频宽调节 8：在中频放大器和鉴频器正常工作条件下，将高频信号发生器的频率调在中频频率上，调节 "频宽调节" 8 从小（向顺时针方向旋转）开大，使示波器的波形不失真，即观察波形法。听声音法是将频宽调节从小调到声音最响时，就不调大了，应稍调小一些即可。

⑥ 数字频率计的使用：开关置于 "INT" 位置时，频率计数器显示仪器自身 RF 信号发生器频率，开关置于 "HF" 位置和 "VHF" 位置时，频率计数器测试外部信号频率，测量范围分别为 HF 挡 10Hz～100MHz 和 VHF 挡 100Hz～1300MHz。

3.7.6 仪器的成套性

- SG1052S 高频信号发生器　　　　一台
- 电源线　　　　　　　　　　　　一根
- 高频电缆　　　　　　　　　　　一根
- 保险丝管　　　　　　　　　　　一只

3.8 Create-DCD 数控钻床

3.8.1 概述

随着电子产业的飞速发展，快速制板设备已成为高校电子相关专业实验室、电子产品设计、生产企业及科研所极感兴趣的设备。然而，快速制板过程中，印制电路板（PCB）钻孔一直是电子设计者们面临的一个难题。科瑞特最新推出的 Create-DCD 小型数控钻床以其快速、精确的产品性能不仅缩短了制板周期，同时大大地降低了快速制板的难度，有效提高了制板的成功率，必将成为快速制板的首选设备。

Create-DCD PCB 数控钻床是通过将钻孔文件导入计算机的控制软件中，由控制软件分批将钻孔数据（坐标及数量）发送至数控钻床，数控钻床根据接收的数据来完成精确的定位及钻孔。其外观如图 3-37 所示。

3.8.2 Create-DCD 特点

① 支持 Protel、PowerPCB 等软件输出的 PCB 文件格式及钻孔文件格式。

② 能全自动完成铣边。

③ 支持不同厚度电路板的多种规格钻孔。

④ 配备操作软件，操作简便。

⑤ 可直接升级成其他板材的数控钻床。

⑥ 是快速制板仪钻孔专用的理想配套设备。

图 3-37 Create-DCD 数控钻床的外观

3.8.3 Create-DCD 技术参数

① 最大工作尺寸：330mm × 230mm。

② 驱动方式：X、Y、Z 轴步进电动机。

③ 移动速度：1.0m/min（Max）。

④ 最小孔径：ϕ 0.35mm。

⑤ 钻孔深度：0.2～3.175mm。

⑥ 最大钻孔速度：60strokes/min（Max）。

⑦ 操作方式：自动。

⑧ 通信接口：RS-232（传输速率：57600bit/s）。

⑨ 最大转速：10000 转/秒。

⑩ 操作系统：Windows 98/Me/2000/XP。

⑪ 计算机配置：CPU：586DX-500MHz，RAM：256MB。

⑫ 工作电压：AC200～240V/50Hz。

⑬ 功率：100W。

⑭ 尺寸：540mm × 460mm × 410mm。

⑮ 重量：25kg。

3.8.4 Create-DCD 数控钻床的标准配置

标准配置如表 3-18 所示。

表 3-18　　　　　　　　　　　　Create-DCD 数控钻床的标准配置

序　号	配 件 名 称	型号/规格	数　量
1	数控主机	Create-DCD	1 台
2	工具套件	螺丝刀	1 套
3	钻头 1	ϕ 0.40mm	1 支

序 号	配 件 名 称	型号/规格	数 量
4	钻头 2	ϕ 0.80mm	1 支
5	钻头 3	ϕ 0.95mm	1 支
6	钻头 4	ϕ 1.20mm	1 支
7	钻头 5	ϕ 3.00mm	1 支
8	控制软件		1 套

3.8.5 数控钻床的安装

数控钻床的安装包括硬件和软件的安装，其中，硬件的安装需要完成数控钻床与 PC 之间电源及数据线路的连接，而软件安装主要完成在 PC 里安装与操作系统版本相应的控制软件即可。

1．硬件的安装

将数控钻床放在电脑桌的一旁，将附带的串口线一头连接到数控钻床的串口，另一头连接到 PC 的串口（串口 1 或串口 2 任意），再将数控钻床的电源线连接好。

2．软件的安装

PC 配置需求如下。

① 586DX-500M 以上 CPU，256MB 以上内存；

② 带可用的串口（COM1/COM2）1 个以上；

③ 操作系统 Windows 98/2000/NT/XP 可选；

④ 附带 CD-ROM 驱动器。

将数控钻床软件光盘插入到 CD-ROM 中，打开光盘，进入如图 3-38 所示界面，打开 "Create-DCD 控制软件" 目录，运行 setup.exe 文件，单击 "下一步"，在序列号栏中输入对应的序列号（序列号在 "序列号.txt 文件中"），即可完成软件的安装。

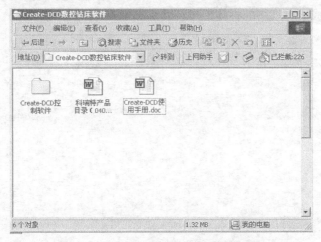

图 3-38　Create-DCD 数控钻床的软件安装界面

3.8.6　软件的使用

1．钻孔前的准备

先连接好数控钻床的串口线与电源线，将数控钻床回复到原点位置（指主轴电动机靠最右端，底面平台靠最后端），再将电路板底层朝上，电路板边框线右下角应与显示器显示的电路图左上角对应，同时确保电路板下边框线与底板边框处于同一水平线，装好某种规格的钻头。用胶带将待钻孔的电路板粘贴在底板适当位置，再手动调整底板和主轴电动机的位置，使钻头对准电路板边框线右下角，最后启动钻孔机主电源和主轴电源。

2．钻孔

将待钻孔的 PCB 图调入控制程序，并单击"输出"按钮，选择数控钻与计算机相连的串口，设置电路板厚度为 2，并单击"输出"按钮，出现如图 3-39 所示的窗口，根据钻头与电路板的距离，调整钻头上升或下降，使钻头接近电路板约 1mm 的距离（钻头上升或下

降移动的距离单位为 mm），然后根据钻头与电路板边框线右下角的偏移位置选择主轴左、右移动，底板前、后移动适当距离（主轴左、右移动和底板前、后移动的数值），使钻头与电路板边框线右下角对准。

对准起点位置后，单击"设置原点"按钮，然后单击"设置终点"按钮，此时主轴电动机会自动移到终点位置并停留在终点位置（即电路板边框线

图 3-39　输出控制界面

左上角）。选择右边列表框中某种规格的孔径，单击"钻孔"按钮，钻孔机即开始钻孔。

钻好一批规格的孔后，如需更换钻头，则在钻头上升、下降输入框中输入适当的值，使钻头抬高适当的距离，以方便更换钻头。更换钻头前，一定要先关闭主轴电源，但不要关闭总电源开关，否则需要重新定位。更换好钻头后，将钻头下降适当距离，使钻头与电路板的距离为 1mm 左右。选择对应规格的孔，单击"钻孔"按钮，数控钻床即开始打下一批孔，依此类推，即可完成所有规格的打孔工作。

第二篇　电工电子装配实习指导

第4章　数字万用表原理与安装工艺

4.1　数字万用表原理介绍

DT830B 的核心器件是双积分 A/D 转换器（模/数转换器）IC7106，通过它可以实现模拟量向数字量的转换，并可直接驱动液晶显示器。IC7106 有很高的输入阻抗，典型值为 $10\text{M}\Omega$，且单电源供电。内部除设有双积分式 A/D 转换和整套的数字电路外，还设有稳定性很高的基准稳压源，用于积分时的比较电压和测量时的基准电压，并设有时钟振荡及分频电路，用于积分模拟开关和数字电路控制以及液晶显示屏的驱动。

4.1.1　双积分 A/D 转换器

万用表是在一个只有基本量程的直流数字电压表的基础上扩展而成的，这个电压表相当于数字万用表的"表头"，其原理见图 4-1。在图 4-1 中，除显示器外，其余功能可全部集成在一个芯片上，具有这些功能的芯片叫 A/D 转换器，较常见的有 IC7106、IC7107 等多种型号，它们都属于双积分式 A/D 转换器。双积分 A/D 转换器内部电路虽然很复杂，但根据图 4-1 所示的电路可以说明其原理。它在一个测量周期内的工作过程如下。

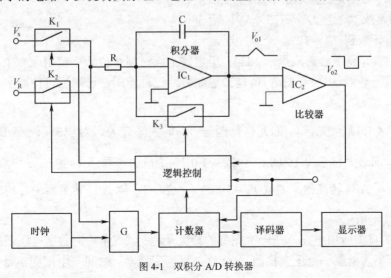

图 4-1　双积分 A/D 转换器

测试开始，计数器清零，积分电容 C 放电，然后控制逻辑使 K_2、K_3 断开，K_1 接通，积分器对被测电压 V_x 进行正向积分，采样过程时间为 T_1，其积分斜率为 T_1/RC，正向积分也叫采样。采样期间积分输出 V_{o1} 线性增加，经过零比较器得到过零方波，通过逻辑控制打开门 G，计数器开始对时钟脉冲计数，当计数到最高位为 1 时，溢出脉冲通过控制逻辑使 K_1、K_3 断开，K_2 接通，采样结束，计数器复零。积分输出：

$$V_{o1} = V_x T_1 / RC \qquad (4.1.1)$$

K_2 接通基准电压 V_R 后，积分器开始第二次积分（反向积分），反向积分过程时间为 T_2，其积分斜率为 T_2/RC，V_{o1} 开始线性下降，计数器也重新计数。当 V_{o1} 降至零时，比较器输出的负方波结束，控制逻辑使 K_2 断开，K_3 接通，积分停止，同时关闭门 G，计数停止，一个测量周期结束，积分输出为：

$$V_x = (V_{o1} - V_R T_2) / RC = 0 \qquad (4.1.2)$$

由式（4.1.1）、式（4.1.2），可得：

$$V_x = V_R T_2 / T_1 \qquad (4.1.3)$$

转换波形见图 4-2。

设时钟脉冲周期为 T_0，则 $T_1 = N_1 T_0$，$T_2 = N_2 T_0$，N_1、N_2 分别是正、反向积分期间计数的时钟脉冲个数，代入式（4.1.3）得：

$$V_x = V_R N_2 / N_1 \qquad (4.1.4)$$

对于 $3\frac{1}{2}$ 位 A/D 转换器，采样期间计数到 1000 个脉冲时计数器有溢出，故 $N_1 = 1000$ 是个定值，如再规定 $V_R = 100\text{mV}$，则有：

$$V_x = 0.1 N_2 \qquad (4.1.5)$$

式（4.1.5）说明，适当选择 N_1 及 V_R 的值，可使 V_x 与 N_2 的有效数字相同，只是小数点位置不同，如将小数点定在显示值 N_2 的十位，便可直接读数。例如，被测 $V_x = 123.4\text{mV}$，则在反向积分期间计数到 $N_2 = 1234$ 个脉冲时，一

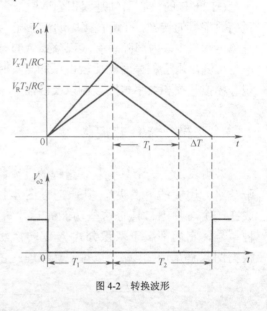

图 4-2 转换波形

个测量周期结束，显示器理应显示 1234，但电路上同时使个位数字前出现一个小数点，故实际显示 123.4。计数器中暂存的 N_2 值是二进制数，经过译码器译码后可使数字显示器显示十进制数。

由上式（4.1.4）可见，V_x 的允许范围与 V_R 的大小有关。对于 $3\frac{1}{2}$ 位 A/D 转换器，如 $V_R = 100\text{mV}$，则最大显示为 199.9mV；$V_R = 1.0\text{V}$，则最大可显示 1999mV。事实上 V_R 不宜过大，否则会损坏 A/D 转换器。如取 $V_x = 100\text{mV}$，这时 $3\frac{1}{2}$ 位 A/D 转换器便可构成基本量程为 0.2V 的直流数字电压表。

IC7106 的典型应用电路，是一个完整的最大量程为 200mV 的数字电压表，如果再配以分压器、分流器（电流—电压变换器）、交流—直流变换器、时间—电压变换器、电阻—电压

变换器以及小数点位数显示等，就可以组成一个多量程数字万用表。

许多普及型数字万用表就是用这种基本量程为 0.2V 的直流数字电压表作表头扩展而成的。要测较高的直流电压，可采用分压器将被测电压降到 0.2V 以下。要测交流电压、交/直流电流及电阻，可以采用相应的转换器转换成直流电压。如被测电量数值较大，可以先分压（或分流），而后再转换，使转换后的直流电压在 0.2V 以下即可。数字万用表的原理框图如图 4-3 所示。

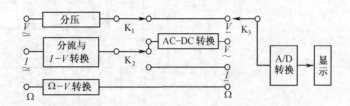

图 4-3　数字万用表的原理框图

从双积分 A/D 转换器的工作过程还可看出数字万用表的特点：首先，从式（4.1.4）可知，被测电压只与基准电压及计数器的计数值有关，而这两者的准确度都可以做得较高，所以数字万用表测试准确度较高。其次，叠加在 V_x 上的短暂干扰在积分过程中会被积分掉。如 T_1 取值为工频信号周期（20ms 的整数倍），则叠加在 V_x 上的工频干扰也会被积分掉，所以它的抗串扰干扰能力强。第三，分辨力高，$3\frac{1}{2}$ 位数字万用表的最高分辨力为 0.1mV。但它也有缺点，从双积分 A/D 转换器工作过程可知，如果 V_x 是变化的量，则正/反向积分、计数器计数都不能正常进行，显示就会紊乱，所以数字万用表不能测连续变化的电量。

IC7106 各主要引脚的功能如下（见图 4-4）：

第 1 和 26 脚分别为电源的正和负极；第 2～25 脚用于液晶屏驱动，其中 20 脚为负极性指示驱动，21 脚为负电极驱动，其余为数字笔画驱动；第 30、31 两脚分别为输入的负和正端；第 35、36 两脚为基准电压的负和正端；第 32 脚为模拟地端，接仪器的公共端；第 37 脚为数字电路地端；第 38、39、40 脚为振荡器外接阻容元件脚，改变其外接 RC 值，可改变振荡频率。

4.1.2　直流电压的测量

对原理图直流电压测量部分予以简化，并用选择开关选择不同的分压比和小数点位数显示，就可以构成多量程数字电压表，简化电路如图 4-5 所示。

由于各量程间最大测量电压倍率为 10 倍，故分压电阻按 10∶1、100∶1、1000∶1 取值（1000V 挡除外）。其取值原则应能满足：

$$U_A = [U_m / (R_B + R_C)] \times R_C \qquad (4.1.6)$$

式（4.1.6）中：U_A 为分压输出（即 7106 的最大设计输入电压），其值为 200mV；U_m 为最大测量电压（各挡标注电压）；R_B 为上分压电阻；R_C 为下分压电阻。

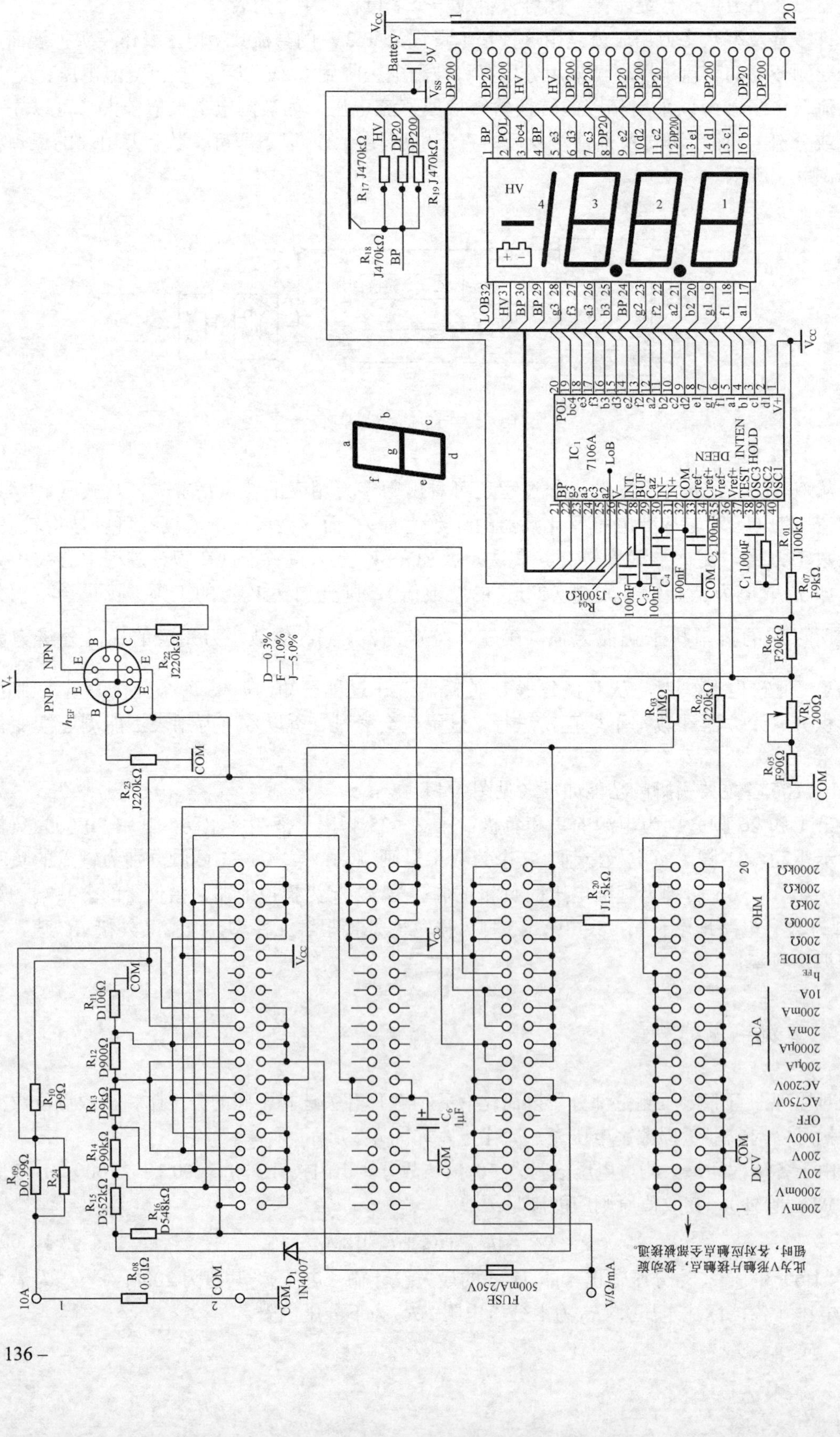

图 4-4 数字万用表 DT830B 原理图

例如在 2V 挡，R_{15}、R_{16} 构成上分压电阻，R_{11}~R_{14} 构成下分压电阻，代入式（4.1.6）得：

$$U_A=[2V/(0.1+0.9+9+90+352+548)] \times (0.1+0.9+9+90)=200mV$$

再将小数点定在 10^3 位，就可测量 1.999V 以下的直流电压。此时如果输入 2V 以上的电压，则读数满度而溢出。

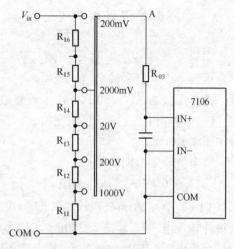

图 4-5　简化后直流电压测量电路

4.1.3　直流电流的测量

对图 4-3 电路配以适当的分流器（电流—电压变换器），并用选择开关选择不同的分流比，就可构成多量程直流数字电流表，简化电路如图 4-6 所示。

由于各量程间最大测量电压倍率为 10 倍，故分流电阻按 10∶1、100∶1、1000∶1 取值（10A 挡除外）。其取值原则应能满足：

$$U_A = I_m \times R_C \tag{4.1.7}$$

式（4.1.7）中：U_A 为电压输出（即 7106 的最大设计输入电压），其值为 200mV，I_m 为最大测量电流（各挡标注电流），R_C 为分流电阻。

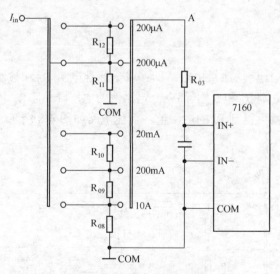

图 4-6　简化后直流电流测量电路

例如在 2000μA 挡，R_{11} 构成分流电阻，代入式（4.1.7）得：

$$U_A = 2000μA \times 100Ω = 2mA \times 100Ω = 200mV$$

再将小数点定在零位，就可测量 1999μA 以下的直流电流。此时如果输入 2000μA 以上的电流，则读数满度而溢出。

4.1.4　交流电压的测量

测量交流电压的分压器和测量直流电压的分压器一样，但测量交流电压须增加一个交流—直流变换器。DT890B 采用半波整流加滤波（D_1、C_6）构成交流—直流变换器，简化电路如图 4-7 所示。

其取值原则应能满足：

$$U_A = 0.45[U_m/(R_B+R_C)] \times R_C \qquad (4.1.8)$$

式（4.1.8）中：U_A 为分压输出（即 7106 的最大设计输入电压），其值为 200mV，U_m 为最大测量交流电压（750V 除外），R_B 为上分压电阻，R_C 为下分压电阻。

例如在 AC200V 挡，R_{15}、R_{14}、R_{13} 构成上分压电阻，R_{12}、R_{11} 构成下分压电阻，代入式（4.1.8）得：

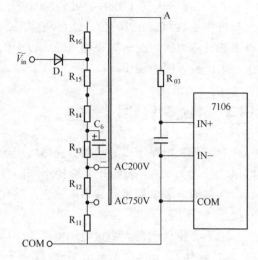

图 4-7　简化后交流电压测量电路

$$U_A = 0.45[200V/(352+90+9+0.9+0.1)] \times (0.1+0.9) = 200mV$$

再将小数点定在 10^1 位，就可测量 199.9V 以下的交流电压。此时如果输入 AC200V 以上的电压，则读数满度而溢出。

4.1.5　电阻的测量

DT890B 采用电压比例法测量电阻，即：取一标准电阻 R_0 和被测电阻 R_x 串联后在电阻两端加一标准电压 U_R，则 R_0 和 R_x 上都有一定比例的电压降，且 R_x 上的电压降 U_x 与 R_0 的大小成正比，测量 U_x，就可得到 R_x 的电阻值，简化电路如图 4-8 所示。

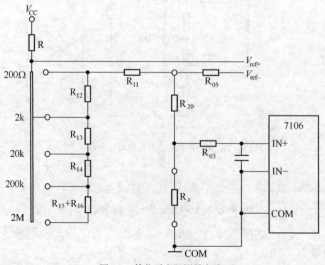

图 4-8　简化后电阻测量电路

根据 7106 设计要求，当 $R_x = R_0$ 时，读数显示为 2000，即：

$$显示读数 = (U_x/U_0) \cdot 1000 = (R_x/R_0) 1000 \qquad (4.1.9)$$

式（4.1.9）中：U_x 为被测电阻 R_x 上的压降，U_0 为标准电阻 R_0 上的压降。

各挡位的标准电阻均根据这一公式去选择，再将小数点定在相应的数位上，就可直接读电阻值。例如 2k 挡，取 $R_0 = R_{11} + R_{12} = 1k\Omega$，并将小数点定在零位上，就可测量 1999$\Omega$ 以下的电阻，超过 2kΩ 时，则读数溢出。

4.2　DT830B 数字万用表技术指标

4.2.1　直流电压

表 4-1 所示为直流电压指标。

表 4-1　　　　　　　　　　　　　　　　直流电压指标

量　　程	分　辨　力	准　确　度
200mV	100μV	
2000mV	1mV	$\pm(0.5\% + 2)$
20V	10mV	
200V	100mV	
1000V	1V	$\pm(0.8\% + 2)$

注：输入电阻为 1MΩ。

4.2.2　直流电流

表 4-2 所示为直流电流指标。

表 4-2　　　　　　　　　　　　　　　　直流电流指标

量　　程	分　辨　力	准　确　度
200μA	100nA	
2000μA	1μA	$\pm(1\% + 2)$
20mA	10μA	
200mA	100μA	$\pm(1.2\% + 2)$
10A	10mA	$\pm(2\% + 2)$

注：过载保护为 0.2A/250V 保险丝，10A 挡无保险丝。

4.2.3　交流电压

表 4-3 所示为交流电压指标。

表 4-3	交流电压指标	
量　程	分　辨　力	准　确　度
200V	100mV	± (1.2% + 2)
750V	1V	

注：频率响应为 45～400Hz。

4.2.4　电阻

表 4-4 所示为电阻指标。

表 4-4	电　阻　指　标	
量　程	分　辨　力	准　确　度
200Ω	0.1Ω	± (0.8% + 2)
2000Ω	1Ω	
20kΩ	10Ω	
200kΩ	100Ω	± (1% + 2)
2000kΩ	1kΩ	

注：最大开路电压为 2.8V。
过载保护：250V 直流或交流有效值，小于 10s。

4.2.5　三极管

V_{CE} 约为 2.8V，I_B 约为 10μA，显示出 h_{FE} = 1000。

4.3　数字万用表元器件介绍

4.3.1　DT830B 数字万用表元器件清单

DT830B 数字万用表元器件清单如表 4-5 所示。

表 4-5	DT830B 数字万用表元器件清单			
编　号	材料名称	型号规格	单　位	数　量
	插件清单			
1	电路板		片	1
2	二极管	1N4007	只	1
3	电位器	200Ω	只	1
4	金属化电容	100nF	只	4

编　号	材　料　名　称	型　号　规　格	单　位	数　量
5	电解电容	1μF	只	1
6	瓷片电容	100pF	只	1
7	金属膜电阻	0.99Ω	只	1
8	金属膜电阻	9Ω	只	1
9	金属膜电阻	100Ω	只	1
10	金属膜电阻	900Ω	只	1
11	金属膜电阻	9kΩ	只	1
12	金属膜电阻	90kΩ	只	1
13	金属膜电阻	352kΩ	只	1
14	金属膜电阻	548kΩ	只	1
15	电阻 1%	910Ω	只	1
16	电阻 1%	9kΩ	只	1
17	电阻 1%	20kΩ	只	1
18	电阻 1%	10Ω	只	1
19	电阻 1%	1.5kΩ	只	1
20	电阻 1%	100kΩ	只	1
21	电阻 1%	220kΩ	只	3
22	电阻 1%	300kΩ	只	1
23	电阻 1%	470kΩ	只	3
24	电阻 1%	1MΩ	只	1
焊　接　清　单				
25	集成电路	7106 芯片	只	1
26	晶体管插座	短圆形	只	1
27	输入插座	54×8×1	只	3
28	保险丝架	"r" 型	只	2
29	电源线	6.5cm	条	2
组　装　清　单				
30	导电橡胶		条	2
31	保险丝	0.5A	只	1
32	液晶	853	片	1
33	康铜丝 R08	0.02Ω	条	1
34	自攻螺丝	2×6	粒	3
35	自攻螺丝	2.5×8	粒	2
36	外壳		套	1
37	钢珠	$\phi3$	粒	2

编 号	材 料 名 称	型 号 规 格	单 位	数 量
38	齿轮弹簧		条	2
39	接触片"V"	A59	片	6
包 装 清 单				
40	功能板		片	1
41	测试表笔		副	1
42	说明书		本	1
43	包装盒		个	1
44	层叠电池	9V	块	1
45	原理图		张	
46	材料清单		张	

注：金属膜电阻精度为 0.3%。

4.3.2 电阻器

DT830B 采用的电阻全部为精密电阻，其阻值及精度采用 5 个色环表示，见表 4-6。电阻的色标是由左向右排列的，第一至第三色环表示电阻的有效数字，第四色环表示倍乘数，第五色环表示允许误差。例如："棕 黑 绿 棕 棕"表示 $1.05\text{k}\Omega \pm 1\%$。

表 4-6 　　　　　　　　　　　　　　　　电阻器的色标表

颜　色	第一位数	第二位数	第三位数	第四位数	允许误差
黑	0	0	0	$\times 1$	
棕	1	1	1	$\times 10$	$\pm 1\%$
红	2	2	2	$\times 10^2$	$\pm 2\%$
橙	3	3	3	$\times 10^3$	
黄	4	4	4	$\times 10^4$	
绿	5	5	5	$\times 10^5$	$\pm 0.5\%$
蓝	6	6	6	$\times 10^6$	$\pm 0.2\%$
紫	7	7	7	$\times 10^7$	$\pm 0.1\%$
灰	8	8	8		
白	9	9	9		
金				$\times 0.1$	$\pm 5\%$
银				$\times 0.01$	$\pm 10\%$
无色					$\pm 20\%$

4.3.3 液晶显示屏

DT830B 数字万用表显示器采用的是液晶显示屏，IC7106 计数器中暂存的二进制数，经过译码器译码后可直接驱动显示屏的笔画，使数字显示器显示十进制数。液晶显示屏的笔画如图 4-9 所示。

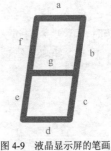

图 4-9　液晶显示屏的笔画

4.4　数字万用表装配步骤

① 首先，应保证印制电路板焊点的清洁，以免影响焊接效果和显示效果，尤其是 IC7106 芯片与导电橡胶的接触点。

② 在电路板元器件标号处插入 2～3 个元器件（如电阻、电容等），然后，将电路板放入机盒内，盖上后盖，把握一下元器件焊接高度，以免后盖因元器件太高而合不上，元器件采用直立方式安装，当确定某元器件高度后，以后其他元器件的焊接高度均应等于或低于此元器件高度。

③ 焊接前，要注意元器件的标号、标称值以及位置，仔细对照电路板和装配图。色环电阻的阻值可根据表 4-6 查得，然后，用标准表相应的欧姆挡校对。

④ 焊接要点：由于印制电路板表面已作阻焊和助焊处理，即焊点涂有助焊剂，其他表面涂有阻焊剂，且焊锡丝管内含有助焊剂，只要保证电路板表面、元器件引脚和烙铁头清洁，就可直接焊接。

⑤ 焊接方法：元器件直立从电路板正面插入，然后，从电路板背面焊接，焊接时，将烙铁头顶部与元器件引脚和电路板焊点接触进行预加热，然后加入焊锡丝。焊接时间不宜过长，以免损坏电路板，焊点堆锡不要太多，以免与其他焊点短路和影响美观。每个元器件焊完后，都要检查一下是否存在虚焊。方法是，待元器件冷却后，扳动一下元器件，观察焊点是否活动，如活动，须重新补焊。最后，用斜口钳剪掉多余引脚。

注意：二极管和电解电容应注意其极性、三极管插座凸处应与表盘插口凹处对应、表笔插孔应正面焊接、电阻应正面焊接、电源线（+、-）应正面焊接。

⑥ 装配：

a. 取出功能板，先在机壳正面比量一下，然后撕下背面粘接面，一次性将其贴到机壳正面。要注意不干胶的清洁性。

b. 在外壳显示框处装入液晶屏，注意液晶屏方向不要装倒，然后装入导电橡胶定位框和导电橡胶条（上下各一条）。

c. 取出拨盘旋钮，在指导教师的指导下，用镊子装入 V 形接触片、齿轮弹簧、钢珠。

d. 在指导教师的指导下，将拨盘旋钮中央的凸杆插入电路板的定位孔，连同电路板一起装入万用表壳体内，此时，钢珠极易碰掉，要特别注意。电路板应斜插入万用表内壁上方最下卡锁处，以免无法装入后备板。还应注意电路板与导电橡胶接触良好，调试时，如发现显示缺字段，大多是因为电路板与导电橡胶接触不良造成的。

e. 装入固定螺丝，转动拨盘旋钮，观察显示，根据挡位的不同，应有相应的指示。注意，旋转时，不要用力过大或速度过快，以免钢珠掉下。

f. 装入保险丝管、电池（应注意极性），安装背盖前应对基准电压进行调整。

4.5　数字万用表的调试

（1）安装旋钮，装入电池

检查所有元器件焊接无误后，安装旋钮，最后装入电池，应注意电池的极性。

（2）查看旋钮安装是否正确

如焊接、安装无误，旋钮指针朝上指向"OFF"挡时，液晶显示屏应无显示；当旋钮转到其他任何位置时，液晶显示屏应有数字跳变显示，说明电路接通，拨盘旋钮安装正确。

（3）校准基准电压

所用数字万用表（型号：UT39A）为标准表，用来对安装的万用表进行测试。

首先，将标准表拨至 200mV 挡，将黑表笔接被测万用表的公共地端（COM 端），将红表笔接被测万用表的基准电压端 VR（7106A 的 $V_{\text{ref+}}$），用螺丝刀调整电位器 VR_1，使标准表的读数为 100mV 即可。

注意：基准电压一经校准，电位器 VR_1 就不要再随意乱调，否则会影响测量精度。

（4）直流电压挡的校对

考虑到安全因素，这里只要求 200V 以下挡位的校对，即 DC200mV、DC2V、DC20V、DC200V 4 挡。方法如下：

首先，确认基地提供的直流稳压电源处于电压输出状态（电流控制按键弹起，电流表无指示），调整电压旋钮使电压表指示在 200mV 以下。然后，将已装好的万用表挡位拨至 200mV，并将正负表笔分别接至稳压电源的正负端子上，观察万用表的显示，并记录之。再利用标准表的同样挡位测试之，并与先前的记录比较，结果应相近。依此类推，分别对 2V、20V、200V 挡位进行测试，如果误差太大，说明电路焊接不牢、元器件错位、安装有误或基准电压不准等。应重点检查分压电阻 R_{11}～R_{16} 和基准电压。

注意：测量时，测量挡位应高于被测信号源一个挡位，以保证万用表的安全和测量精度，当显示溢出时，应将挡位拨高一挡。此注意事项适用于交流电压、直流电流等其他所有挡位的测量。

（5）交流电压挡的校对

在直流电压挡校对无误的情况下，可直接对交流电压挡（AC750V 挡）进行校对，首先，将万用表置于 AC750V 挡，利用表笔测量电源插座的交流 220V 电压，并记录之，然后用标准表的同样挡位测量，并进行比较，如有问题，则重点检查整流二极管 D_1。AC200V 挡可利用调压器进行测量，指导教师在测量前，应将调压器输出调至 30V 以下，然后才能允许学生测试。

注意：本测试涉及 220V 电压，测试时应注意安全。

（6）直流电流挡的校对

直流电流挡只要求对 DC200mA 挡进行校对。

首先，确认基地提供的直流稳压电源处于电流输出状态（按下电流挡按键，电流表应有指示），调整电流旋钮使电流表指示在 200mA。然后，将已装好的万用表挡位拨至 DC200mA，并将正负表笔分别接至稳压电源的电流输出正负端子上，观察万用表的显示是否为 200mA。如有误差，应重点检查直流分流电路。

注意：

① 测量直流电流时，一定要确认稳压电源输出处于电流输出状态，不能用万用表的电流挡测试电压，否则，会造成元器件的损坏。

② 直流电流的校对应以电流表的指示为标准，不要用标准表对其校对。

（7）欧姆挡的校对

基地将提供不同阻值的标准电阻，学员可根据电阻的标称值加以测试，如误差太大，可重点检查欧姆挡部分电路。

注意：测量电阻时，请不要用双手捏住电阻两端进行测试，以免产生测量误差。

（8）二极管、三极管的测量

在 DIODE 挡位下，测量二极管两端，正向读数应为 500～600 之间，反向读数应为无穷大。

在 h_{FE} 挡位下，可对三极管的电流放大倍数进行测量，三极管由基地提供，测量时，应注意三极管类型（NPN 和 PNP）以及三极管的极性（E、C、B），并与基地提供的该三极管标准电流放大倍数比较，如误差太大，则重点检查三极管测量电路。

4.6 DT830B 数字万用表的使用

数字万用表虽然有很多优点，但较为娇贵，若使用不当，极易损坏或使读数产生误差，所以使用中要特别注意使用方法。

① 测量前首先根据测量内容选择适当的挡位，并在开关到位后轻轻左右晃动几下，查看开关是否真正在所需的位置上，并可使开关内部充分接触良好。

② 在不知道测量内容的最大数值时，开关应先放在这一测量内容的最大量程上，然后再根据测量结果选择合适的挡位。严禁大数值、低值挡测量，以防仪表溢出及损坏。

③ 开启电源后，先查看电池低电压指示字母"LOWBAT"是否显示，如果显示，则表示电池电量不足，应立即调换新电池，否则将会产生很大的测量误差。之后再查看仪表调零情况，在电压、电流、三极管测量挡时，仪表应自动显示为零。电阻挡两表笔开路时显示为无穷大（溢出），两表笔短路时，也应显示为零（200Ω 挡约有 0.3Ω 的阻值属正常）。

④ 测量时须使表笔和被测件接触良好，如果被测点有锈污等，应先清除后再行测量，特别是小阻值的电阻测量，更须如此，以免增加测量误差。

⑤ 仪表虽有极性显示装置，但测量时应尽量采用正极性测量，以免反极性测量时增加误差。

⑥ 由于 LCD 屏的适应温度范围较窄，在低温下，液晶显示反应能力差，高温又易使之加速老化，所以使用和储放均应在 0～40℃ 的范围内，最低不能超过-10℃。

⑦ 仪表要轻拿轻放，防止跌落和剧烈震动，特别是 LCD 屏极易破碎，应严防挤压。

第 5 章　调频调幅收音机原理与安装工艺

5.1　无线电通信的基础知识

5.1.1　无线电波的划分

在飞速发展的信息时代，无线电通信技术在各种信息的传递中起着至关重要的作用。在无线电通信中起关键作用的是电磁波。载着信息的高频信号通过天线发送信号产生电场，同时天线周围也产生磁场。伴随电场的向外扩展，也有磁场向外扩展，这样电场和磁场由近到远向外传播，即交变磁场和交变电场形成统一的波，也就是我们所说的电磁波。它以光的速度在空间传播。

无线电波是波长比较长的电磁波，在电磁波中所占的范围很广。随着无线电技术的发展，波长在长和短两方面不断发展。波长最短到不足毫米级，波长最长可达几万米。无线电波按波长划分如表 5-1 所示。

表 5-1　　　　　　　　　　　　　无线电波波长划分表

波段名称	波段范围	频率范围	频段名称	主要用途
长波	$10^3\sim10^4$m	30～300kHz	低频（LF）	电力通信、导航
中波	$10^2\sim10^3$m	300kHz～3MHz	中频（MF）	调幅广播、导航
短波	$10\sim10^2$m	3～30MHz	高频（HF）	调幅广播
超短波	1～10m	30～300MHz	甚高频（VHF）	调频广播、电视、移动通信
分米波	$10\sim10^2$cm	300MHz～3GHz	特高频（UHF）	电视、移动通信、雷达
厘米波	1～10cm	3～30GHz	超高频（SHF）	微波通信、卫星通信
毫米波	1～10mm	30～300GHz	极高频（EHF）	微波通信

无线电波可以用波长表示，也可以用频率表示。习惯上频率低的无线电波（如：长、中、短波）用"频率"表示，频率高的无线电波（如：超短波、微波）用"波长"表示。频率和波长的关系如下：

$$\lambda=\frac{c}{f}\text{ 或 }f=\frac{c}{\lambda}$$

f 为频率，单位用 Hz；

λ 为波长，单位用 m；

c 为波速，单位用 m/s。

按照表 5-1，分米波、厘米波及毫米波统称为微波。上述波段划分只是相对的，因为各波段之间没有明显的分界线，但各波段之间的特性却有明显的差别，所以在实践中要不断地加深认识和理解。

5.1.2 无线电波的传播

无线电波从发送天线传播到接收天线有不同的传播方式。无线电波主要有 4 种传播方式，即地面波、天波、空间波、散射波，如图 5-1 所示。

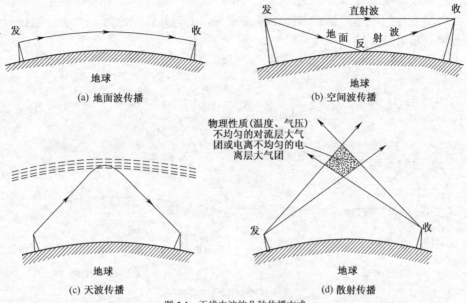

图 5-1 无线电波的几种传播方式

地面波是无线电波沿着地面推进，又叫表面波。如图 5-1（a）所示，由于地球表面对地面波的吸收作用，地面波的强度逐渐降低，而且降低的多少与地面波的频率以及地表是海洋还是陆地有关，海洋的吸收比陆地的吸收要小，频率低比频率高吸收小。因此地面波的传播距离受影响，但在传播上比较稳定可靠，在无线电发展初期广泛使用。现今 3000m 以上的长波，主要是靠地面波来传播，强度随传播距离增大而减小。我国的中波广播采用地面波，如图 5-2（a）所示，地面波只适宜较小频率范围的长波和中波在广播、通信业务上使用。

天波是依靠电离层的反射和折射作用返回地面到达接收点的无线电波，如图 5-1（c）所示。电离层就是距地面 40～80km 上空高度电离的大气层。电离层能反射电波，对电波也有吸收作用，但对频率很高的电波吸收很少。短波主要靠天波传播，如图 5-2（b）所示，电波可以通过电离层的一次反射到达接收点，也可以经过电离层及地面的多次反射到达接收点。短波在传播时会出现信号衰落现象，使信号在传播时产生强烈的失真和干扰，甚至有时接收不到信号，这是短波传播的一个严重缺点。另外，在离电台近处接收不到信号，而在离电台一定距离以外的地方又能收到信号，这种现象叫跳越现象。虽然接收不太稳定，但它能以很小的功率借助天波传播到很远的距离，因此可以用作国际台广播、无线传真、海上和空中通信等。

空间波是从发射点由空间直线传播到达接收点的无线电波，又叫直射波，由于空间传播距离仅限于视距范围，因此又叫视距传播，如图 5-1（b）所示。频率在 30MHz 以上的超短波和微波主要依靠空间波传播，传播距离有限，依据架设天线的高度决定，即视线范围大小而定。超短波波段很宽，可分布大量的无线电电台而不至于互相干扰，其传播过程与电离层无关，所以超短波通信很稳定。但这种传播因受遮挡物如高山和高大建筑的阻挡，传播距离和传播高度受限制。近年来人们利用空间波传输的通信方式建造了地面微波中继站，微波的频率极高，频带极宽，能传送大量的信息，在地面每隔 50～60km 建一个微波中继站，如接力赛跑一样，信息通过微波接力通信被广泛传播，而且这种传播方式可不受任何自然条件的限制将信息传播得很远。电视广播广泛采用这种传送方式。但建立地面中继站经常受到自然条件的限制，如在海洋、沙漠或高山上建站就很困难。为了克服这些条件限制又发展了卫星中继通信。

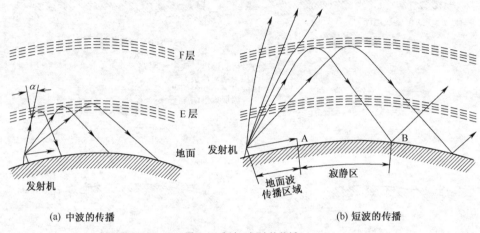

(a) 中波的传播　　　　　　　　　　　　　(b) 短波的传播

图 5-2　中波、短波的传播

散射波是由于对流层和电离层的不均匀体散射微波和超短波的无线电波，如图 5-1（d）所示，并使这些无线电波辐射到很远的地方去，从而实现超视距通信，传播距离可达几百米到 1000km。由于散射后的无线电波能量损失很大，要求散射通信的发射机功率要大，接收机要灵敏性、方向性很强。对于像沙漠、海疆、岛屿等无法建立微波中继站的地方，可利用散射波来传递信息。目前散射传播方式主要应用在军事通信方面。

5.1.3　无线电广播的基本原理

在现代飞速发展的社会里，信息资源的传递离不开先进的现代通信方式，卫星通信、数字通信、数据通信、光纤通信、移动通信等各种通信方式不断发展和日趋完善，无线电通信可利用在空中传播的电磁波来传递消息（消息可以是符号、文字、语言、图片、音乐和活动景象等）。按所传递的消息的不同，通信方式分为 5 种，可以是：电报、电话、传真、广播、电视。从广义看，无线定位、无线遥控也是通信。前 3 种通信方式为双工通信，只限于两个站点可同时发送和接收信息。如图 5-3 所示，A、B 两个通信地点，A 站以波长 λ_1 向 B 站发送信息，而 B 站以

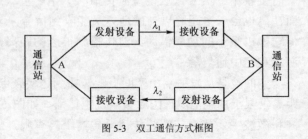

图 5-3　双工通信方式框图

波长λ_2向 A 站发送信息。这样在 A 站和 B 站间建立了双工无线电通信系统，A 站与 B 站可以进行通话、通报或传真。

无线通信的另一种方式是单工通信，无线广播和电视采用这种通信方式。广播电台和电视台通过发送设备播发节目（语言、音乐、图像等），将被无数形状各异的接收机所接收。虽然从发射机到接收机的通信线路有无数条，但它是单一方向的，同一地点不能同时发送和接收，如图 5-4 所示。

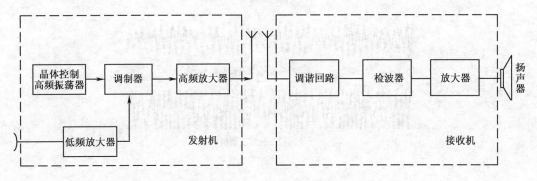

图 5-4　无线电广播框图

5.2　无线电传播信号的处理

5.2.1　调制与解调

人耳所能听到的声音的频率为 20Hz～20kHz，我们习惯叫音频信号，它不能直接以电磁波形式向空中传播，即使传播出去，各种信号在这样的频域内混淆起来，也无法收听。无线电传播的理论证明，只有频率足够高的电信号（高频信号）才能以电磁波的方式发射出去，但高频信号虽然能方便地发射至远方，却不能转换成被人耳听到的声音。为解决信号传输的矛盾，人们利用高频信号作为运载工具，让音频信号加载在高频载波上，使声音传向远方。音频信号加在高频信号的过程就叫"调制"，音频信号为调制信号，等幅的高频信号称为被调制信号，也称为载频。被音频信号调制后的高频信号就叫已调制信号或者叫已调波。如图 5-5 所示，图 5-5（a）为音频信号，图 5-5（b）为高频信号或被调制信号，图 5-5（c）、图 5-5（d）为已调制信号。

调制信号为正弦波的调制方式分为 3 种，调制信号去调制高频载波的幅度称调幅，调制信号去调制高频载波的频率称调频，调制信号去调制高频载波的相位称调相，调频和调相统称为角度调制。调制好的信号载着语言、音乐等信息才能传播。无线电广播电台通过话筒、调制器、发射天线等设备进行无线广播。

无线电波传播时，虽然信号由强逐渐变弱，但信号特征即加载在载波上的音频信号不变。通过接收机接收下来，从高频调制波上取下音频信号，这个过程就叫解调，它是调制的逆过程。解调按已调波的性质又分为检波和鉴频。调幅波的解调叫检波，调频波的解调叫鉴频。

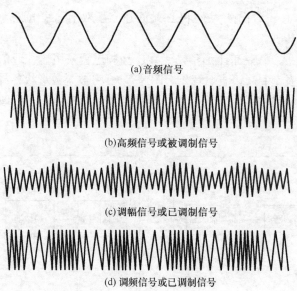

(a)音频信号

(b)高频信号或被调制信号

(c)调幅信号或已调制信号

(d)调频信号或已调制信号

图 5-5　调制信号的波形

5.2.2　振幅调制与频率调制

1．调幅与调幅波

调制后的高频载波的振幅随着所要传送
的音频信号的规律变化，这种已调波称为调幅
波，如图 5-6 所示。其数学表达式如下。

当音频信号为：$u_\Omega(t) = U_\Omega \cos \Omega t$

高频载波：$u_0(t) = U_0 \cos \omega_0 t$

在理想情况下，调制后的已调波：

$$u(t) = U(t)\cos\omega_0 t$$
$$= (U_0 + KU_\Omega \cos \Omega t)\cos\omega_0 t$$
$$= U_0(1 + m_a \cos \Omega t)\cos\omega_0 t$$

式中 $m_a = \dfrac{KU_\Omega}{U_0}$，叫做调幅指数或调幅度，取

值范围 $0 < m_a < 1$，无线广播信号的 $m_a < 90\%$。
上式表明高频已调波的振幅是受调制信号控制
的，而信号的频率不变，将 $u(t)$ 展开：

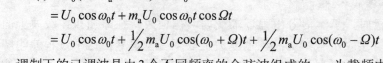

载波

信号

调幅

图 5-6　调幅波的波形

$$u(t) = U_0(1 + m_a \cos \Omega t)\cos\omega_0 t$$
$$= U_0 \cos\omega_0 t + m_a U_0 \cos\omega_0 t \cos \Omega t$$
$$= U_0 \cos\omega_0 t + \tfrac{1}{2} m_a U_0 \cos(\omega_0 + \Omega)t + \tfrac{1}{2} m_a U_0 \cos(\omega_0 - \Omega)t$$

上式表明 u_Ω 调制下的已调波是由 3 个不同频率的余弦波组成的，ω_0 为载频中心频率。$(\omega_0 - \Omega)$
为下边频，$(\omega_0 + \Omega)$ 为上边频，调幅波的带宽 $B = (\omega_0 + \Omega) - (\omega_0 - \Omega) = 2\Omega$，$\Omega$ 是调制信号的

角频率，设 F 为音频信号的频率，则 $B = 2F$。

按照频谱分析，振幅调制这种非线性频率变化过程，实际是频谱搬移的过程，低频信号被搬移到高频信号两侧。要实现调幅主要利用非线性器件的非线性特性，按调制信号的大小可以分为小信号调幅，又称平方律调幅；另一种是大信号调幅，它利用二极管伏安特性直线段。二极管的导通和截止受 $u_\Omega(t)$ 控制，当 $u_\Omega(t)$ 正半周二极管导通时，负半周二极管截止。负载是 CL 并联谐振回路，中心频率调谐在 ω_0 上，通频带为 2Ω。由此在负载的两端便可得到我们需要的调幅波。

调幅电路很多，如二极管平衡调幅器，利用抵消原理来抵制载波，实现双边带调幅；以及二极管环形调幅器等。

无线电广播的发射机所采用的调幅电路为高电平调幅电路，电路除了实现幅度调制外，还具有功率放大的功能。

2．调频与调频波

频率调制只是角度调制的一种，调频使用调制信号去控制高频载波的频率，使调频已调波上的瞬时频率按照音频调制信号的规律变化。

当以频率为 Ω 的调制信号：

$$u_\Omega(t) = U_\Omega \cos \Omega t$$

去调制中心频率为 ω_0 的高频信号：

$$u_0(t) = U_0 \cos \omega_0 t$$

时，调制后的已调波为：

$$u(t) = U_0 \cos(\omega_0 t + m_f \sin \Omega t)$$

由图 5-7 所示的波形可见，已调波为等幅的疏密波，其规律是按照调制信号的规律变化的，当音频信号为正半周时，随着调制信号的幅度增加调频波的频率增大，负半周随着调制信号的频率减小。

$u(t) = U_0 \cos(\omega_0 t + m_f \sin \Omega t)$ 中的 m_f 是调频指数或调频度，$m_f = \Delta\omega \big/ \Omega$。

$\Delta\omega(t) = k_f u_\Omega(t)$ 是按照调制信号 $u_\Omega(t)$ 的规律变化的，与调制电压成正比，k_f 是比例常数。

调频波在进行频谱分析时有无数个边频分量，所以频带宽度也是无限的，实用中边频度不小于微调制时载波幅度 U_0 的 10%都为有效频带。当音频信号角频率为 Ω 时，设音频信号频率为 F，则通频带为 $B = 2(m_f+1)F$。

调频波与调幅波相比有许多优点。因为调频波的振幅不变，可用限幅器去掉因幅度引起调频

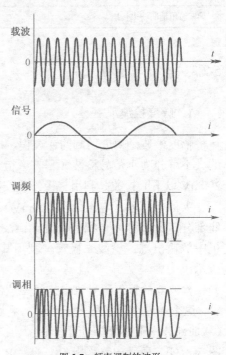

图 5-7　频率调制的波形

波变化的干扰信号，同时提高了设备的有效利用率。当 m_f 选择适当时，可使 U_0 小一些，使信号集中在上下边频带上，使有效功率提高，因此无线电广播和广播电视广泛采用调频信号。

调频的方法有直接调频法和间接调频法。直接调频法就是用调制信号直接控制高频载波的振荡频率，如选用 LC 振荡器设法控制 L 或 C 的大小，使它们按照调制信号的变化而变化，以起到调频的目的。如用变频二极管调频，加入调制信号 $u_\Omega(t)$ 使变容二极管的结电容 C_j 发生变化。

$C_j = \dfrac{k_0}{\sqrt{U_{be} + U_\Omega}}$ 是随着 U_Ω 的变化而变化的，从而实现了调频。

间接调频电路是先对调制信号积分，得到新的调制信号，然后对高频波调相，结果得到调频波。必须借助调相才能实现调频。调相是用调制信号控制谐振回路或移相网络的电抗元件或电阻元件实现调相。另外用矢量合成法调相，由于间接调频不是在主振级进行的，调频波的频率稳定度比较高，缺点是电路复杂，实现有一定的难度。调频波与调幅波性能比较见表 5-2。

表 5-2　　　　　　　　　　　　　　　　调频波与调幅波比较

调　幅　波	调　频　波
调幅波的频率不变	调频波的幅度不变
调幅波的振幅受控制信号控制	调频波的频率受控制信号控制
调幅波的振幅变化的大小和控制信号的强度成比例	调频波的频率变化的大小和控制信号的强度成比例
调幅波的控制信号频率分量只能产生一对上下边频	调频波的控制信号频率分量能产生无数对上下边频
调幅波在无线广播的占频宽小于 20kHz	调频波在无线广播的占频宽大于 200kHz
调幅波用地面波来传播	调频波用直线波传播

5.2.3　检波与鉴频

1. 幅度检波

幅度检波是幅度调制的逆过程，检波器的作用是从调幅波中还原出音频信号，根据信号的大小可分为小信号检波（平方率检波）和大信号检波（包络检波）。小信号（输入电压为 200mV 以下）检波是利用二极管伏安特性曲线的非线性实现的。

大信号（输入电压大于 500mV）检波又叫包络检波，它利用二极管伏安特性曲线的直线部分，又被称为直线性检波。检波器电路由 3 部分组成：信号输入电路，主要是指收音机中放输出端；检波二极管，利用其单向导电性；检波器的负载电路，具体电路如图 5-8 所示。

检波器的输入信号来自末级中放的输出回路，通过中频变压器的输出 L_2 耦合送入二极管，这个输入信号必须大于 0.5V，利用二极管的单向导电的特性取伏安特性曲线的直线部分（弯曲部分本电路分析时可忽略）。经二极管检波后的信号送入 R 和 C 并联组成的负载电路，图 5-8（b）所示电路采用 C_1、C_2、R 组成的 π 型滤波器，可提高检波效率，起着输出端高频滤波的作用。C_4是音频耦合电容，起着阻隔直流传送音频信号的作用。检波二极管的输出是脉动的直流，其中包含直流分量、低频分量和高频分量。低频分量的变化与输入高频调幅波的包络变化一致，通过 W 调解 C_4 耦合的低频电压就是我们需要的音频信号电压。

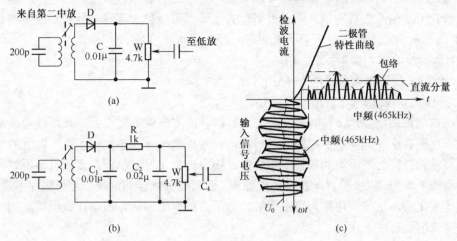

图 5-8　大信号检波电路及其波形

2．调频波的解调——鉴频

从调频波中还原出调制信号的过程称为解调，解调出的音频信号与输入的调频波的频率变化成线性关系，所以叫频率检波，又叫鉴频。实现鉴频首先将调频信号的频率的变化变换为幅度的变化，然后使用幅度检波取出原来的调制信号。鉴频器由两部分组成，一为线性变换电路，将等幅的调频波变换成幅度变化的调频波；二为含非线性元件的幅度检波器，对幅度变化的调频波进行检波，通常采用二极管检波器。鉴频器种类很多，有斜率鉴频器、振幅鉴频器、相位鉴频器、比例鉴频器等。

（1）斜率式鉴频器

斜率式鉴频器是利用谐振回路的幅度-频率特性，将输入的等幅调频波变化为幅度随调频波瞬时变化的调幅-调频波。再利用包络检波器将原来的调制信号解调出来，电路如图 5-9 所示。

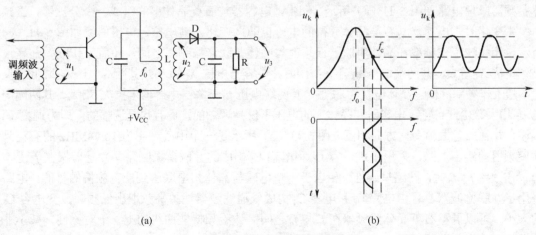

图 5-9　斜率式鉴频电路及波形

从波形上可以看出，这种鉴频方法运用 LC 谐振曲线的倾斜部分实现频率检波，虽然电路简单，但由于谐振曲线的直线范围小，检波的非线性失真大，只能应用在一般简单的设备中。

（2）平衡式鉴频器

平衡式鉴频器由两个斜率鉴频器并联构成。为了改善鉴频特性的非线性，根据平衡输出可以抵消若干非线性失真的原理，采用平衡式鉴频器可以扩大鉴频特性的直线范围。电路如图 5-10（a）所示，本电路有 3 个谐振回路，有 3 个调谐频率：

f_0 为调谐波的中心频率；

f_1 为回路一的调谐频率，$f_1 = f_0 + \Delta F$；

f_2 为回路二的调谐频率，$f_2 = f_0 - \Delta F$。

谐振曲线如图 5-10（b）所示。由波形可以看出本电路的优点：鉴频特性曲线范围比较宽，非线性失真小。其缺点是电路要求对称，元器件选配、调整比较困难。以上的鉴频方法都是在假设调频波为等幅波的条件下实现的，实际上由于发射机调制器的设备不完善，接收机调节曲线不理想，以及外界干扰及内部噪声，输入到鉴频器的调频信号振幅并不是等幅的，而是有些变化的，这些变化称为寄生调幅。为了去掉寄生调幅，通常在鉴频器前加一个限幅器来去掉或削弱寄生干扰。

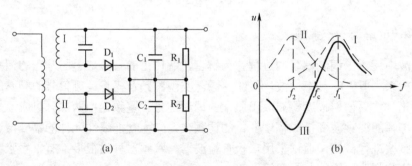

图 5-10　振幅鉴频器电路及波形

（3）晶体鉴频器

晶体鉴频器具有结构简单、调整方便、鉴频灵敏度高等优点，因此得到广泛的应用。晶体鉴频器原理电路如图 5-11（a）所示。图中，电容器与石英晶体串联组成一个分压器，当频率发生变化时，电容器与石英晶体分得的电压也随之变化，其电抗、电压曲线如图 5-11（c）所示。调频波工作频率在晶体串联谐振频率与晶体并联谐振频率之间，随着工作频率升高，晶体电抗 X_J 增大，其两端电压 u_J 升高；同时，电容器电抗 X_C 减小，其两端电压 u_C 降低。反之，随工作频率降低，晶体电抗 X_J 减小，其两端电压 u_J 下降；电容器电抗 X_C 增大，其两端电压 u_C 增大。由此可见，电容器和晶体上的电压不仅是调频的，而且也是调幅的，即为调幅-调频波，并且二者振幅变化方向相反。图 5-11（b）所示是一个中心频率为 10.78MHz 的石英晶体鉴频器的实用电路，采用了由电容 C_3 和电感 L_1 构成的并联谐振回路，并且谐振在 f_p 上，当工作频率 $f < f_p$ 时，回路呈感性，相当于一个电感与晶体相串联达到展宽频偏的目的。电路采用了并联检波器，且由电感 L_2 和电容 C_4 构成低通滤波器滤掉高频取出低频。改变电容 C_2 的大小，可以调整石英晶体鉴频器在 f_p 与 f_q 之间晶体鉴频特性曲线的上、下对称性，减小非线性失真，提高鉴频质量。

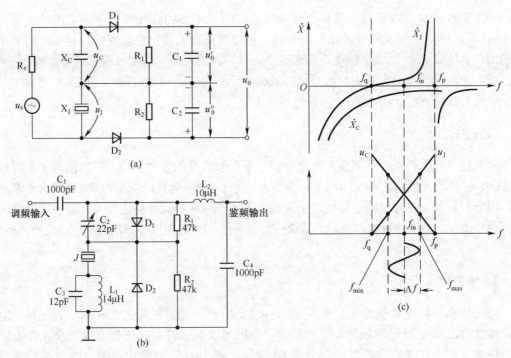

图 5-11　晶体鉴频器原理电路和波形

5.3　收音机的构成及工作原理

5.3.1　收音机的分类

　　无线广播电台是通过发射机的天线发射无线广播信号，收音机是通过接收天线接收到广播信号将其还原成声音的机器。根据无线广播信号的种类可分为调幅广播和调频广播，根据接收信号的种类又把收音机分为调幅收音机、调频收音机和调频调幅收音机。调幅收音机主要应用于中波段和短波段。调频收音机主要应用于超短波波段。无论是调幅或调频收音机，在结构上都分为两类。一类是高放式收音机，另一类是超外差式收音机；根据体积的不同，可分为落地式收音机、台式收音机、便携式收音机、袖珍式收音机；根据供电电源的不同，可分为交流收音机、直流收音机、交直流两用收音机；依据部颁标准可分为 A 类、B 类、C 类，即高、中、低档的收音机；按用途可分为汽车用收音机、立体收音机、时钟收音机、收扩两用收音机、收录两用收音机、收录扩唱四用机等。

5.3.2　收音机的性能指标

1. 灵敏度

　　灵敏度用来表示收音机接收微弱信号的能力。灵敏度高的收音机，能接收到远地电台的微弱信号，同样规格的收音机灵敏度高的接收到的电台信号要多些。灵敏度的表示方法有两种：采用磁性天线的收音机，是以天线所接收的信号电场的强度来表示灵敏度的，单位是 mV/m；采用拉杆天线或外接天线的收音机，灵敏度是以天线上接收到的信号电压的大小来表示的，单位是μV。灵敏度和噪声有密切的关系，高的灵敏度就要求收音机有足够的增益，增益增大的同时使得噪声增大。收音机的灵敏度受到内部噪声的限制，因此在一定输出功率和信噪比的前提下，mV/m 或μV 的值越小，灵敏度越高。

2．选择性

选择性表示收音机在不同频率的电台信号中选取信号的能力。调幅广播的频率间隔标准为 9kHz 时，收音机的选择性指标是以信号偏调中心频率±9kHz 时的偏调衰减量来测量的，通常用分贝表示；收音机的选择性除了天线输入调谐回路的选择能力外，主要由中频放大级的特性来决定。不同等级的收音机，其选择性指标不同。选择性不好的收音机，会有"串台"现象。

3．输出功率

输出功率是指收音机输出的音频信号强度的特性，通常以毫瓦（mW）、瓦（W）为单位。要求输出功率大一些，因为大功率的收音机可以改变音量，使失真度更小，音响效果宽厚圆润。由于同样的收音机输出功率愈大时，失真也大，因此比较两台收音机的输出功率大小时，必须同时比较它们的失真度指标，在失真度相等的条件下，一般额定功率越大越好。

4．频率范围

频率范围简称波段，即指收音机所能接收的频率范围。它反映了收音机的频率覆盖能力。中波波段为 535～1605kHz，其频率覆盖系数为 1605/535＝3。短波波段为 1.6～26MHz。超短波波段是 38～108MHz。在此范围内，收音机灵敏度所及的电台都应接收到信号。

5．电源消耗

收音机正常工作时，电源电压与整机消耗电流的乘积称为电源消耗，主要指两种情况，一是指无信号输入时的消耗，二是指最大功率输出时的消耗，电源消耗越小越好。

5.3.3　收音机的工作原理和电路结构

1．直接放大式晶体管收音机

直接放大式又称直放式，图 5-12 所示为直放式收音机电路框图。收音机对接收的高频已调波信号直接进行放大，未经变频直接送入检波器检波，还原出音频信号，经低放、功放推动扬声器发出声音。这种收音机虽然电路简单容易制作，但是收听波段内的低端和高端音量不均匀，而且电路的稳定性、选择性较差，失真度较大，由于电路结构及稳定性差，整机增益受限，灵敏度下降。所以现在直放式晶体管收音机已经很少生产了，取而代之的是性能优异的超外差式收音机，如图 5-13 所示。

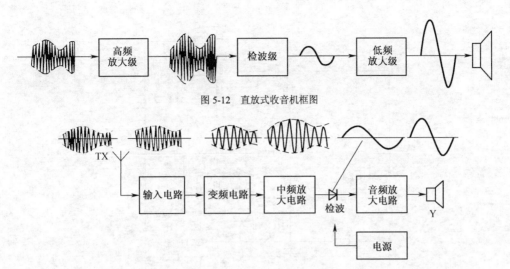

图 5-12　直放式收音机框图

图 5-13　超外差式收音机框图

2．超外差式调幅晶体管收音机

超外差式收音机接收的广播信号通过变频器变换成一个固定频率为 465kHz 的中频信号，这个中频信号经中频放大后送入检波器还原出音频信号，音频信号再经低频放大器、功率放大器送入扬声器发出声响。由于超外差收音机接收的已调信号经变频变为固定的中频已调波，每个调谐回路都是固定的统一频率，回路的通频带做得比较宽，选择性也提高了，工作起来比较稳定，整个接收范围的高端和低端的灵敏度比较均匀，所以超外差式既适合调频广播又适合调幅广播，只是这两种收音机的解调电路不同。超外差调幅收音机采用幅度检波器检波，超外差调频收音机采用频率鉴频器检波。

介绍超外差式调幅收音机的工作原理时，为了叙述方便，以图 5-14 所示的典型七管收音机电路原理图为例进行分析。

（1）输入变频级

由于同一时间内广播电台很多，收音机天线接收到的不仅仅是一个电台的信号。各电台发射的载波频率均不相同，收音机的选频回路通过调谐改变自身的振荡频率，当振荡频率与某电台的载波频率相同时，即可选中该电台的无线信号，从而完成选台。选出的信号并不是立即送到检波级，而是要进行频率的变换。利用本机振荡产生的频率与对外接收到的信号进行差频，输出固定的中频信号（AM 的中频为 465kHz，FM 的中频为 10.7MHz）。如图 5-15 所示，在收音机的电路中有 3 个 LC 调谐回路，C_{1a}、C_2 和 L_2 组成了天线调谐回路，从最大到最小调节 C_{1a} 的容量，可以使调谐回路的谐振频率在最低的 535kHz 到最高的 1605kHz 范围内连续变化。调谐回路的作用就是调谐它自身的固有频率，使它同外来信号的某一个信号频率一致，即产生谐振信号。为了从中选出 $f_振 - f_谐$ 即 465kHz 的中频信号，串入了由中频变压器的 "3～5" 端和 C_7 并联组成的谐振回路，利用并联谐振的特点获得中频信号而抑制其他信号。本电路采用一只三极管完成本振信号与外来信号的混频。在一些较高级的收音机里，通常用两只三极管分别完成本振和混频的任务。这种电路叫混频器，其特点是振荡管和混频管可以同时工作在最佳状态；振荡器与输入回路的牵连较少，因此电路工作稳定，噪声也较小。

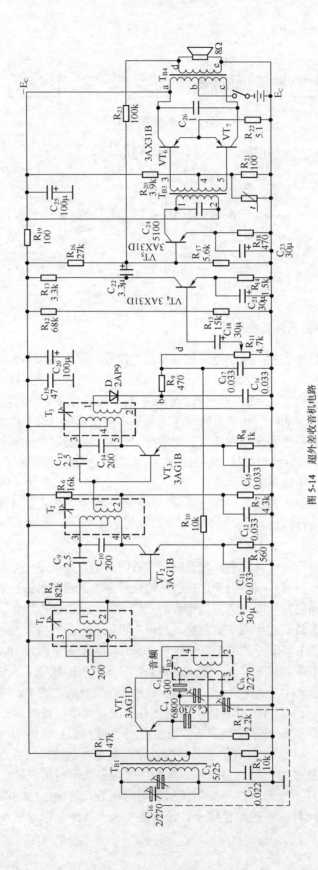

图 5-14 超外差收音机电路

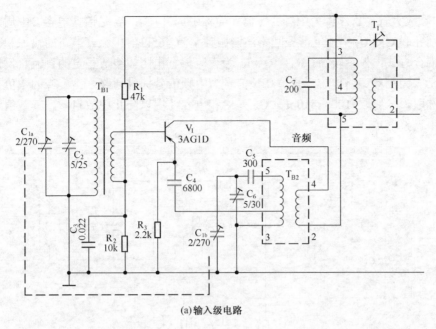

(a) 输入级电路

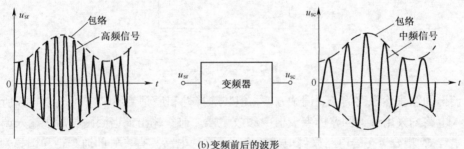

(b) 变频前后的波形

图 5-15　变频输入级电路及波形

图 5-16 所示是收音机混频器的典型电路。图中 VT_1 为混频管，VT_2 为振荡管。由 VT_2 和振荡变压器 T_1 组成的变压器反馈式振荡器产生的振荡信号耦合给 VT_1 的发射极，同时，与 VT_1 基极输入的电台信号进行混频，混频后的信号由 VT_1 的集电极输出，并在集电极调谐式负载上谐振产生中频信号，完成混频过程。

（2）中频放大级

中频放大电路是超外差收音机的重要组成部分。它的好坏直接对收音机的整机灵敏度、选择性、音质以及自动增益控制特性等主要指标起着决定性的影响。因此要求中频放大级一般为 1～3 级，每级增益在 25～35dB。图 5-17 所示是一级中放的典型电路。

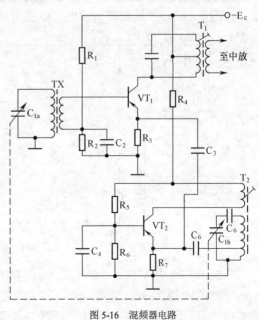

图 5-16　混频器电路

VT 为中频放大管；T_1、T_2 为中频变压器（简称中周）；C_4、C_7 是谐振电容。中周的初级线圈两端分别并联 C_4、C_7 构成单谐振回路，谐振频率为 465kHz 中频。电路的输入和输出均采用变压器耦合方式，效率较高。R_4、R_5、R_6 为直流偏置电阻，组成稳定的直流负反馈式偏置电路。C_5、C_6 为高频旁路电容，滤掉高频信号为中频信号提供通路；C_4、C_7 的数值按采用的中周型号选取，一般取 100～510pF。C_N 是中和电容，用以防止中放自激，其数值很小，需要在实验中调整确定。

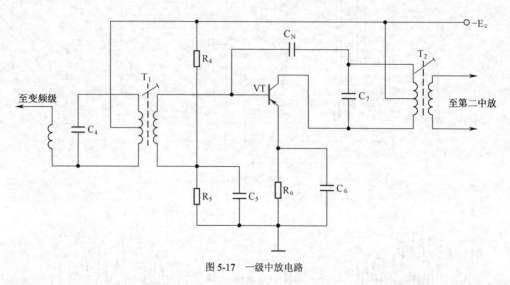

图 5-17　一级中放电路

单调谐回路虽然电路简单、调试方便，但其选择性和通频带不易兼顾。图 5-18 所示是输出、输入电路均采用调谐回路的双调谐中频放大器。前级输出调谐回路与后级输入调谐回路由外接电容 C_3 耦合（有的电路采用电感耦合）。这种电路具有良好的通频带和选择性。在一些收音机的中放电路中还广泛采用具有很高 Q 值的陶瓷滤波器来代替 LC 谐振回路。图 5-19 所示是采用二端和三端陶瓷滤波器的中放电路。

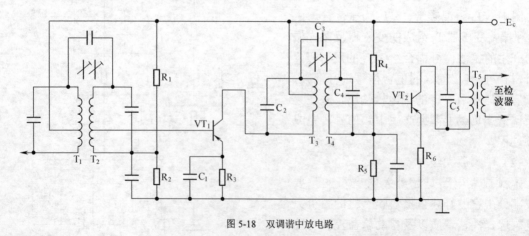

图 5-18　双调谐中放电路

图 5-19（a）中 VT 发射极电阻 R_E 两端并联一只二端陶瓷滤波器 2L465，它对 465kHz 信号呈现的阻抗极小，因此减小了 R_E 的交流负反馈作用，提高了中频增益和选择性。图 5-19（b）所示的中放电路中，采用三端陶瓷滤波器 3L465 作为级间耦合元件。其性能

优良，选择性及通频带均优于单调谐放大器，而且电路简单，不需要调试。具体电路分析见图 5-20。

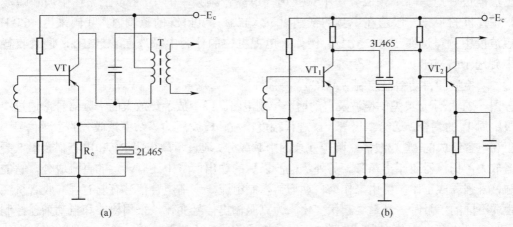

图 5-19　二端和三端陶瓷滤波器的中放电路

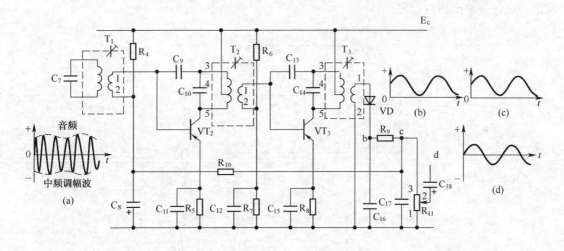

图 5-20　两级中频放大电路

　　图 5-20 所示电路的中频放大级有如下特点：①获得高增益，采用两级单调谐中频放大。②稳定性好，采用 3 个中频变压器的调谐回路，保证了准确的调谐。③具有良好的通频带特性，对干扰信号抑制能力比较强，而对信号本身影响或衰减都很小。变频级输出的中频信号由 T_1 的"1"端加在中放管 VT_2 的基极，"2"端经 C_8 接地，中频调制信号输入到 VT_2 的基极和发射极之间，组成共发射极放大电路。一级放大后的中频调幅信号通过中频变压器由 T_2 次级输出，送给第二级中放（也是共发射电路）进行第二次放大。放大后的中频调幅波又通过第三中频变压器 T_3 的次级输出。经两级中频放大的信号最后送到二极管 VD 进行检波。在图 5-20 中，R_4、R_5、R_{10}、R_9、VD、R_{11} 以及 R_C（中频变压器"5"～"4"端）为 VT_2 的直流偏置元件，调节 R_4，使集电极电流在 0.3～0.5mA 之间，保证了 VT_2 正常工作。R_6、R_7、R_8、R_C（中频变压器"5"～"4"端）为 VT_3 的直流偏置元件。调节 R_6，使集电极电流在 0.6～1.0mA 之间，保证了 VT_3 正常工作。各级中频变压器在收

音机中完成的任务是不同的，第三中频变压器要求足够的通频带和增益，第二中频变压器要求适当的通频带和选择性，而第一中频变压器则要求有较好的选择性。此外为了使检波输出级能很好地滤除中频成分，中频应选择最高音频频率的 10 倍以上。在中波和短波波段，收音机的中频一般选在中频的低端以下，420～470kHz 的范围内，我国采用 465kHz；在短波段中频可选在 5～12MHz。例如，电视机中的伴音中频选在 6.5MHz，调频收音机的中频选 10.7MHz。

（3）检波和自动增益控制（AGC）电路

图 5-21 所示是典型的检波及自动增益控制电路。经中放各级放大的中频信号，通过中放末级中周 T_3 的耦合，送给二极管 VD 进行幅度检波，检波后的掺杂中频成分的音频信号，被电阻和电容组成的π型滤波器滤除掉残余的中频成分，通过负载电阻 RP 和电容耦合给低频放大器放大，扬声器还原出声音。另外，检波以后的输出信号中还有一定的直流成分，它的大小与信号强弱成正比，可用来作为自动增益控制电流。广播电台信号有弱有强，收音机在接收强弱不同的信号时，音量会起伏变化。为克服输出信号变化，采用检波和自动增益控制电路。收音机加有自动增益控制电路，可以使检波前的放大增益自动随输入信号的强弱变化而增减，以保持输出相对稳定。

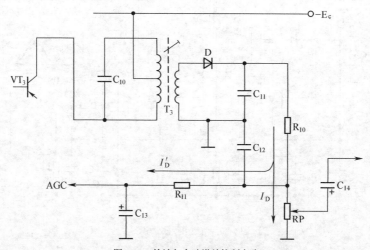

图 5-21 检波与自动增益控制电路

如图 5-21 所示，自动增益控制电流取自检波后的直流成分 I_D 的一部分电流 I'_D，送到第一中放管的基极。由于 I'_D 与第一中放管的基极电流方向相反，基极电流减小，第一中放级增益下降。输入信号越强，I'_D 越大，其控制作用越强，反之控制作用减小。这种控制方法较为简单，但当外来信号很强时，I_D 可能很大，以致使被控管趋向截止而产生严重失真。为了加强自动增益控制作用，加有二次自动增益控制电路，通常称作阻尼二极管自动增益控制电路。如图 5-22 所示，电路由 R_5、VD_1、R_4、C_3 组成。C_3 对中频信号来说，阻抗极小，VD_1 负极如同交流接"地"，忽略电源电阻，则电源可视为对交流短路。这时相当于 VD_1 与 R_5 串联后，并联接在中周的初级 1、2 端。从直流角度看，VD_1 与 R_5 串联后是和 R_4 并联的。当外来信号较小时，检波后的直流分量 I_D 对中放管 VT_2 的控制作用小，VT_2 集电极电流较大，流过 R_4 使 R_4 两端产生的压降较大，其电压极性是上负下正，对 VD_1 来说是反向偏压，

VD_1 内阻很大，它对 T_1 初级影响很小，不足以使 T_1 初级线圈的 Q 值下降，混频增益不变。当外来信号很强时，I_D 增大，VT_2 受控，集电极电流几乎截止，R_4 上的压降近于零，VD_1 导通，内阻减小，VD_1 对 T_1 初级的并联作用加强，T_1 初级线圈 Q 值急剧下降，通带增宽而混频增益降低，抑制了强信号，避免了只用简单自动增益控制方法可能出现的强信号阻塞失真。适当选择 R_4 的大小，可以控制二次自动增益控制的强度。

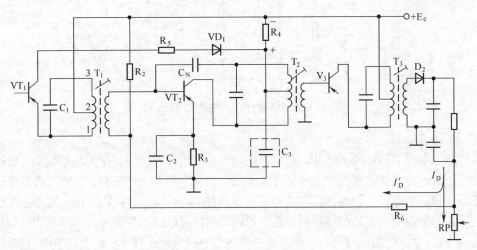

图 5-22　二极管阻尼控制电路

　　图 5-20 所示电路中，中频放大的信号经二极管滤波后，变成掺杂中频、音频、直流 3 种成分的混杂信号，电路中由 C_{16}、C_{17} 和 R_9 组成的 π 型滤波器，滤掉残余的中频信号，其直流成分作为自动增益的控制信号，通过 R_{10}、C_8 接在 VT_2 的基极，由 R_{10}、C_8 组成的 RC 型滤波器又将残余音频成分旁路到地，因为自动增益控制信号的正向极性和基极的极性相反，当外来信号增强时基极的正向偏置电压就会减小，从而使集电极电流也相应减小，结果第一中放级的增益就会自动下降；当接收到的外来信号较弱时，中放级的增益又恢复高些。于是，就达到了自动控制增益的目的。

　　（4）低频放大与功率放大的电路

　　① 低频放大级。

　　解调后得到的音频信号经低频放大和功率放大电路放大后送到扬声器或加到耳机，完成电声转换。音频低放电路要求有较大的增益，电路设置一般有前置放大级和末前置放大级，如图 5-23 所示。R_{11} 为电位器，负责收音机的音量调节，调节 R_{11} 得到适当的音频信号通过 C_{14} 隔直耦合，送到 VT_4 基极放大。VT_4 是阻容耦合放大器，C_{21} 是发射极旁路电容，能进一步旁路掉残余的中频信号。C_{22} 为极间耦合电容，将前置放大器信号耦合给末前级放大器，同时进一步隔掉直流分量。VT_5 和 R_{16}、R_{17}、R_{18}、C_{23}、B_3 组成变压器耦合放大器，可以获得较大的功率增益。为了适应推挽功放级的需要，变压器的次级有中心抽头，使得输出信号分成大小相等、方向相反的两路。波形如图 5-23（b）、（c）所示。电路中的 C_{24} 为低频旁路电容，可以进一步滤掉残余的中频信号，抑制噪声和超音频寄生振荡，特别是变压器耦合的放大器，因变压器的漏感及变压器的电感负载的影响，可能产生超音频自激振荡。并联 C_{24} 之后，噪声和振荡得到改善和消除，使得收音机的音质柔和动听。

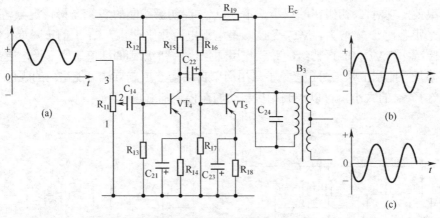

图 5-23　前置放大级和末前置放大级电路

② 功率放大级。

功率放大级是整机电路的末级，把前级的信号再放大，并达到规定的功率输出，去推动扬声器发出声音。功率放大器的要求是尽可能大的输出功率和最小的失真。电路特点是变压器耦合的乙类推挽放大电路，电路结构与各点的波形如图 5-24 所示。电路的构成要求：①输入变压器的次级和输出变压器的初级必须平衡、对称，这样可以减小失真度。②两个功放管是对称管，其 β、I_{CEO}、R_{BE} 等要求对称。③要求管子静态集电极电流消耗小，能保证不产生交越失真。④输出变压器的 4 端连接 R_{23} 到 VT_5 的基极构成负反馈电路，要求 4 端与 VT_5 基极的极性必须相反，否则变成正反馈，造成整机自激啸叫。因此注意二者的极性，同时应对调输入或输出变压器的初、次级任一根引出线的位置。⑤考虑末级动态的电流很大，为了防止整机自激和改善电源变化引起的波动，避免产生寄生耦合，要求末级的所有需要接地的元器件应一点接地。

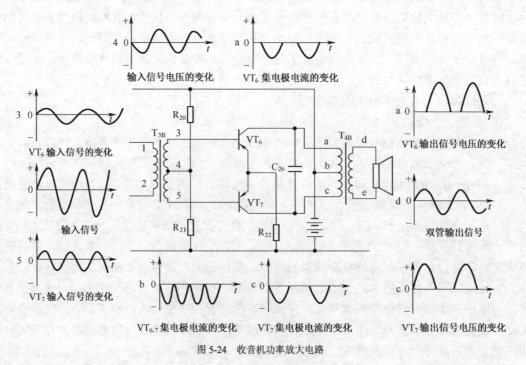

图 5-24　收音机功率放大电路

功率放大器除了采用乙类推挽电路外，还有甲类单端放大、乙类单端放大、甲乙类推挽放大电路多种。乙类推挽放大电路由于效率高、省电，广泛应用于收音机的末级。

3．HX108-2 调幅收音机

图 5-25 为七管中波调幅袖珍式半导体收音机电路图，采用二级中放电路，用两只二极管正向压降稳压电路，稳定从变频、中放到低放的工作电压，不会因电池电压降低而影响接收灵敏度，使收音机仍能正常工作。本机体积小巧，外观精致，便于携带。

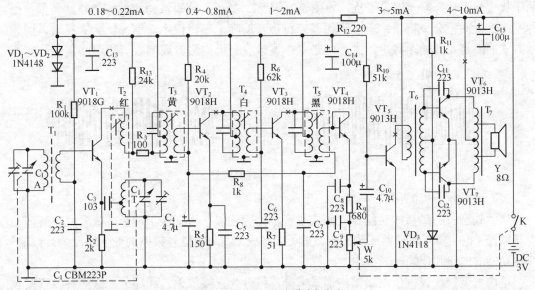

图 5-25　HX108-2 调幅收音机电路

HX108-2 调幅收音机工作原理：由 T_1 及 C_1 组成的天线调谐回路，选出我们所需的电信号 f_1，进入三极管 VT_1（9018）基极；本振信号调谐将高出 f_1 频率一个中频的 f_2（f_1+465kHz，例如，f_1 为 700kHz，则 $f_2 = 700+465kHz = 1165kHz$）输入 VT_1 发射极，由三极管 VT_1 进行变频，通过 T_3 选出 465kHz 中频信号，经 VT_2 和 VT_3 二级中频放大，进入 VT_4 检波管，检出音频信号经 VT_5（9014）低频放大和由 VT_6、VT_7 组成的功率放大器进行功率放大，推动扬声器发声。图中 VD_1、VD_2（1N4148）组成 1.3V±0.1V 稳压电路，固定变频、一中放、二中放、低放的基极电压，稳定各级工作电流，以保持灵敏度。三极管 VT_4（9018）PN 结用作检波。R_1、R_4、R_6、R_{10} 分别为 VT_1、VT_2、VT_3、VT_5 的工作点调整电阻，R_{11} 为 VT_6、VT_7 功放级的工作点调载，又是中频选频器，该机的灵敏度、选择性等主要指标靠中频放大器保证。T_6、T_7 为音频变压器，起交流负载及阻抗匹配作用，在收音机的安装工艺中将作详细介绍。

4．调频收音机

调频广播以其频带宽、音质好、噪声低、抗干扰能力强等突出优点使世界各国争相发展，实现了调频立体声广播并促进调频广播技术日趋成熟。调频广播使用超短波段，调频广播的国际标准波段为 88～108MHz。调频收音机一般采用超外差式接收，中频为 10.7MHz。

（1）调频广播的特点

调频广播与调幅广播相比，克服了调幅广播电台间隔小、接收通频带窄、保真度不高、抗干扰能力差、密集的电台信号干扰及差拍及串音严重等缺点。这是因为调频广播采用了载波频率随调制音频信号变化而幅度不变的调制方式。调频波在音频信号正半周时，频率增高而波形变得紧密；音频信号处于负半周时，频率降低波形变得疏松，波形疏密相间随音频调制信号的变化而变化。频偏的大小与调制信号的幅度成正比。一般调频广播的最大频偏规定为±75kHz，所以每一个电台最少要占用 150kHz 的频谱空间。为了留有余量，每一电台要有 200kHz 的通带范围。为了在调频波段容纳较多的电台，调频广播使用超短波发射。而调频收音机都设计有限幅器，把外来的以幅度调制的各种干扰信号，采用幅度限幅器，将调频波上的干扰信号"切"掉而消除干扰，如图 5-26 所示。另外，超短波为空间波的直线传播，受各种空间干扰的机会少得多，所以调频收音机声音清晰，噪声很小，信噪比大大提高。调频广播方式的缺点是传输距离短，占用频带宽，调频收音机电路较调幅收音机电路复杂一些。

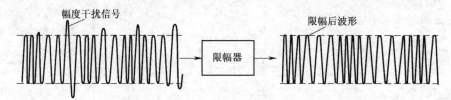

图 5-26 加限幅器的调频波形

（2）调频收音机的构成

调频收音机的最基本功能和调幅式收音机比较相似。区别在于调频式收音机中解调功能由鉴频器（也叫频率解调器或频率检波器）来完成，将调频信号频率的变化还原为音频信号。其他功能的电路和调幅收音机中的一样。

单声道调频收音机依电路结构形式来分，可分为直接放大式和超外差式两种；依接收信号的种类来分，有单声道调频收音机和调频立体声收音机。单声道调频收音机和调频立体声收音机的结构框图如图 5-27 所示。调频收音机电路由高频放大电路、混频电路、中频放大电路、鉴频器、低频放大电路和扬声器（俗称喇叭）或耳机组成。调频立体声收音机的结构和单声道调频收音机结构的区别就在于：在鉴频器后加一个立体声解调器，分离出两个音频通道，来推动两个喇叭，形成立体声音。

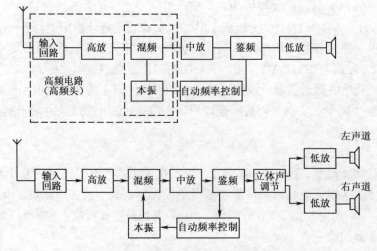

图 5-27 单声道调频及调频立体声收音机原理方框图

（3）调频高频头

调频收音机输入电路与调幅收音机输入电路相比，不同的是调频收音机工作频率高，输入阻抗较低，选择性较差，一般需在变频前增加一级高频放大，以提高抗干扰能力。输入回路和高放、混频、本机振荡组成调频调谐器（或称调频高频头），简称调频头。调频头的本机振荡在普通调频收音机中由变频管兼任。高级调频收音机中一般采用独立的本机振荡器。

图 5-28 所示是普通收音机用的双管调频头电路。图中 VT_1 为高频放大管，VT_2 为变频管。两管均为共基极连接方式，有高频特性好、工作稳定的优点。高放输入回路采用不调谐方式，因此回路应具有带通特性，用以保证 88～108MHz 的信号顺利通过。L_1、C_2 组成的并联谐振回路有载 Q 值很低，其谐振曲线很不尖锐，中心谐振频率一般取 98MHz 左右，能提高灵敏度。天线接收到的调频信号通过 C_1 进入输入回路，然后由 C_3 耦合给高放管 VT_1 进行高频放大，在 VT_1 集电极调谐负载 L_2、C_{5a} 回路上选出所需的电台信号。信号由 C_8 耦合给变频管的输入端；同时由 L_4、C_{5b} 等元件和 VT_2 组成的共基极电容反馈式振荡器产生的本振信号，通过反馈电容 C_{11} 输送到 VT_2 的输入端，与输入电台信号混频。经变频后产生的中频信号通过中频变压器 T_1 耦合给第一中放管进行中频放大。图中 L_3、C_9 构成中频陷波器，用来抑制外来中频信号的干扰。R_1 是 VT_1 的发射极电阻，R_2 是 VT_1 的基极偏置电阻，为 VT_1 提供稳定的偏置。R_4、R_5 组成的偏置电路，为 VT_2 提供稳定的偏置。C_4、C_{10}、C_{12} 为高频旁路电容。R_3、R_6 起稳定作用。R_7、VD 为稳压电路。

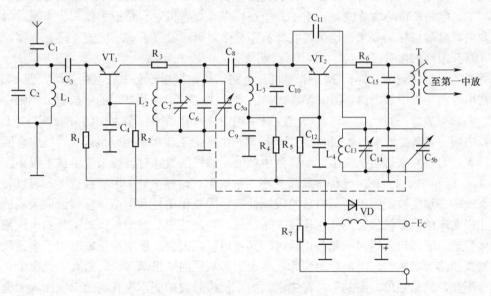

图 5-28　双管调频头电路

双管调频头电路较简单，但本振、混频工作状态不易兼顾。一般中、高档调频收音机多采用具有独立本机振荡器的调频头。图 5-29 所示是一种具有独立本机振荡器的三管调频头电路。图中 VT_2 是专用的振荡管，L_1、C_{1b}（及 C_2、C_3）为振荡回路，本振信号通过 C_4 输送到调频管 VT_2 的基极，与高放信号进行混频。中频信号由 VT_2 集电极调谐回路取出。VT_1、VT_2 接成共发射极电路。

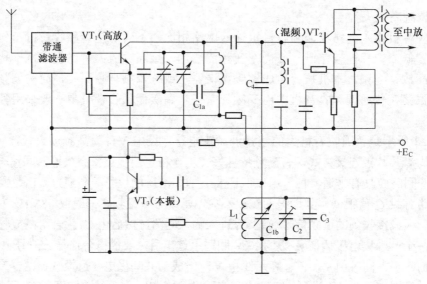

图 5-29　三管调频头电路

（4）中放与自动控制电路

调频中放电路与调幅中放电路在结构形式上基本相同。中放电路为了提高接收灵敏度，一般需 2～4 级。中放通常带有限幅特性，以便对干扰信号的寄生调幅进行削波。解调电路大都采用具有限幅作用的比例鉴频器。为了提高整机的稳定性，有的机型还附加有自动频率控制（AFC）电路和自动增益控制（AGC）电路。调频收音机对音频放大器和放声系统的频率响应及失真度等指标的要求也比调幅收音机高得多。调频收音机音质优美，高音丰富，层次分明，具有很高的保真度。

普通的调频、调幅（FM/AM）兼容机，电路结构常采用一套中放电路兼用，图 5-30 所示是常用的两用机中放电路。图中 VT_3、VT_4、VT_5 是调幅、调频共用的中放管。调幅中放为两级，调频中放为三级。T_1、T_2、T_3、T_4 是调频中周，其谐振频率为 10.7MHz；T_5、T_6、T_7 是调幅中周，其谐振频率为 465kHz。调幅、调频中放的工作频率相差很远。调幅中频回路的电容较大，对调频来说阻抗很小，而调频中频回路的线圈电感对调幅来说阻抗也很小，所以 T_2 和 T_5、T_3 和 T_6、T_4 和 T_7 分别串联而互不"干扰"。调频中放采用级数较多，可以使增益尽量高一些。这主要是为了提高中放的限幅性能。限幅作用是利用晶体管调谐放大器的饱和与截止来实现的。限幅放大是有意使放大器过载。当增益很高的输入调频信号的电压幅度超出晶体管放大区而进入饱和区和截止区时，其集电极电流会出现削波现象。由于调谐放大器是以谐振回路为负载的，限幅后的调频波会通过谐振回路取出基波，其原有的频率变化规律和波形不变，只是幅度被限制了，寄生调幅的干扰信号被抑制，收音机的信噪比大大提高。调频机的限幅中放通常在鉴频器之前。限幅器要求有合适的门限电压，晶体管的工作点要选择恰当。图中各元器件作用与调幅中放电路基本相同。不同的是各中放管的集电极都串联了一只电阻，它们的作用是减小信号大小变化时，晶体管阻抗变化对调谐回路参数的影响，另外，对抑制放大器自激，保证放大器稳定工作也有一定作用。调频中放电路形式很多。双调谐中放电路及陶瓷滤波器中放电路在中、高档收音机中应用较多。有的机型在第一中放和第二中放之间加一级射极跟随器隔离，以提高第一中放的增益。

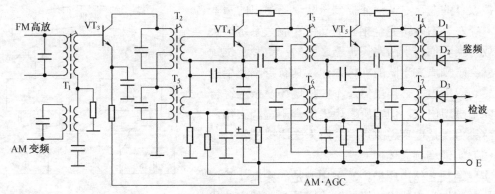

图 5-30 调频、调幅中放电路

（5）鉴频电路

图 5-31 所示是调频收音机的鉴频电路。它由 T_8 及二极管 VD_1、VD_2 等元器件组成比例鉴频器。中频放大的调频信号通过 T_8，信号的频偏变化变为幅度变化。其幅度变化规律与调制音频信号的变化规律相同，再送给 VD_1、VD_2 进行幅度检波。检波后的音频信号由 T_7 的次级输出。R_4、C_3、R_5、C_4 组成滤波器削减高频噪声。R_1、R_2 分别与 VD_1、VD_2 串联，以减小两只二极管特性的不平衡。电解电容 C_2 主要起限幅作用。调频、调幅两用收音机近年来成为市场的需求，电路的组成除中波调幅和超短波调频的高频部分是各自独立的外，鉴频和检波输出通过开关转换，中放、低放和功放共用。

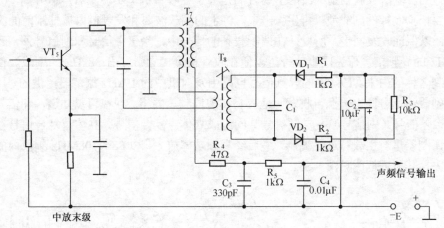

图 5-31 调频收音机的鉴频器电路

5. 调频立体声收音机

（1）立体声的形成

人的听觉具有敏锐的方向感，具有声像定位的能力。在倾听某一声源发出的声音时，两耳接收声波会有一定的时间差、声强差和相位差。单声道放声时，声音来自一个方向，声源是一个点，听者感觉不出声音的方位感、展开感，也就是立体感。比如我们坐在听众席欣赏舞台上交响乐团的演出，可以准确判断出各种乐器、各个声部的位置，乐队的宽度感、深度感及分布感很明显。人耳的这种"双耳效应"是我们享受立体声得天独厚的条件。立体声技术正是模仿人的"双耳效应"的方向效果而实现的。图 5-32 是音频立体声系统的示意图。图中模拟双耳的左、右话筒捕捉到乐队现场演出的声音信息，经左、右两路完全相同的高保真放大系统放大后重放。当我们居于两路扬声器之间的一定聆听位置时，就会感到原来乐队的立体声像，具有身临其境的现场感。双声道立体声虽然还不能把现场复杂的综合信息完全再现出来，但它所表现出的音乐宽阔宏伟，富于感染力，是单声道放声系统所无法比拟的。

（2）实现调频立体声

实现调频立体声广播广泛采用的是导频制。我国也把导频制作为立体声广播的制式。导频制的主要优点之一是具有兼容性。就是普通单声道调频收音机可以收听立体声调频广播，立体声调频收音机也可以收听单声道调频广播。导频制立体声广播的过程是这样的：左（L）、右（R）两路音频信号先运用和差方法

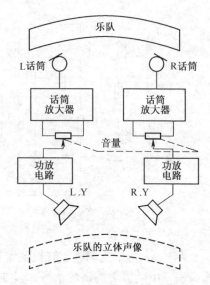

图 5-32　音频立体声系统示意图

在矩阵电路里变成和信号 L+R 及差信号 L−R，L+R 作为主信号，而 L−R 要先去调制一个 38kHz 的副载波，产生 L−R 调差信号，作为副信号。38kHz 的副载波是由 19kHz 振荡器产生的振荡信号经倍频器倍频供给的。为了避免副载波占用频带和增加发射功率、降低信噪比，必须在副载波完成产生副信号的任务以后，将它抑制掉。这种抑制副载波的调幅过程是在平衡调制器里进行的。差信号调制副载波的主要目的是为了在收音机里实现左右声道分离，因此在收音机里还要把抑制掉的副载波"再生"出来。再生的副载波要和发射机内被抑制前的副载波同频、同相，以保证收发同步。所以，在调制载频的信号中，除了主信号和副信号外，还要加入一个 19kHz 的导频信号作为同步信号，以便在收音机里"导引"出 38kHz 的副载波信号。这正是导频制名称的由来。19kHz 的导频信号也是由发射机中的 19kHz 振荡器提供的。因此，导频信号与副载波信号同出一源。收发两地容易实现同频、同相。现在可以知道，和信号（主信号）、已调差信号（副信号）及导频信号共同组成立体声复合信号。立体声复合信号在发射机的立体声调制器里对主载频进行调制，最后经高频功率放大，以 88～108MHz 频段内的某一频率发射出去。其原理框图见图 5-33。

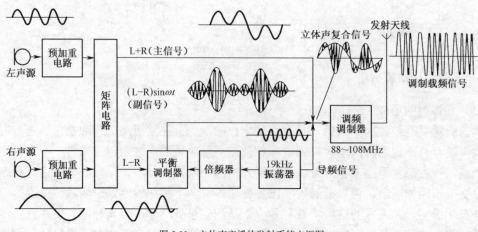

图 5-33　立体声广播的发射系统方框图

调频立体声收音机在接收到调频立体声信号后，经高放、变频、中放、鉴频，取出立体声复合信号，然后把它加到立体声解调器中分离出左、右两个声道信号来。左声道信号和右声道信号分别输送给两路音频放大器，再推动两路扬声器进行立体声重放，如图5-34所示。

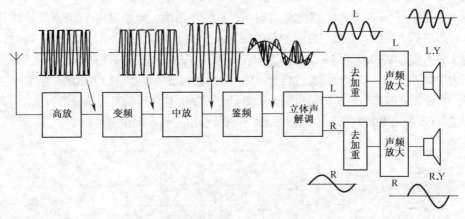

图 5-34　调频立体声收音机框图

调频立体声收音机电路的输入回路、高放、变频、中放及鉴频电路与单声道调频收音机电路完全相同。不同的是调频立体声收音机多了一个立体声解调器和一路音频放大器及一路扬声系统。立体声解调器后面的去加重网络用来去除高频噪声，改善调频收音机的高音频段的信噪比。在发射机的音频电路中有意使高音频预先得到"加重"，而在接收机里再去除这种"加重"成分，去加重网络实际是一个低通滤波器，如图5-35所示。

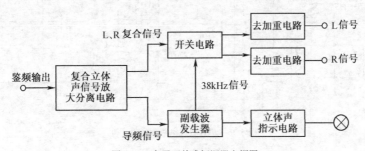

图 5-35　电子开关式解调器方框图

（3）立体声解调器的简单工作过程

由鉴频器解调出的立体声复合信号先在复合信号分离出主、副信号和导频信号。导频信号进入副载波发生器，经倍频、放大，恢复发射端被抑制的38kHz副载波，并用副载波作为开关信号与主、副信号一起加到开关电路。38kHz开关信号以每秒38000次的速率快速切换，交替导通左、右声道信号，从而将左、右声道信号解调出来。早期的立体声解码器是由分立元件组成的。分立元件解码器由于电路复杂，可靠性及分离度指标都很差，目前已极少采用，而广泛采用性能十分优越的集成电路立体声解码器和集成锁相环（PLL）立体声解码器。

6. 集成电路收音机

集成电路在音响设备方面的应用日益广泛，收音机电路集成化、小型化已成为收音机发展方向。目前收音机的高频、中频、检波、鉴频及音频电路均已实现集成化，而且集成度越来越高。除了调频调谐器由于工作频率较高，需要专用的集成电路以外，其他各功能电路均可集成在一块电路里。

（1）单片集成电路调幅收音机

图 5-36 是一种采用单片集成电路的调幅收音机电路图。电路采用 YR060 国产单片集成电路，其内部包括了变频、中放、自动增益控制以及音频放大电路。外围元器件较少，结构简单，调试也十分方便。YR060 有 16 个引脚，工作电压为 3V。L_1 为天线线圈，L_2 为振荡线圈，T_1、T_2、T_3 为中频变压器，VD 为检波二极管，RP 为音量调节电位器。检波后的音频信号由 6 脚输入，放大的音频功率信号由 9 脚输出推动扬声器 Y 放声。检波后的直流成分通过 R_{13} 进入 12 脚，在内部进行控制。YR060 内部附加稳压电路，电源利用率高，工作稳定。

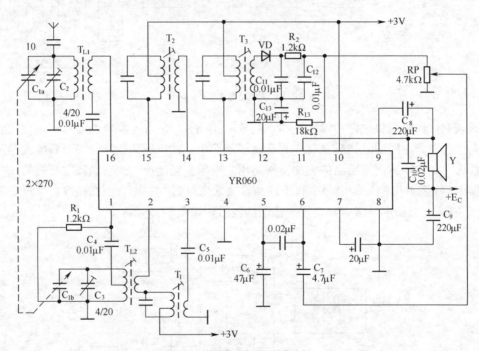

图 5-36　单片集成电路调幅收音机

（2）HX203 AM/FM 收音机构成和工作原理

收音机的电路结构早期的多为分立元件电路，目前基本上都采用了大规模集成电路为核心的电路。HX203 AM/FM 收音机是典型的单片集成电路结构，收音机通过调谐回路选出所需的电台，送到变频器与本机振荡电路送出的本振信号进行混频，产生中频输出（我国规定的 AM 中频为 465kHz，FM 中频为 10.7MHz），中频信号将检波器检波后输出音频信号，音频信号经低频放大器、功率放大器，推动扬声器发出声音。

HX203 AM/FM 型的收音机电路主要由索尼公司生产的专为调频、调幅收音机设计的大规模集成电路 XCA1191M 组成。由于集成电路内部无法制作电感、大电容和大电阻，故外围元器件多以电感、电容和电阻为主，组成各种控制、供电、滤波等电路。XCA1191M 加上外围元器件构成的微型低压收音机，包含了 AM/FM 收音机从天线输入至音频功率输出的全部功能。HX203 AM/FM 型收音机电路图如图 5-37 所示。

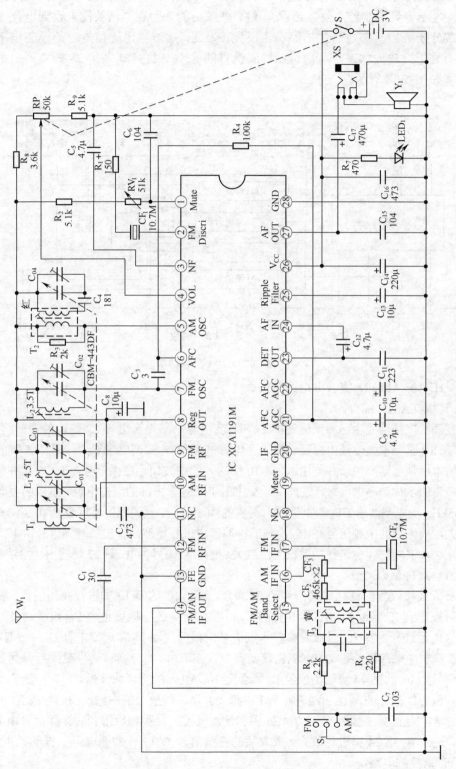

图 5-37　HX203 AM/FM 型收音机电路图

该电路的推荐工作电源电压范围为 2~7.5V，$V_{CC} = 6V$。电路内除设有调谐指示 LED 驱动器、电子音量控制器之外，还设有 FM 静噪功能。因在调谐波段未收到电台信号时，内部增益处于失控状态而产生的静噪声很大，为此，通过检出无信号时的控制电平，使音频放大器处于微放大状态，从而达到静噪的目的。XCA1191M 采用 28 脚双列扁平封装，引脚排列如图 5-38 所示。

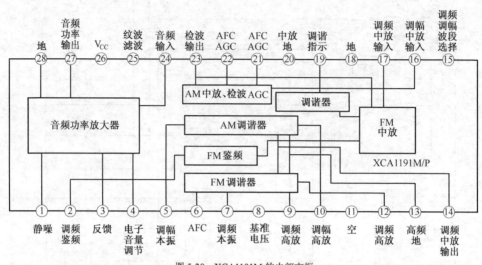

图 5-38　XCA1191M 的内部方框

（3）HX203 AM/FM 收音机电路工作原理

① 调幅（AM）部分。

中波调幅广播信号由磁棒天线线圈 T_1 和可变电容 C_0、微调电容 C_{01} 组成的调谐回路选择，送入 IC 第 10 脚。本振信号由振荡线圈 T_2 和可变电容 C_0、微调电容 C_{04} 及 IC 第 5 脚的内部电路组成的本机振荡器产生，并与由 IC 第 10 脚送入的中波调幅广播信号在 IC 内部进行混频，混频后产生的多种频率的信号，经过中频变压器 T_3（包含内部的谐振电容）组成的中频选频网络及 465kHz 陶瓷滤波器 CF_2 双重选频，得到的 465kHz 中频调幅信号耦合到 IC 第 16 脚进行中频放大，放大后的中频信号在 IC 内部的检波器中进行检波，检出的音频信号由 IC 的第 23 脚输出，进入 IC 第 24 脚进行功率放大，放大后的音频信号由 IC 第 27 脚输出，推动扬声器。

② 调频（FM）部分。

拉杆天线接收到的调频广播信号经 C_1 耦合，送到 IC 的第 12 脚进行高频放大，放大后的高频信号被送到 IC 第 9 脚。IC 第 9 脚的 L_1 和可变电容 C_0、微调电容 C_{03} 组成调谐回路，对高频信号进行选择，在 IC 内部混频。本振信号由振荡线圈 L_2 和可变电容 C_0、微调电容 C_{02} 与 IC 第 7 脚的内部电路组成的本机振荡器产生，在 IC 内部与高频信号混频后得到多种频率的合成信号由 IC 的第 14 脚输出，经 R_6 耦合至 10.7MHz 的陶瓷滤波器 CF_4，得到的 10.7MHz 中频调频信号经耦合进入 IC 第 17 脚 FM 中频放大器，经放大的中频调频信号在 IC 内部进入 FM 鉴频器，IC 的第 2 脚外接 10.7MHz 鉴频滤波器 CF_1。鉴频后得到的音频信号由 IC 第 23 脚输出，进入 IC 第 24 脚进行放大，放大后的音频信号由 IC 第 27 脚输出，推动扬声器发声。

③ 音量控制电路。

由电位器 RP 调节 IC 第 4 脚的直流电位高低来控制收音机的音量大小。

④ AM/FM 波段转换电路。

由电路图可以看出当 IC 第 15 脚接地时，IC 处于 AM 工作状态；当 IC 第 15 脚与地之间串接 C_7 时，IC 处于 FM 工作状态。波段开关控制电路非常简单，只需用一只单刀双置（1×2）的开关，便可方便地进行波段转换控制。

⑤ AGC 和 AFC 控制电路。

XCA1191M 的 AGC（自动增益控制）电路由 IC 内部电路和接于第 21 脚、第 22 脚的电容 C_9、C_{10} 组成，控制范围可达 45dB 以上。AFC（自动频率控制）电路由 IC 的第 21 脚、第 22 脚所连内部电路和 C_3、C_9、R_4 及 IC 第 6 脚所连电路组成，它能使 FM 波段接收频率稳定。

XCA1191M 的极限参数如表 5-3 所示。

表 5-3　　　　　　　　　　　　　　　　**XCA1191M 的极限参数表**

参　　数	额 定 值
电源电压 V_{CC} (V)	2～7.5
功耗 P_o (mW)	700
工作温度 T_{opr} (℃)	−20～75
储存温度 T_{stg} (℃)	−55～155

5.3.4　收音机的附属电路

1. 短波频率微调电路

调幅多波段收音机都能接收到正常的中波段信号，但在短波段接收时，由于在频率覆盖范围内电台密集，调谐双联可变电容器角度变化有限，信号不易调准，频段越高，这种情况就越明显。短波频率微调电路就是针对上述问题而设计的。频率微调方式很多，广泛采用改变微调本振频率的方法，见图 5-39。

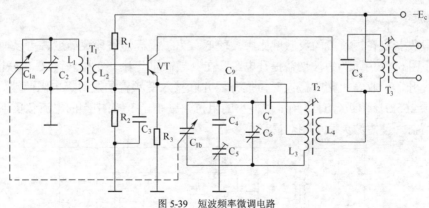

图 5-39　短波频率微调电路

图中 VT 为变频管，L_3、C_{1b} 组成振荡回路，C_6 是补偿电容，C_7 是垫整电容，C_4 与 C_5 串联构成短波频率微调电路。当调节 C_5 时，本振频率改变。由于 C_4、C_5 取值很小，本振频率变化缓慢，达到调准短波电台的目的。调节 C_5 的旋钮（细调）与调谐旋钮（粗调）紧挨着，一般先用调谐钮粗调出接收电台的位置，再用微调钮 C_5 调准接收信号。

2．本地、远程转换开关

一台好的收音机要求有好的信号接收能力，希望强弱信号都能很好地接收到，但由于元器件和制作技术等的限制，从性价比的角度看，在收音机电路中增加了一个转换开关，能在接收本地电台的强信号时，使收音机灵敏度调低一些，以减小失真和杂音；在接收远地电台的弱信号时，又将收音机灵敏度调高一些，保证能接收到远处的弱信号。本地、远程转换开关如图 5-40（a）所示。电路采用在变频级输入线圈两端并联电阻降低 Q 值的方法。当强信号输入时，收音机的灵敏度下降。开关 K 就是本地、远程开关。在电路中 K 串联一个小电阻 R，与 L_2 并联构成本地、远程电路，当 K 闭合时，L_2 的 Q 值降低，通频带变宽，输入信号减小，整机灵敏度下降。反之，K 开启时，脱离 L_2，收音机恢复原有的灵敏度。有的收音机还在采用上述方法的同时，在音频前置放大器的输入端用开关接入电阻的方法来改善音频放大器的强信号阻塞失真，效果更好，如图 5-40（b）所示。

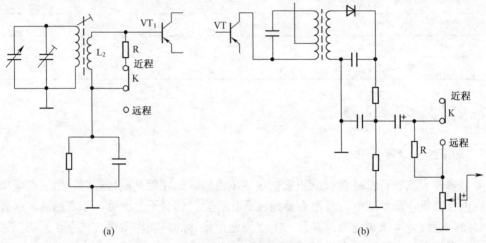

(a)   (b)

图 5-40　本地、远程开关电路

3．短波增益提升电路

多波段收音机在短波段的灵敏度比中波段低。为了提高短波段灵敏度，可以加接短波增益提升器，图 5-41 所示为短波增益提升电路。在变频管的发射级接入一个 LC 串联谐振回路，就是短波提升器。收音机接收短波时，提升器并联接入变频管的发射极电阻两端。LC 串联谐振在中频 465kHz 附近，对中频呈现很小的阻抗，减小了 R_e 对中频的电流负反馈作用，提高了变频增益，使短波灵敏度相对提高。

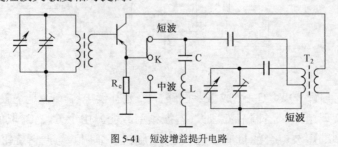

图 5-41　短波增益提升电路

4. 自动频率控制（AFC）电路

AFC 电路是调频收音机的特有电路。其作用是保持本机振荡器的频率稳定，避免中频失谐。AFC 电路利用了变容二极管随所加的反向电压增大而电容量变小的特性，把变容二极管并联在本振回路，接一固定负电压作为起始电容量。鉴频器输出的直流电压作为 AFC 控制电压，加在变容二极管上。当选到一个电台信号，与本振信号调谐在 10.7MHz 中频时，鉴频器输出的直流电压为零，变容二极管维持起始电容量，本振频率维持稳定。当本振频率因某种因素而升高时，中频随之升高，鉴频器输出一正电压使变容二极管的反向电压减小，其电容量增大使本振频率降低；相反，当本振频率因某种因素而降低时，鉴频器输出直流负电压，变容二极管电容量减小又使本振频率升高，从而实现本振频率的自动微调。图 5-42 所示的自动频率微调电路中，变容二极管的固定负偏压由电阻 R_1 和 R_2 分压取得。鉴频器输出的直流电压经 R_4、R_3 加到变容管的正极与其两端的固定负电压叠加，达到控制变容管容量的目的。R_4、C_5、C_6、R_3 用来滤除鉴频器输出的直流电压中的音频成分。

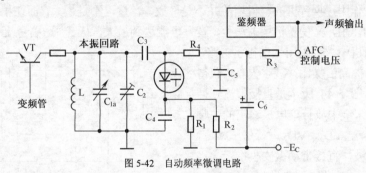

图 5-42　自动频率微调电路

5. 静噪调谐电路

静噪调谐电路主要用来消除调谐过程中的噪声。图 5-43 所示是一种静噪调谐电路。

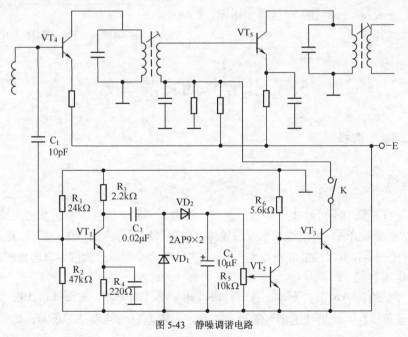

图 5-43　静噪调谐电路

图中 VT$_1$、VT$_2$、VT$_3$、VD$_1$、VD$_2$ 等组成静噪电路。当有信号输入时，从中放末前级中放管 VT$_4$ 的基极取出的信号经 C$_1$ 送到 VT$_1$ 放大，放大的信号经 D$_1$、D$_2$ 倍压整流和 C$_4$ 滤波后，再经 R$_5$ 使 VT$_2$ 得到一正向偏压而导通，VT$_2$ 的集电极电压低于 VT$_3$ 的导通电压，VT$_3$ 截止，静噪电路不起作用。当无信号输入时，VT$_4$ 的基极只有噪声电压经 C$_1$ 进入 VT$_1$ 放大，虽经整流滤波也会使 VT$_2$ 得到一个正偏压，但这一偏压很小，不足以使 VT$_2$ 导通，VT$_2$ 集电极电压升高，VT$_3$ 处于饱和导通状态。VT$_3$ 集射极间很小的内阻并联在末级中放管下偏置电阻上，使 VT$_3$ 基极偏压急剧减小而截止，噪声信号无法通过，达到静噪目的。图中 K 是静噪开关，当收听弱信号电台时，弱信号电压不足以使 VT$_2$ 导通，有可能被抑制，所以接收弱电台信号时应把 K 关闭。

6．调谐指示电路

普通的调幅收音机都没有安装调谐指示器，常以音量的大小来判定调谐是否准确，其实对有自动增益控制的收音机来讲，音量的大小并不能完全说明调谐是否准确。当调谐准确时因自动增益控制电路的作用，收音机的整机增益并不是最大，音量也不是最大，而在稍微偏调时，自动增益控制电路的作用，又使整机增益增大，音量可能达到最大，从音质、音色上看二者是有区别的。在调频收音机中大都采用调谐指示电路，正确监测调谐，提高信噪比，减小失真，获得好的音响效果。图 5-44 所示是直接整流式调谐指示电路。由末级中放管集电极输出的中频信号，经 C$_1$ 耦合给 VD$_1$、VD$_2$ 进行倍压整流，再经 C$_2$、C$_3$ 滤波，直接带动微安表指示，当正确调谐时，中频信号最强，表针指示值最大。有的调谐指示电路，电表驱动电压取自鉴频器输出的直流电压。这种电路指示电压较小，小信号接收时，电表指示不明显，一般需要增加一级直流放大电路。

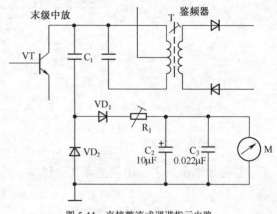

图 5-44　直接整流式调谐指示电路

5.4　收音机的安装工艺

5.4.1　元器件及选择

1．电容器

电容器是收音机中不可缺少的零件，调谐、耦合、旁路、滤波等电路都要用到它。电容器的结构原理是非常简单的，两个相互靠近的导体中间夹一层不导电的绝缘介质，就组成了电容器。由于制造材料的不同，所以性能和用途也不同，常用的电容器可以分为固定电容器和可变电容器。

（1）固定电容器

固定电容器的种类很多，大致可分为有极性和无极性两大类。有极性电容即电解电容，接入时要注意正负极性，如果接错则可能导致击穿。电解电容的特点是容量大，体积小。收音机电路里常用作耦合电容、旁路电容、滤波电容等。无极性电容常称为普通电容。普通电容器与电解电容器相比容量小、耐压高、体积小、漏电小等，多用在晶体管收音机的输入回路、本机振荡回路、中放调谐回路。固定电容的主要参数及测量方法在第1章有详细的介绍，请参阅。

（2）可变电容器

可变电容由转动的动片和固定的定片组成，定片与外壳绝缘，动片固定在转轴上，随转轴转动，与外壳相接。可变电容器有空气可变电容器和有机介质可变电容器，按结构分为单联、双联和多联。超外差收音机里常用双联电容。双联可变电容有两种，一种两组片子最大容量不一样（差容），容量大的一组接输入回路线圈，容量小的一组并接在振荡回路线圈，这种叫差容双联电容，在设计上考虑了超外差的跟踪问题，安装时可省掉一只振荡回路的垫整电容，但差容双联只能装配一个波段的收音机或波段覆盖系数一样的多波段收音机；另一种双联两组片子最大容量一样的叫等容双联，用这种双联装在多波段收音机时，振荡回路的垫整电容不能省掉。

2. 磁性天线

晶体管收音机电路中一般都采用磁性天线。将调谐回路的线圈绕在磁棒上，就是磁性天线，如图 5-45 所示。磁棒一般用铁氧体材料制成，黑色的锰锌铁氧体环磁导率 μ 比较大，它的工作频率比较低，在 1.6MHz 以下，因此只适用于中频波段，又称为中波磁棒。棕色的镍锌铁氧体 μ 比较小，它的工作频率比较高，在 12MHz 和 26MHz 左右，用在短波波段，又叫短波磁棒。由于两种磁棒的环磁导率不同，不能混用。如果中波段用了短波磁棒，由于短波磁棒的磁导率 μ 低，中波天线线圈的电感量不足，影响磁性天线的接收信号能力，最终导致晶体管收音机的灵敏度下降。在晶体管收音机电路中有些中短波收音机采用中波磁棒与短波磁棒中间胶合起来接成一根。磁棒的尺寸、形状对晶体管收音机的灵敏度也有影响，圆形磁棒机械强度高，磁棒可以做得长些，对灵敏度提高有利。扁形磁棒比圆形磁棒节省位置。磁棒上的线圈是一种电感元件，它与可变电容组成调谐回路，线圈的电感 L 和可变电容 C 决定了谐振频率，在接收频率范围内线圈的圈数与磁棒的长度和可变电容的容量都有关。线圈的质量直接影响晶体管收音机电路的接收频率范围和性能，为了使线圈 Q 值高，大都采用多股漆包线合成的纱包线和丝包线来绕制。另外线圈的电感量和 Q 值还与它在磁棒上的位置有关，线圈越靠近磁棒的中心，电感量越大，而 Q 值减小。线圈越靠近磁棒两侧，则电感量越小，

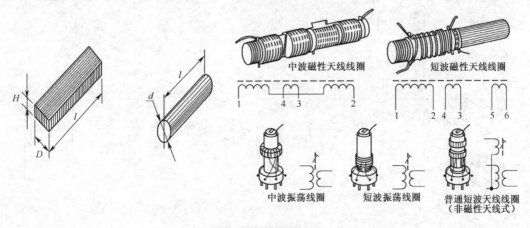

图 5-45　磁棒及磁性天线

而 Q 值增大。所以线圈一般绕在磁棒的一侧或者磁棒的两侧。晶体管收音机在调整时可以通过移动线圈的位置来提高灵敏度。磁棒易折断和破碎，安装时要注意，天线线圈都有初次级线圈，安装前要用万用表测量，首先测量初、次级线圈是不是开路和短路。

3．中频变压器和本机振荡线圈

中频变压器是超外差收音机中的重要元件，作为中频放大级的选频和耦合元件，它在很大程度上决定了收音机的灵敏度、选择性和通频带等指标。

晶体管收音机电路中使用的变压器有单调谐和双调谐两种。根据耦合方式可分为电感耦合、电容耦合，根据调谐方式又可分为调感式、调容式两种。晶体管收音机里的中频变压器多采用封闭磁芯型结构，如图 5-46（a）所示，使线圈的磁场限制在磁芯中，因此可以采用较小的屏蔽罩，体积可以减小。一般多采用单调谐耦合中频变压器，如图 5-46（b）所示，它只在初级线圈与电容器间组成一个调谐回路，次级线圈主要起级间耦合作用，并不是调谐回路。为了使前后级阻抗适当匹配，初级线圈圈数比较多，次级线圈圈数比较少。为了提高谐振回路的 Q 值、提高选频特性，并防止自激振荡，初级线圈采用抽头的方法。调感方式通过调节线圈内阻的磁芯以改变线圈的电感量，从而达到调整谐振频率的目的。双调谐变压器的初、次级线圈并联电容器组成双调谐回路。两个回路之间可以采用电容耦合方式，如图 5-46（c）所示，也可以采用电感耦合方式。调谐方式常采用调感式，如图 5-46（d）所示。

中频变压器实质上是一个带通滤波器，为了得到好的音质，收音机要求中频变压器有很好的通频带。广播通频带都是±10kHz，除此之外的信号要迅速衰减，才能保证好的选择性和声音的保真度。双调谐中频变压器通频带特性比较好，采用这种变压器，能使晶体管收音机的中频放大主要指标（选择性和音质）有所改善。

晶体管收音机电路中采用两级中频放大，需要 3 个中频变压器，各级中频变压器在晶体管

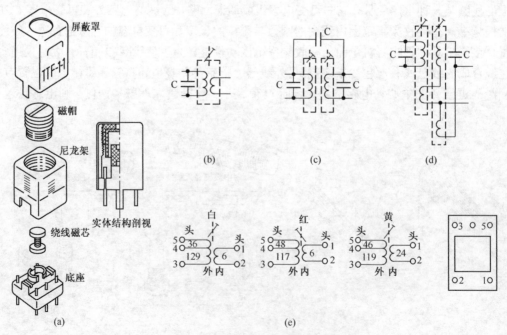

图 5-46　中频变压器结构及调谐方式

收音机中完成的任务是不一样的，第一级中频变压器要求有很好的选择性，第二级中频变压器要有适当的通频带和选择性，第三级的中频变压器则要求有足够的通频带和增益。由于每级中频变压器前后之间的阻抗匹配不同，中频变压器的变压比和抽头数都不一样，所以3个中频变压器配套不能混用，通常用不同的颜色标志在每个中频变压器的磁帽上以示区别，如图5-46（e）所示。

本机振荡线圈的外形和结构与中频变压器一样，其规格应与中频变压器配套，在外形颜色上有所区别。另外本振线圈所连接的电容器有等容和差容的区别，所接负载有本机基极注入电路和本机发射极注入电路的区别，所以要求本机振荡线圈与中频变压器配套不能随便换用。本机振荡线圈和中频变压器引脚多，再加上屏蔽罩有两只引脚，共有7只焊接脚，在焊接前一定要检查它的好坏、识别级数的颜色。检查好坏用万用表先查各初、次级线圈有无断路，测量初、次级线圈之间有无短路，测量初级线圈与金属屏蔽罩之间有无短路，测量次级线圈与金属屏蔽罩之间有无短路。

4．陶瓷滤波器

在超外差收音机的中频放大器中，中频变压器不管是单调谐还是双调谐都是由LC回路所构成，通常也称LC回路为滤波器。压电陶瓷制成的滤波器比普通的LC谐振回路有许多优点：体积小、重量轻、品质因数高，因此广泛用于晶体管收音机的中频放大电路中。陶瓷滤波器有二极性、三极性、多极性之分。它的外形结构有许多种，陶瓷滤波器的原理是利用陶瓷压电材料的压电效应，如图5-47所示。电信号输入后，通过机电换能转换成机械振动，由始端传到终端，再由机电换能还原成电能，由于机械振动对频率响应的反应很尖锐，所以品质因数很高。二极性陶瓷滤波器的一种结构如图5-48所示。

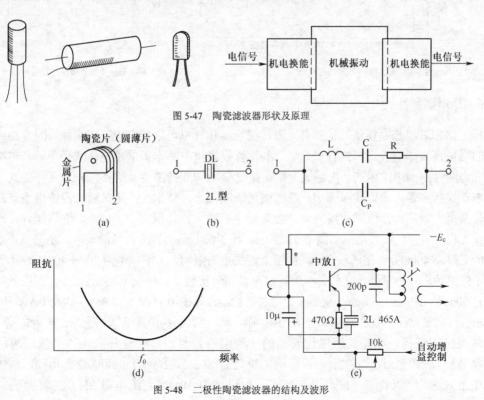

图5-47　陶瓷滤波器形状及原理

图5-48　二极性陶瓷滤波器的结构及波形

5．输入、输出变压器

晶体管收音机电路中，在末级为了获得较大的功率增益和最大功率输出，末前级和末级常采用变压器耦合。输入变压器的作用是把低频放大器的输出信号耦合给功率放大器，使低放级与功放级之间适当地阻抗匹配；输出变压器的作用是把末级功率放大器的输出信号耦合给扬声器，并使功放级的输出阻抗与扬声器的阻抗相匹配。

晶体管收音机采用的输入、输出变压器体积小，效率一般在 60%～80%。效率与变压器铁芯材料有关，铁芯材料有冷轧硅钢片（0.2～0.35），铁氧体 E24（宽 30mm）、E30（宽 30mm），以及坡莫合金片（0.1～0.3mm）等。一般在高级的收音机里输入、输出变压器广泛采用这种高磁导率的坡莫合金片。其优点是电感量高，低频特性好，体积小等。

收音机的输入、输出变压器的形状相同，产品上都标注了"输入""输出"，如缺少标记时，可根据输入、输出变压器结构的不同点来区别，如图 5-49、图 5-50 所示。输入变压器的初级是双端输入，两引线间的直流电阻值很大。输出变压器的次级是双端输出，两根引线比较粗，之间的电阻值最小。通过外形识别后，再用万用表测量阻值，就能容易分清变压器类型，同时也检测了变压器线圈的通路、短路、断路。因此安装收音机时变压器线圈的阻值测量是必不可少的。

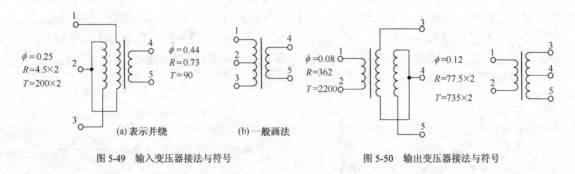

图 5-49　输入变压器接法与符号　　　　　　图 5-50　输出变压器接法与符号

6．扬声器和耳机

扬声器和耳机都是能量转换器件，通过扬声器和耳机可以把电能变成声能，因为扬声器和耳机的质量直接影响收音机的音质好坏。晶体管收音机中基本上采用电动式扬声器，它按磁性材料分为两种：圆形永磁式（内磁式）铝镍钴合金电动式扬声器及圆形恒磁式（外磁式）钡铁氧体电动式扬声器。永磁式漏磁小，杂散磁场影响很小，体积小，重量轻，但价格贵，适合袖珍式收音机中应用；而恒磁式漏磁大，杂散磁场影响大，体积大，重量重，价格便宜，所以小型晶体管收音机也广泛采用，如图 5-51 所示。为了抑制晶体管高音频的噪声，小型扬声器高音频率的上限为 4000Hz。在低频方面，由于受纸盆小的限制，下限频率为 200～400Hz。小型扬声器除了输出功率较小以外，它的另一个特点是音圈阻抗较高，一般都在 8Ω 以上。扬声器的标准口径有 50mm、57mm、65mm、80mm 等数种，标准功率有 0.1W、0.25W、0.3W、0.5W 等数种。在体积容许的条件下，优先选用口径大的扬声器，口径大的扬声器低频响应好，声音饱满。

耳机又叫听筒，它是灵敏度比较高的一种电声器材。耳机分耳塞式和头戴式两种，它的实物外形及符号如图 5-52 所示。耳机的抗阻有 800Ω、2000Ω 和 4000Ω 等几种，晶体管收音机中最好选用 800Ω 的一种。现在还有一种阻抗为 10Ω（直流电阻 8Ω）的耳塞机，是专供晶体管收音机使用的。它是由塑料外壳、振动膜片、马蹄形磁铁以及线圈等所组成。磁铁用来提供固定的磁性以吸住振动膜片，使振动膜片平时就略微弯曲。它是通过两根"L"形软铁使磁铁的两个磁极传至振动膜片的近处，软铁上绕有线圈，组成电磁铁，当音频电流通过线圈时，电磁铁就产生变动磁场，叠加在固定磁场上，使总磁场得到增强或减弱，从而使振动膜片在原来的基础上得到进一步的弯曲或放松，以造成周围空气相应的振动而发出声音。

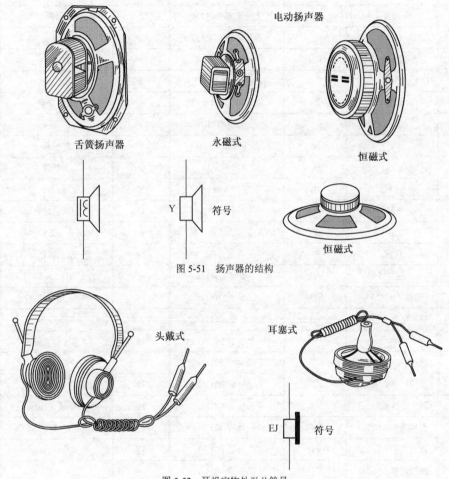

图 5-51　扬声器的结构

图 5-52　耳机实物外形及符号

　　扬声器的好坏判别：一般要求扬声器的磁性强，纸盆的外圈较软而薄、近音圈的中央较硬而厚，用手平衡地推动纸盆能感到柔和，但有较大的弹性，这样的扬声器才能发音柔和动听，洪亮悦耳。

5.4.2　HX108-2 调幅收音机安装工艺

1. 元器件检测

在上一节介绍元器件的同时，简单介绍了常用的元器件检测，按照 HX108-2 调幅收音机元器件清单（如表 5-4 所示）照单清点、分类检查。尤其磁棒和天线线圈要仔细放好。用数字万用表检测表 5-5 所列元器件的好坏，测量的方法参考第 1 章的介绍。

表 5-4   **元器件清单**

元器件位号目录				结构件清单		
位 号	名 称 规 格	位 号	名 称 规 格	序 号	名 称 规 格	数 量
R_1	电阻 100kΩ	C_{11}	圆片电容 0.022μF	1	前框	1
R_2	2kΩ	C_{12}	圆片电容 0.022μF	2	后盖	1
R_3	100Ω	C_{13}	圆片电容 0.022μF	3	周率板	1
R_4	20kΩ	C_{14}	电解电容 100μF	4	调谐盘	1
R_5	150Ω	C_{15}	电解电容 100μF	5	电位盘	1
R_6	62 kΩ	B_1	磁棒 B5 × 13 × 55	6	磁棒支架	1
R_7	51Ω		天线线圈	7	印制板	1
R_8	1 kΩ	B_2	振荡线圈（红）	8	正极片	2
R_9	680Ω	B_3	中周（黄）	9	负极簧	2
R_{10}	51 kΩ	B_4	中周（白）	10	拎带	1
R_{11}	1 kΩ	B_5	中周（黑）	11	调谐盘螺钉	
R_{12}	220Ω	B_6	输入变压器（蓝、绿）		沉头 M2.5 × 4	1
R_{13}	24 kΩ	B_7	输出变压器（黄、红）	12	双联螺钉	
W	电位器 5 k	VD_1	二极管 1N4148		M2.5 × 5	2
C_1	双联 CBM223p	VD_2	二极管 1N4148	13	机芯自攻螺钉	
C_2	圆片电容 0.022μF	VD_3	二极管 1N4148		M2.5 × 6	1
C_3	圆片电容 0.01μF	VT_1	晶体管 9018G	14	电位器螺钉	
C_4	电解电容 4.7μF	VT_2	晶体管 9018H		M1.7 × 4	1
C_5	圆片电容 0.022μF	VT_3	晶体管 9018H	15	正极导线（9cm）	1
C_6	圆片电容 0.022μF	VT_4	晶体管 9018H	16	负极导线（10cm）	1
C_7	圆片电容 0.022μF	VT_5	晶体管 9013H	17	扬声器导线（10cm）	2
C_8	圆片电容 0.022μF	VT_6	晶体管 9013H	18	元器件清单	1
C_9	圆片电容 0.022μF	VT_7	晶体管 9013H			
C_{10}	电解电容 4.7μF	Y	2 $\frac{1}{2}$ 扬声器 8Ω			

表 5-5   **元器件测量表**

类 别	测 量 内 容	万用表量程
电阻 R	电阻值	× 10、× 100、× 1k
电容 C	电容绝缘电阻	× 10k
三极管 h_{fe}	晶体管放大倍数 9018H（97-16）、9014C(200-600)、9013H（144-202）	h_{FE}
二极管	正、反向电阻	× 1k

类　别	测　量　内　容	万用表量程
中　周	红 4Ω 0.3Ω 0.4Ω　　黄 2Ω 4Ω 0.3Ω 白 1.8Ω 3.8Ω 0.4Ω　　黑 2Ω 4.5Ω 1Ω 初次级间为无穷大	×1
输入变压器 （蓝色）	90Ω 90Ω 200Ω	×1
输出变压器 （红色）	0.9Ω 0.4Ω 1Ω 0.9Ω 0.4Ω　自耦变压器 无初次级	×1

2．元器件的准备

经检测好的元器件引线和引脚有漆膜、氧化膜，要清理干净。电阻和二极管的引脚作弯脚处理。具体做法请参阅第 1 章。

天线线圈套在磁棒上，并固定在磁棒支架上。电位器拨盘装在电位器上，用螺钉固定住。输入、输出变压器不能调换。

3．焊接

在装配工作中，焊接技术是很重要的。收音机元器件的装接主要利用锡焊，不但能固定零件，而且能保证可靠的电流通路。焊接质量的好坏，将直接影响收音机的质量。例如不良的焊接会使零件损坏或电路不通，或者引起接触不良的噪声，以及接点脱落或假焊等。焊接技术在第 1 章中有详细的介绍。

元器件的焊接顺序：首先是电阻、电容、晶体管，其次是中周、输入/输出变压器、电位器、双联电容，最后是天线线圈、电源引线、扬声器的引线。

注意：每次焊接完一部分元器件，都要检查焊接的质量，若有虚焊、漏焊、错焊等及时纠正，才能保证收音机的顺利安装成功。

4．大件的安装

① 电容双联 CBM-223p 安装在印制电路板正面，将天线组合件上的支架放在印制电路板反面电容双联上，然后用螺钉固定，并将双联引脚超出电路板部分弯脚后焊牢，剪去多余部分。

② 天线线圈引线 1 与双联电容 $C_{1\text{-}A}$ 端进行连接，引线 2 焊接于电容双联公共点接地。引线 3 焊接于 VT_1 的基极，引线 4 焊接于 R_1、C_2 的公共点接地。

③ 将电位器组合件焊接在电路板指定位置，如图 5-53 所示。

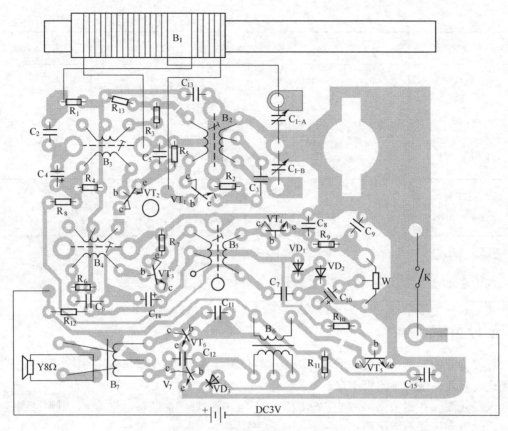

图 5-53　HX108-2 调幅收音机装配图

5．检查与试听

收音机装配焊接完成后，请检查元器件有无装错位置，焊点有无脱焊、虚焊、漏焊。所焊元器件有无短路或损坏。发现问题要及时修理、更正。用万用表进行整机工作点工作电流测量，如检查都满足要求，即可进行接收信号试听。各点工作电流如下。

$I_{C1} = 1.18 \sim 1.2\text{mA}$

$I_{C2} = 0.4 \sim 0.8\text{mA}$

$I_{C3} = 1.2\text{mA}$

$I_{C5} = 2.5\text{mA}$

$I_{C6} = I_{C7} = 4 \sim 10\text{mA}$

6．前框准备

① 将负极、正极弹簧片安装在塑壳上。如图 5-54（a）所示，焊好连接点及黑色、红色引线。

② 将周率板反面双面胶保护纸去掉，然后贴于前框，注意要贴装到位，并撕去周率板正面保护膜。

③ 将 YD57 扬声器安装在前框，如图 5-54（b）所示，用一字螺丝刀固定脚左侧，利用突出的扬声器定位圆弧的内侧为支点，将其导入带钩压脚固定，再用电烙铁烙铆 3 只固定脚。

④ 将拎带套在前框内。

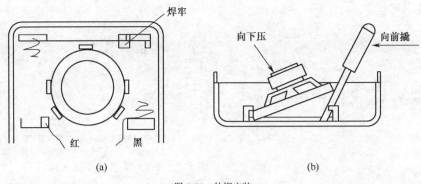

(a)   (b)

图 5-54 外框安装

⑤ 将调谐盘安装在双联轴上，用螺钉固定，注意调谐盘指示方向。

⑥ 按图纸要求分别将 2 根白色或黄色导线焊接在扬声器与电路板上。

⑦ 按图纸要求将正极（红）、负极（黑）电源线分别焊在电路板的指定位置。

⑧ 将组装完毕的机芯按照图 5-55 所示装入前框，一定要安装到位。

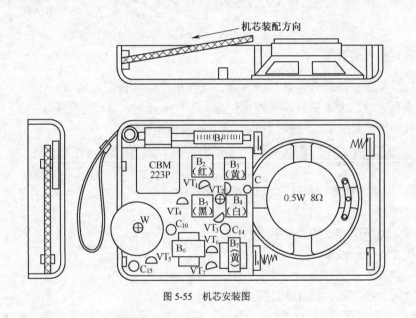

图 5-55 机芯安装图

5.4.3 HX203FM/AM 收音机安装工艺

1．元器件检测

按照元器件清单清点数目，按类别进行分类，整理好易折易断的元器件，如天线线圈和磁棒。对一些常用元器件进行测量检验（参照 HX108-2 调幅收音机对元器件的检验方法进行）。

2．元器件的准备

将所有元器件引脚上的漆膜、氧化膜清除干净，然后进行搪锡（如元器件引脚未氧化则省去此项），将 R_4（100kΩ）依照图 5-56 所示的要求作弯脚处理，将其他电阻与发光二极管按图要求弯脚。

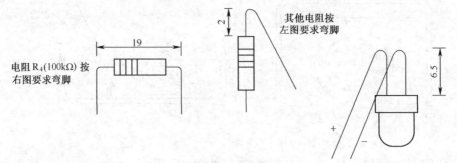

图 5-56 元器件的处理

3．组合件准备

① 将电位器拨盘装在 K4-5K 电位器上，用螺钉固定。

② 将磁棒按图 5-57 所示套入天线线圈及磁棒支架。

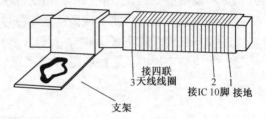

图 5-57 天线线圈和磁棒的装配

4．元器件的安装要求

① 按照装配图正确装入元器件，其高、低和极性应符合图纸要求。

② 焊点要光滑，大小最好不要超出焊盘，不能有虚焊、搭焊、漏焊。

③ 两只中周［红（T_2）、黄（T_3）颜色］不能调换位置。

5．元器件焊接步骤

元器件的焊接方法参照第 1 章，焊接顺序如下。

① 先焊圆片电容、电阻。

② 中周、电解电容、陶瓷滤波器。

③ 装四联、天线线圈。

④ 焊电位器。

⑤ 电池夹、扬声器、插孔、连接线。

特别提示：每次焊完一个步骤的元器件，应检查一遍焊接质量，看是否有错焊、漏焊，发现问题及时纠正。

6．装大件

① 将四联安装在印制电路板正面，将天线组合件上的支架放在印制电路板反面四联上，然后用两只螺钉固定，并将四联引脚超出电路板部分弯脚后焊牢，安装时注意 AM、FM 联方向，如图 5-58 所示。

② 中波天线线圈的焊接：线圈引线 3 焊接于四联 AM 天线联，线圈引线 1 焊接于四联中间接线点，线圈引线 2 焊接于 IC 第 10 脚，如图 5-58 所示。

③ 将拉杆天线压簧片插入四联左边 A 点孔内并焊好。

④ 将加工好的发光二极管按图 5-58 中 B 点所示，从电路板正面插入孔内，待发光管的红色部分完全露出电路板时焊接。

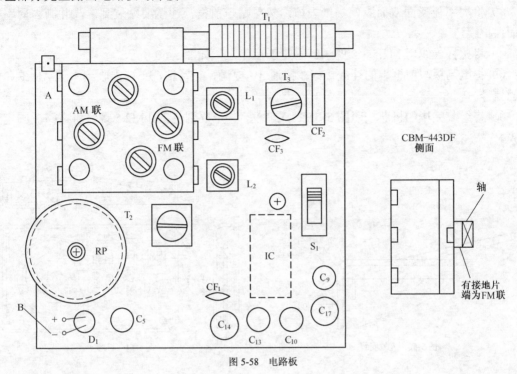

图 5-58 电路板

7. 前框准备

① 按图 5-59（a）将 YD57 扬声器安装于前框，用一字小螺丝刀靠在带钩固定脚左侧，利用突出的扬声器定位圆弧的内侧为支点，将其导入带钩压脚固定，是否用烙铁热铆 3 只固定脚视具体情况而定。

② 按图 5-59（c）将 ϕ3.5 耳机插孔用螺母固定在机壳相应位置。

③ 按图 5-59（c）插上正极片与负极弹簧，并将图中带箭头处焊牢。

④ 按图 5-59（c）焊上相应导线，并接入印制板相应位置。

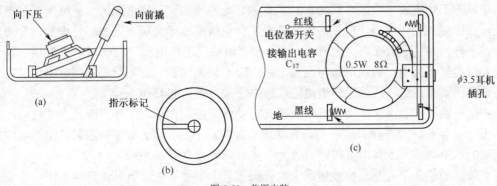

图 5-59 前框安装

⑤ 调谐盘安装在四联轴上，如图 5-59（b）所示，用 M2.5 × 5 螺钉固定，注意调谐盘指

示方向。

⑥ 将拎带套在前框内。

⑦ 将周率板反面双面胶保护纸去掉，然后贴于前框，注意要贴装到位，并撕去周率板正面保护膜。

⑧ 将拉杆天线用 M2.5×5 的螺钉固定于后盖上，如图 5-60 所示。

⑨ 将电路板与前框上的连线接好，接通 3V 电源，正常情况下应能收到本地 AM/FM 电台的信号。

⑩ 将组装完毕的机芯按照图 5-61 装入前框，一定要到位，用 M2.5 螺钉将电路板固定于机壳。

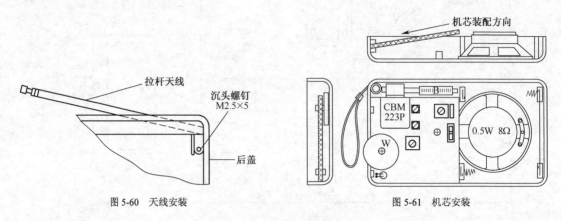

图 5-60　天线安装　　　　　　　　图 5-61　机芯安装

5.5　测量与调试

5.5.1　直流工作点的调试

在晶体管收音机电路中，由于各级的功能不同，各级晶体管的直流工作点也就不同。变频级包括混频电路和振荡电路两部分。从混频的要求来考虑，晶体管应工作在非线性区，工作电流要小。但混频级还要求对中频信号有一定的放大作用，因而工作电流不能太小。所以，混频电路的工作电流一般取 0.3～0.5mA。对振荡电路而言，工作电流大一些可使振荡电压强一些，从而提高变频增益。但振荡电压太强了会使振荡波形失真，谐波成分增加，反而使变频增益下降，并使混频噪声大大增强，所以振荡电路的工作电流一般取 0.5～0.8mA。在一般的收音机实验电路中，振荡电路与混频电路合用一只晶体管，变频级的工作电流同时兼顾混频与振荡的要求，这一级的工作电流应取折中值，一般为 0.4～0.6mA。

中放电路一般有两级。第一级中放要起自动增益控制作用，工作点应选在非线性区，工作电流一般取 0.4～0.6mA，这样加入自动增益控制后不易失真，效果也明显；第二级中放要有足够的功率增益，工作电流应适当取大一点，一般取 0.6～0.8mA。

低放级的输入信号是从检波级送来的音频信号，幅度不大，所以该级的工作电流一般取 1.2～2.5mA。

功放级一般采用推挽电路，为了消除交越失真，提高效率，应使它工作在甲乙类，工作电流一般取 2～6mA。

5.5.2 中频的调整

收音机中频的调整是指调整收音机的中频放大电路中的中频变压器（简称"中周"），使各中频变压器组成的调谐放大器都谐振在规定的 465kHz 的中频频率上，从而使收音机达到最高的灵敏度和最好的选择性。因此中频调得好不好，对收音机的影响是很大的。

新的中频变压器在出厂时都经过调整。但是，当这些中频变压器被安装在收音机上以后，还是需要重新调整的。这是由于它所并联的谐振电容的容量总存在误差，同时安装后存在布线电容。这些都会使新的中频变压器失谐。另外，一些使用已久的收音机，其中频变压器的磁芯也会老化，元器件也有可能变质。这些也会使原来调整好的中频变压器失谐。所以，仔细调整中频变压器是装配新收音机和维修旧收音机时不可缺少的一步工作。一般超外差式收音机使用的都是通用的调感式中频变压器。中频的调整主要是调节中频变压器的磁帽的相对位置，以改变中频变压器的电感量，从而使中频变压器组成的振荡回路谐振在 465kHz 上。调试仪器包括高频信号发生器、双踪示波器、晶体管毫伏表、制作的环形接收天线（调 AM用）、无感应螺丝刀、音频信号发生器等。调试电路如图 5-62 所示。

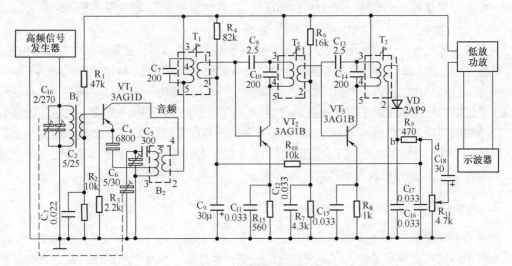

图 5-62 中频变压器调试电路

首先在元器件装配焊接无误及机壳装配好后，将机器接通电源，在 AM 能收到本地电台后，即可进行调试工作。先将双联旋至最低频率点，高频信号发生器置于 465kHz 频率处，输出场强为 10mV/M，调制频率 1000Hz，调幅度 30%，收到信号后，观察示波器有 1000Hz 波形，再用无感应螺丝刀依次调节黑、白、黄 3 个中频变压器，要反复调节，使其输出最大，465kHz 中频即调好。

5.5.3 统调跟踪

收音机的统调跟踪主要是调整超外差式收音机的输入电路和振荡电路之间的配合关系，使收音机在整个波段内都能正常收听电台广播，同时使整机灵敏度及选择性都达到最好的程度。统调跟踪主要包括两个方面的工作：一是校准频率刻度，二是调整补偿。下面以收音机的中波段为例，说明统调跟踪的原理。

1. 校准频率刻度

收音机的中波段通常规定在 535～1605kHz 的范围内。它是通过调节双联可变电容器，使电容器从最大容量变到最小容量来实现这种连续调谐的。校准频率刻度的目的，就是通过调整收音机的本机振荡的频率，使收音机在整个波段内收听电台时都能正常工作，而且收音机指针所指出的频率刻度与接收到的电台频率相对应。

一般地，我们把整个频率范围内 800kHz 以下称为低端，将 1200kHz 以上称为高端，而将 800～1200kHz 之间称为中间。正常的收音机，当双联电容器从最大容量旋到最小容量时，频率刻度指针恰好从 520kHz 移到 1605kHz 的位置，收音机也应该能接收到 535～1605kHz 范围内的电台信号。在这种情况下，我们称这台收音机的频率范围和频率刻度是准确的。但是，没有调整过的新装收音机或者已经调乱了的收音机，其频率范围和频率刻度往往是不准的，不是偏高就是偏低。例如，一个收音机所能接收到的信号频率不是 535～1605kHz，而是 500～1500kHz，就称它的频率范围偏低。如果收音机所能接收到的信号频率是 700kHz～2.1MHz，就称它的频率范围偏高。如果接收到的信号是 535～1500kHz，就称它的高端频率范围不足。如果接收到的频率为 600～1605kHz，就称它的低端频率范围不足。对于这些收音机，必须校准频率刻度，才能达到应有的性能指标。

在超外差式收音机中，决定接收频率或决定频率刻度的是本机振荡频率与中频频率的差值，而不是输入回路的频率。当中频变压器调准也就是中频频率调准以后，校准收音机的频率刻度的任务实际上只需要通过调整本机振荡器的频率即可完成。具体做法是在振荡回路里，先从信号频率范围的低端进行调整，调整振荡线圈 B_2 的磁芯，即改变振荡线圈的电感量，可以较为显著地改变低端的振荡频率。然后再调整与振荡线圈并联的补偿电容 C_6，如图 5-62 所示的变频输入电路，这样就可以较为显著地改变高端的振荡频率。因此，校准频率刻度的基本原则是"低端调电感，高端调电容"。如果将最高端和最低端调准了，中间频率点一般就是准确的。

2. 调整补偿

本机振荡电路和中频变压器的频率调好后，就剩下对输入回路的调整了。实际上，本机振荡频率与中频频率就确定了输入回路应接收的外来信号频率。而此时的输入回路是否与此信号频率谐振，就决定了超外差式收音机的灵敏度和选择性。调整补偿就是调整输入回路，使它与振荡回路跟踪并正好在这一外来信号的频率上谐振，从而使收音机的整机灵敏度和选择性达到最佳状态。所以通常调整输入回路就称为调整补偿，调整补偿要进行所谓"三点统调"，即在输入调谐回路的低端 600kHz、中间 1000kHz 和高端 1500kHz 处进行调整。调低端时，应调整输入回路线圈在磁棒上的位置，即调 B_1。调高端时，应调整与输入回路线圈并联的微调电容 C_2，如图 5-62 所示。所以调整补偿电容的基本原则仍可归纳为"低端调电感，高端调电容"。

振荡回路和输入回路调好后，使用时只要调节双联可变电容器，就可以使输入回路和振荡回路的频率同时发生连续变化，从而使这两个回路的频率差值保持在 465kHz，即所谓同步跟踪。但是，要使整个波段内每一点都达到同步是不易实现的。我们前面所进行的对刻度和调整补偿也都只是在特殊的频率点上进行的，所以严格地说，超外差式收音机的输入回路和振荡回路在整个波段内实际上只有三点是跟踪的，称为三点同步或三点跟踪。

3．三点统调原理

超外差式收音机的主要特色是有变频级。

如图 5-62 所示，变频级有 3 个谐振回路。一个是 B_1（变压器 B_1 的 1～2 端之间的电感）、C_{1a}、C_2 组成的输入回路，调节这个回路可以选择不同频率的电台信号 f_s；一个是由 B_2（变压器 B_2 的 3～5 端之间的电感）、C_{1b}、C_5、C_6 组成的本机振荡回路，调节这个回路，可以改变本机振荡的频率 f_L；另一个是由 T_1（变压器 T_1 的 3～5 端之间的电感）、C_7 组成的中频回路，它谐振于固定的中频 f_i（465kHz）。3 种频率之间的关系满足 $f_L - f_s = f_i$ 时，称为外差跟踪。当所接收的信号频率 f_s 改变时，本振频率 f_L 也得到相应的改变，才能保持上述的跟踪关系。改变 f_s 及 f_L 是通过改变调谐回路电容实现的。为了简单起见，一般把两个回路的可变电容 C_{1a} 和 C_{1b} 的动片连在同一个轴上组成所谓的"双联电容"，来满足两个调谐回路的需要。这种通过改变双联电容的容量，使 3 个调谐回路的频率满足 $f_L - f_s = f_i$ 的过程，称为跟踪调谐，图 5-63 所示是理想的跟踪曲线。

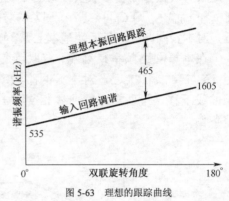

图 5-63　理想的跟踪曲线

图 5-63 中 f_L 与 f_s 是完全跟踪的理想曲线，即在 0°～180° 范围内处处满足跟踪条件。而实践证明，要在整个波段内，每一点都要做到跟踪是不现实的。收音机工作在中波段时，输入信号频率范围为：535～1605kHz；

其输入回路频率覆盖系数为：$K_S = \dfrac{f_{Smax}}{f_{Smin}} = \dfrac{1605}{535} = 3$；

本振频率范围为：(535+465)～(1605+465)kHz，即 1000～2070kHz；

其本振回路频率覆盖系数为：$K_L = \dfrac{f_{Lmax}}{f_{Lmin}} = \dfrac{2070}{1000} = 2.07$。

可见，在一个波段内，振荡回路与输入回路的频率覆盖系数不相等，所以要达到如图 5-63 所示的跟踪效果是不可能的，实际的跟踪曲线如图 5-64、图 5-65 所示。

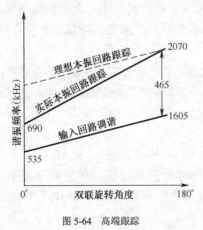

图 5-64　高端跟踪

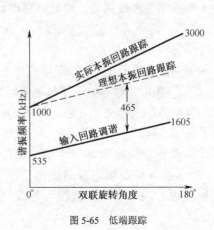

图 5-65　低端跟踪

输入回路、本振回路从最低频率变到最高频率时，由于它们的波段覆盖系数不同，只能做到某一点跟踪，最高端满足跟踪要求或者最低端满足跟踪要求。由于输入回路和本振回路采用两组等容双联可变电容器（有薄膜介质密封双联电容的容量为 $7\sim270pF$，空气双联电容的容量为 $2\sim366pF$），这就给收音机的统调造成了困难。

为了改善实际跟踪状况，解决的方法是采用等容双联电容器，在本振回路增加两个附加电容。一个与本振回路串联，通常称垫整电容，其容量与 C_{1bmax} 相近；另一个与本振回路并联，通常称补偿电容，其电容量较小，与 C_{1bmin} 相近。

当在本振回路中并联补偿电容时：

在本振回路频率最低端，双联可变电容全部旋进去，电容最大，加补偿电容 C_I，因其电容量较小，补偿电容与双联可变电容 C_{1bmin} 的最小值近似，电容 C_{1b} 值最大（全部旋进），此时 $C_I \ll C_{1bmax}$，则 C_I 可忽略，所以 C_I 对振荡回路低频端没影响，其电容量较小，与 C_{1bmin} 相近，对本振回路频率最低端基本上无影响，振荡频率最低端 a 点满足跟踪条件。

在本振回路频率最高端，双联可变电容全部旋出来，电容量最小，加入补偿电容 C_I，因 C_I 与 C_{1bmin} 接近，对本振回路频率最高端影响较大，使最高振荡频率降低，结果跟踪曲线下移，与理想跟踪曲线相交于 b' 点，如图 5-66 所示，很显然 b 点和 b' 点都满足跟踪条件。

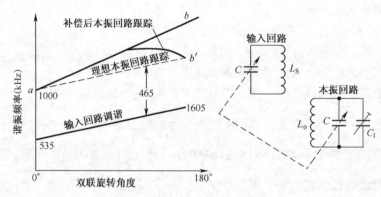

图 5-66　并联补偿电容时跟踪曲线

当本振回路中串联一个垫整电容时：

在本振回路频率最高端，双联可变电容全部旋出来，电容量最小，在本振回路加入垫整电容 C_P 之后，其容量与 C_{1bmax} 相近，$C_P \gg C_{1bmin}$ 对本振回路频率最高端基本上没有影响，b 点满足跟踪条件。

在本振回路频率最低端，双联可变电容全部旋进去，电容量最大，串接垫整电容 C_P 之后，因 C_P 与 C_{1bmax} 相近，对本振回路频率低端影响较大，使本振回路频率升高，使实际的跟踪曲线上翘，与理想曲线相交于 a 点，如图 5-67 所示，把 a 点抬上去变为 a' 点，由此 a' 点、b 点都满足了跟踪条件。

这样就能在波段内满足三点频率跟踪，由图 5-68 可见，附加 C_I 和 C_P 后，跟踪曲线变成了 S 曲线，与理想跟踪曲线相交于三点，因此称为三点统调，其他频率虽不完全跟踪，但也有很大改善，在中波段，与 3 个统调点对应的频率通常为 600kHz、1000kHz 和 1500kHz。

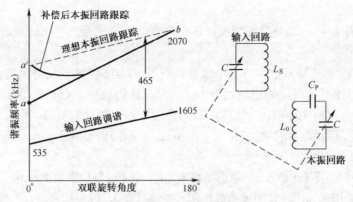

图 5-67 串联垫整电容的跟踪曲线

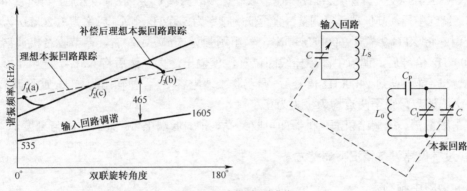

图 5-68 三点统调跟踪曲线

5.5.4 HX108-2 型外差式收音机测量与调试

1. 调试用仪器设备

（1）测量用仪器设备

① 稳压电源（3V/200mA，或 2 节 5 号电池）；

② 高频信号发生器（SG1649 函数信号发生器或 XFG-7 信号发生器）；

③ 双踪示波器；

④ 毫伏表；

⑤ 圆环天线（调 AM 用）；

⑥ 无感应螺丝刀。

（2）测试仪器连接方框图

测试仪器连接方框图如图 5-69 所示。

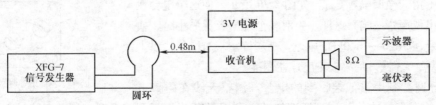

图 5-69 测试仪器连接方框图

（3）调试步骤

在元器件装配焊接无误及机壳装配好后，将机器接通电源，在 AM 能收到本地电台后，即可进行调试工作。

① 中频调试：首先将双联电容旋至最低频率点，SG1649 函数信号发生器或 XFG-7 信号发生器置于 465kHz 频率处，输出场强为 10mV/M，调制频率 1000Hz，调幅度 30%，收到信号后，用示波器观测到 1000Hz 的波形，用无感应螺丝刀依次调节黑、白、黄 3 个中频变压器（中周），经反复调节，使其输出最大，465kHz 中频即调节好了。

② 覆盖及统调调试：

覆盖：将 XFG-7 置于 520kHz，输出场强为 5mV/M，调制频率为 1000Hz，调制度 30%，双联电容调至低端，用无感应螺丝刀调节红中周（振荡线圈），收到信号后，再将双联电容旋到最高端，XFG-7 信号发生器置 1620kHz，调节双联振荡联微调 C_{A-2}，收到信号后，再重复将双联旋至低端，调红中周，高低端反复调整，直至低端频率为 520kHz，高端频率为 1620kHz 为止。

统调：将 XFG-7 置于 600kHz 频率，输出场强为 5mV/M 左右，调节收音机调谐旋钮，收到 600kHz 信号后，调节中波磁棒线圈位置，使输出最大，然后将 XFG-7 旋至 1400kHz，调节收音机，直至收到 1400kHz 信号后，调双联微调电容 C_{A-1}，使输出为最大，重复调节 600～1400kHz 统调点，直至两点均为最大为止。

在中频覆盖、统调结束后，机器即可收到高、中、低端电台，而且频率与刻度基本相符。

2．没有仪器设备情况下调整方法

（1）调整中频频率

本套件所提供的中频变压器（中周），出厂时都已调整在 465kHz（一般调整范围在半圈左右），因此调整工作较简单。打开收音机，随便在高端找一个电台，先从 B_5 开始，然后 B_4、B_3，用无感应螺丝刀（可用担料、竹条或者不锈钢制成）向前顺序调节，调到声音响亮为止。由于自动增益控制作用，以及当声音很响时，人耳对音响的变化不易分辨的缘故，收听本地电台，当声音已调到很响时，往往不容易调精确，这时可以改变接收较弱的外地电台或者转动磁性天线方向以减小输入信号，再调到声音最响为止。按上述方法从后向前的次序反复细调两三遍直至最佳即告完成。

（2）调整频率范围（对刻度）

① 调低端：在 550～700kHz 范围内选一个电台，例如中央人民广播电台 640kHz，参考调谐盘指针指在 640kHz 的位置，调整振荡线圈 B_2（红色）的磁芯，便能收到这个电台信号，并调到声音较大。这样，当双联电容全部旋进容量最大时的接收频率在 525～530kHz 附近时，低端刻度就对准了。

② 调高端：在 1400～1600kHz 范围内选一个已知频率的广播电台，如 1500kHz，再将调谐盘指针指在周率板刻度 1500kHz 这个位置，调节振荡回路中双联顶部左上角的微调电容 C_{1-B}，如图 5-70 所示，使这个电台在这个位置出现声音最响。这样，当双联全旋出容量最小时，接收频率必定在 1620～1640kHz 附近，高端位置就对准了。以上两步需反复 2～3 次，周率板刻度才能调准。

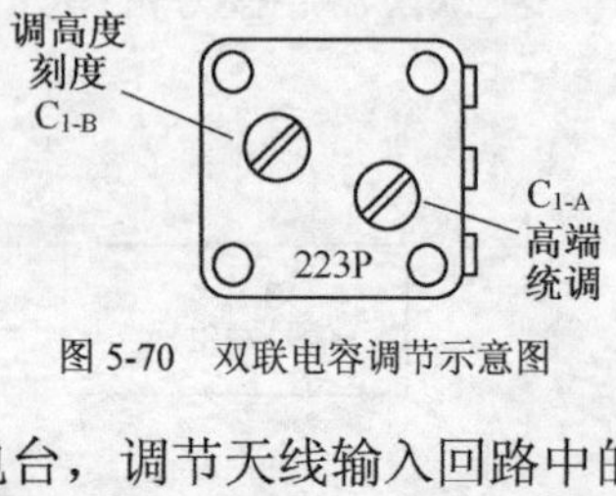

③ 统调：利用最低端收到的电台，调整天线在磁棒上的位置，使声音最响，以达到低端统调。利用最高端收听到的电台，调节天线输入回路中的

图 5-70 双联电容调节示意图

微调电容（C_{1-A}），如图 5-70 所示，使声音最响，以达到高端统调。为了检查是否统调好，可以采用电感量测试棒（铜铁棒）来加以鉴别。

（3）铜铁棒的制作方法

取一支废笔杆或塑料软管，一端嵌入铜棒或铝棒，也可以用直径 1～2mm 铜线在笔杆上绕成 3～5 匝的铜环，另一头嵌入 20mm 的高频磁芯，还可用断磁棒代替，这样一支电感量测试棒就制作成功了，如图 5-71 所示。

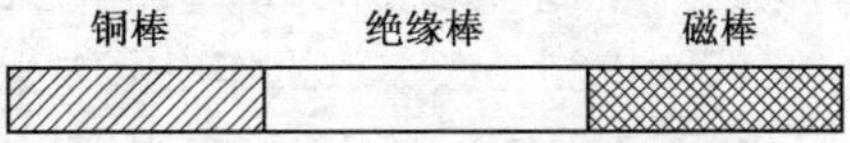

| 铜棒 | 绝缘棒 | 磁棒 |

图 5-71　铜铁棒的形状

（4）测试方法

将收音机调到低端电台位置，用测试棒铜端靠近天线线圈（B_1），如果声音变大，则说明天线线圈电感量偏大，应将线圈向磁棒外侧稍移；用测试棒铁端靠近天线线圈，如声音增大，则说明线圈电感量偏小，应增加电感量，即将线圈往磁棒中心稍加移动；用铜铁棒两端分别靠近天线线圈，如果收音机声音均变小说明电感量正好，则电路已获得统调。

3．组装调整中易出现的问题

（1）变频部分

判断变频级是否起振，用 5000 型万用表直流 2.5V 挡正表棒接 VT_1 发射极，负表棒接地，然后用手接触双联振荡联（即连接 B_2 端），万用表指针应向左摆动，说明电路工作正常，否则说明电路中有故障。变频级工作电流不宜太大，否则噪声大。红色振荡线圈外壳两脚均应折弯焊牢，以防调谐盘卡盘。

（2）中频部分

中周不能互相调换位置，如果中周顺序号位置搞错，会使收音机的灵敏度和选择性降低，有时会产生自激。

（3）低频部分

输入、输出变压器的位置搞错，虽然工作电流正常，但音量很低，VT_6、VT_7 集电极（C）和发射极（E）搞错，工作电流调不上，音量极低。

4．HX108-2 型外差式收音机故障检测

在安装正确、元器件无差错，无缺焊、错焊及搭焊的前提下，一般由后级向前级进行检测，先检查低放级，再看中放级和变频级。检测方法如下。

（1）检测整机静态总电流

本机静态总电流应小于 25mA，无信号时，若大于 25mA，则该机出现短路或局部短路，无电流则电源没接上。

（2）检测工作电压

总电压 3V 正常情况下，VD_1、VD_2 两个二极管电压在 1.3±0.1V，此电压大于 1.4V 或小于 1.2V 时，此机均不能正常工作。大于 1.4V 时二极管 1N4148 可能极性接反或已坏，检查二极管。小于 1.2V 或无电压应检查：①电源 3V 是否接上；②阻值为 220Ω 的 R_{12} 电阻是否接对或接好；③中周（特别是白中周和黄中周）初级与其外壳是否短路。

（3）检测变频级工作电流

如果无工作电流，应检测：①天线线圈次级是否接好；②晶体管 V19018 已坏或未按要

求接好；③振荡线圈（红）次级是否接通；④R_3（100Ω）虚焊或错接了大阻值电阻；⑤电阻 R_1（100kΩ）和 R_2（2kΩ）接错或虚焊。

（4）检测一级中放无工作电流

检查点：①VT_2 晶体管是否坏了或 VT_2 管引脚插错；②R_4（20kΩ）电阻未接好；③黄中周次级开路；④C_4（4.7μF）电解电容短路；⑤R_5（150Ω）开路或虚焊。

（5）检测一级中放工作电流大于 2mA（标准是 0.4～0.8mA，见原理图）

检查点：①R_8（1kΩ）电阻未接好或连接 1kΩ电阻的铜箔里有断裂现象；②C_5（233）电容短路或 R_5（l50Ω）电阻错接成 51Ω；③电位器坏，测量不出 R_9（680Ω）阻值或未接好；④检波管 VT_4（9018）坏，或引脚插错。

（6）检测二级中放无工作电流

检查点：①黑中周初级开路；②黄中周次级开路；③晶体管坏或引脚接错；④R_7（51Ω）电阻未接上；⑤R_6（62kΩ）电阻未接上。

（7）检测二级中放电流太大，大于 2mA

检查点：R_6（62kΩ）是否接错，阻值是否远小于 62kΩ。

（8）检测低放级无工作电流

检查点：①输入变压器（蓝）初级开路；②VT_5 晶体管坏或接错引脚；③电阻 R_{10}（51kΩ）未焊好或晶体管引脚接错。

（9）低放级电流大于 6mA

检查点：R_{10}（51kΩ）电阻是否装错，或是阻值太小。

（10）功放级无电流（VT_6、VT_7 管）

检查点：①输入变压器次级不通；②输出变压器不通；③VT_6 和 VT_7 晶体管坏或接错引脚；④R_{11}（1kΩ）电阻未接好。

（11）功放级电流太大，大于 20mA

检查点：①二极管 VD_4 坏或极性接反，引脚未焊好；②R_{11}（1kΩ）电阻装错了，用了小电阻（远小于 1kΩ的电阻）。

（12）整机无声

检查点：①检查电源是否加上；②检查 VD_1、VD_2（1N4148）两端是否是 1.3±0.1V；③静态电流是否小于或等于 25mA；④检查各级电流是否正常，变频级 0.2±0.02mA，一级中放 0.6±0.2mA，二级中放 1.5±0.5mA，低放 3±1mA，功放 4±10mA（说明：15mA 左右属正常）；⑤用万用表"×1"挡检查扬声器，应有 8Ω左右的电阻，表棒接触扬声器引出接头时应有"喀喀"声，若无阻值或无"喀喀"声，说明扬声器已坏，测量时应将扬声器焊下，不可连机测量；⑥B_3 黄中周外壳未焊好；⑦音量电位器未打开。

5.5.5　HX203 AM/FM 收音机的测量与调试

1. 所用仪器设备

① 稳压电源一台；

② AM 高频信号发生器一台；

③ 毫伏表一台；

④ FM 高频信号发生器一台；

⑤ 示波器一台；

⑥ 环形天线一支；

⑦ 无感应螺丝刀一支；

⑧ 万用表一只。

2．工作电压的测量

在收音机装配和焊接完成之后，需要用万用表对整机工作电压进行测量，CXA1191M 各脚直流电压见表 5-6，表 5-7 是电参数表。如测试数值与所示数值大致相符，则满足要求。如果所测电压与表中所列数据相距太大则要检查有问题引脚周围的元器件和印制电路板是否有断开的地方，发现问题及时纠正，直至所有脚电压正常。

表 5-6　　　　　　　　　　　　CXA1191M 各脚直流电压参考表　　　　　　　　　　（单位：V）

脚位	AM	FM	脚位	AM	FM	脚位	AM	FM	脚位	AM	FM
1	0.5	0.2	8	1.25	1.25	15	0	0.6	22	1.2	0.8
2	2.6	2.2	9	1.25	1.25	16	0	0	23	1.1	0.5
3	1.4	1.5	10	1.25	1.25	17	0	0.6	24	0	0
4	0.12	0.12	11	0	0	18	0	0	25	2.7	2.7
5	1.25	1.25	12	0	0.3	19	0	0	26	3.0	3.0
6	0.4	0.6	13	0	0	20	0	0	27	1.5	1.5
7	1.25	1.25	14	0.2	0.5	21	1.35	1.25	28	0	0

表 5-7　　　　　　　CXA1191M 的电参数（$V_{CC} = 6V$，$t = 25℃$，$f = 1kHz$）

参　数	测 试 条 件	最小值	典型值	最大值
AM 静态电流　I_Q（mA）	$V_{in} = 0(AM)$		3.5	10
FM 静态电流　I_Q（mA）	$V_{in} = 0(FM)$		7.0	14
FM 高放电压增益 G_{v1}（dB）	$V_{in1} = 4dB\mu V$，100MHz	32	39	46
FM 检波输出电平 V_{D1}（mV）	$V_{in3} = 4dB\mu V$ 10.7MHz（1kHz，22.5kHz，DEV）	39	77.5	155
FM-IF 限幅电平 V_{D2}（dBμV）	$V_{in3} = 90dB\mu V$（−3dB 点） （1kHz，22.5kHz，DEV）		24	32
FM 检波输出失真　THD_1	$V_{in3} = 90dB\mu V$ 10.7MHz（1kHz，75kHz，DEV）		0.3%	2.0%
FM 调谐表电流　I_{BI}（mA）	$V_{in} = 60dB\mu V$，10.7MHz	1.8	3.5	7.0
AM 高放电压增益　G_{v2}（dB）	$V_{in2} = 60dB\mu V$，1660kHz	15	22	29
AM-IF 电压增益 G_{v3}（dBμV）	V_{in3} 为 455kHz（1kHz，MOD = 30%）、输出 −34dBm 时的电平	14	20	27
AM 检波输出电平 V_{D3}（mV）	$V_{in3} = 85dB\mu V$ 455kHz（1kHz，MOD = 30%）	39	77.5	159

参　数	测　试　条　件	最小值	典型值	最大值
AM 调谐表头电流 I_{B2}（mA）	$V_{in} = 85\text{dB}\mu\text{V}$ 455kHz（1kHz，MOD = 30%）	1.3	3.0	7.0
AM 检波输出失真 THD_2	$V_{in2} = 95\text{dB}\mu\text{V}$，$V_{CC} = 7.8\text{V}$ 1600kHz（1kHz，MOD = 30%）		0.6%	2.0%
音频电压增益　G_{v4}（dB）	$V_{in} = 60\text{dB}\mu\text{V}$，10.7MHz $V_{in4} = -30\text{dBm}$，1kHz	27	31.6	36
音频失真　THD	$V_{in4} = 20\text{dBm}$，1kHz，10.7MHz $P_O = 50\text{mW}$，$V_{in3} = 60\text{dB}\mu\text{V}$		0.3%	2.5%
静噪电平　V_{D4}（dB）	$P_O = 50\text{mW}$，$V_{in3} = \text{OFF}$ $V_{in4} = -20\text{dBm}$，1kHz	8	15	22

3. 仪器设备的连接线路与测试

（1）测试连接线路图

① AM 收音机调试仪器接线框图（见图 5-72）。

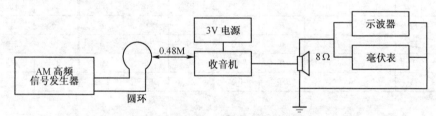

图 5-72　AM 收音机调试仪器接线框图

② FM 收音机调试仪器接线框图（见图 5-73）。

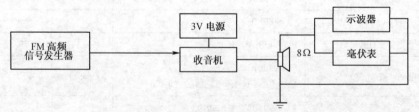

图 5-73　FM 收音机调试仪器接线框图

（2）中频调试

接通 3V 电源，在 AM/FM 两个波段均能听到广播电台的声音后即可进行调试工作。

① AM 频率覆盖调整：将波段开关置于 AM，四联微调电容旋到低端，高频信号发生器调制方式置于 AM，载频调到 465kHz，输出调节 10mV/M，调制频率调到 1000Hz，调制度为 30%，收到信号后示波器上应显示 1000Hz 的波形，用无感应螺丝刀调节 T_3（黄）中周使输出最大，465kHz 中频即调整好。

② FM 频率覆盖调整：FM 中频为 10.7MHz，因本机使用了两个 10.7MHz 陶瓷滤波器，FM 中频无需调试。

（3）覆盖及统调调试

① AM 的覆盖调试：将波段开关置于 AM，如图 5-74 所示，四联微调电容旋至低端，高频信号发生器调制方式置于 AM，载频调到 520kHz，输出调至 5mV/M，调制频率调到 1000Hz，调制度为 30%，用无感应螺丝刀调节 T_2（红）振荡线圈，接收到信号后再将四联电容旋钮旋至最高端，高频信号发生器的载频调到 1620kHz，调节 AM 振荡微调电容 C_{04}，使声音输出最大。

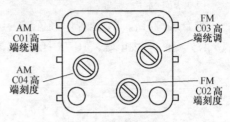

图 5-74　四联微调电容

② AM 的统调调试：将高频信号发生器载频调到 600kHz，输出场强为 5mV/M，调节收音机调谐旋钮收到 600kHz 信号后调节中波磁棒线圈位置，使输出最大为止，然后将载频调至 140kHz，调节收音机，直到收到 1400kHz 信号后调节双四联微调电容 C_{01}，使输出为最大，反复调节 600kHz 和 140kHz 直至两点输出均为最大为止，用蜡将线圈封牢。

③ FM 的覆盖与统调：收音机波段开关置于 FM，高频信号发生器置于 FM，调制度频偏 40kHz，载频调为 108MHz，输出幅度为 40μV 左右，信号由拉杆天线端输入，将四联电容置于高端，调节四联微调电容 C_{02}，收到信号后再调 C_{03} 使输出为最大，然后将四联电容旋至低端，载频调为 64MHz，输出幅度为 40μV 左右，调节 L_2 磁芯电感，收到信号后调 L_1 磁芯电感使输出为最大，高端 108MHz 和低端 64MHz 重复以上步骤直至输出最大为止。

最后，将后盖盖上，使拉杆天线和压簧片接触良好，安装上两节五号电池便可正常收听。

4. 常规故障级排除方法

（1）无声

首先检查 IC 有无漏焊、搭焊，方向是否焊接错。IC 引脚电容是否接好，电解电容正负极性是否焊接反，IC 从 1～28 脚的引脚所接元器件是否正确，按原理图检查一遍，插孔是否接对。

（2）自激啸叫声

检查 C_2（473）、C_{16}（104）电容有无焊牢。

（3）发光二极管不亮

发光二极管焊反或损坏。

（4）AM 串音

不管在哪个频率，始终有同一广播电台的信号，则为选择性差。可将 CF_2（465kHz）黄色陶瓷滤波器从电路板拆下，反向接入或调换新的。

（5）机械振动

音量开大时，扬声器中发出"呜呜"声，用耳机试听则没有。原因是 T_2、T_3、L_1、L_2 磁芯松动，随着扬声器音量开大时而产生共振。解决方法：用蜡封固磁芯即可排除。

（6）AM/FM 开关失灵

检查开关是否良好，检查电容 C_7（103）是否完好或焊牢，检查 IC15 脚是否与开关、C_7 连接可靠或存在虚焊。

（7）AM 无声

检查天线线圈的 3 根引出线是否有断线，与电路板相关焊点连接是否正确。检查振荡线

圈 T_2（红）是否存在开路。用数字万用表测量 1～3 脚正常值为 2.8Ω左右，4～6 脚为 0.4Ω左右。如果偏差太大，则必须更换。

（8）FM 无声

检查线圈 L_1、L_2 是否焊接可靠，10.7MHz 二端鉴频器（CF_1）是否焊接不良，电阻 R_1（150Ω）是否焊接正确，10.7MHz 三端滤波器是否（CF_2）存在假焊。

第三篇　现代电子线路设计技术指导
——电类专业生产实习指导

第6章　电子线路原理图与印制电路板设计技术

6.1　Protel DXP 2004 软件简介

Protel 公司于 1985 年在澳大利亚的悉尼成立，同年推出第一代 DOS 版设计软件——1988年 Protel 软件的雏形 TANGO 软件包问世，它支持原理图及印制电路板（PCB）的设计和打印输出。同年，Protel 公司在美国的硅谷设立研发中心，开发的升级版 Protel for DOS 引入中国后，因方便、易学、实用的特点得到了广泛的应用。进入 20 世纪 90 年代以后，随着个人计算机硬件性能的提高和 Windows 操作系统的推出，Protel 公司于 1991 年发布了世界上第一个基于 Windows 环境的电子设计自动化（Electronic Design Automation，EDA）工具，奠定了其在桌面 EDA 系统的领先地位。

1998 年，Protel 公司推出 Protel 98，将原理图设计、PCB 设计、无网格布线器、可编程逻辑器件设计和混合电路模拟仿真集成于一体化的设计环境中，随后又推出了 Protel 99 及 Protel 99SE 等产品。2002 年，该公司更名为 Altium 公司，又推出 Protel DXP（Design Explorer）。Protel DXP 与以前的 Protel 99SE 相比，在操作界面和操作步骤上有了很大的改进，用户界面更加友好、直观，使用户操作更加便利。

Protel DXP 是一款 EDA 设计软件，主要用于电路设计、电路仿真和 PCB 的设计，同时还提供了超高速集成电路硬件描述语言（VHDL）的设计工具进行现场可编程门阵列（FPGA）设计。

6.1.1　Protel DXP 的组成及特点

Protel DXP 主要由原理图（Schematics）设计模块、电路仿真（Simulate）模块、PCB 设计模块和复杂可编程逻辑器件（CPLD）/FPGA 设计模块组成。

① 原理图设计模块主要用于电路原理图的设计，生成.schdoc 文件，为 PCB 的设计做前期准备工作，也可以用来单独设计电路原理图或生产线使用的电路装配图。

② 电路仿真模块主要用于电路原理图的仿真运行，以检验/测试电路的功能/性能，可生成.sdf 和.cfg 文件。该模块通过对设计电路引入虚拟的信号输入、电源等电路运行的必备条件，

让电路进行仿真运行，观察运行结果是否满足设计要求。

③ PCB 设计模块主要用于 PCB 的设计，生成的.PcbDoc 文件将直接应用到 PCB 的生产中。

④ CPLD/FPGA 设计模块可以借助 VHDL 描述或绘制原理图方式进行设计，设计完成之后，提交给产品定制部门来制作具有特定功能的元器件。

Protel DXP 中引入了集成库的概念，Protel DXP 附带了 68000 多个元器件的设计库，大多数元器件都有默认的封装，用户既可以对原封装进行修改，也可以在 PCB 库编辑器中设计所需要的新封装。

Protel DXP 有 74 个板层设计可供使用，包括 32 层信号层（Signal Layers）、16 层机械层（Mechanical Layers）、16 层内电层（Internal Planes）、2 层阻焊层（Mask Layers）、2 层锡膏层（Paste Mask）、2 层丝印层（Silkscreen Layers）、2 层钻孔层（Drill-Layers）、1 层禁止布线层（Keep-Out Layer）和 1 层多层（Multi-Layer）。

与以前的 Protel 99SE 相比，Protel DXP 还具有以下特点。

① Protel DXP 中焊盘的外形：圆形（Round）、方形（Rectangle）和八角形（Octagonal）。

② 焊盘堆叠结构分为：所有层上焊盘都相同（Simple），顶层、中间层和底层分别定义焊盘形状（Top-Mid-Bottom），以及所有层都能各自定义焊盘外形（Full Stack）。

③ Protel DXP 中过孔的种类：过孔（Through-hole）、板层对（Board-storey）、盲孔和埋孔（Blind & Buried）。

Protel DXP 采用了改进型 Situs Topological Auto Routing 布线规则。这种改进型的布线规则以及内部算法的优化都大大地提高了布线的成功率和准确率。这也在某种程度上减轻了设计负担。

Protel DXP 中的高速电路规则也很实用，它能限制平行走线的长度，并可以实现高速电路中所要求的网络匹配长度的问题，这些都能让设计高速电路也变得相对容易。

在需要进行多层板设计的情况下，用户只需在层管理器中进行相关的设置即可。可以在设计规则中制定每个板层的走线规则，包括最短走线、水平、垂直等。一般来讲，只要布局适当，进行完全自动布线，一次性成功率很高。

Protel DXP 不仅提供了部分电路的混合模拟仿真，而且提供了 PCB 和原理图上的信号完整性分析。混合模拟仿真包括真正的混合，混合电路模拟器电路图编辑的无缝集成，使得在设计时就可以直接从电路图进行模拟和全面的分析，包括交流电（AC）小信号分析、瞬态分析、噪声和直流电（DC）扫描分析，还包括用来测试元器件参数变化和公差影响的元器件扫描分析和蒙特卡罗（Monte Carlo）分析等。

信号完整性分析能够在软件上模拟出整个电路板各个网络的工作情况，并且可以提供多种优化方案供设计时选择。这里的信号完整性分析属于模拟级别，分析的是设计需要的电磁兼容（EMC）、电磁干扰（EMI）及串扰的参数，而且这些分析是完全建立在 Protel DXP 所提供的强大的集成库之上的。大到集成电路（IC）元器件，小到电阻、电容都有独自的仿真模型参数。混合模拟分析和完整性分析的结果以波形的形式显示出来，且波形的算法均较以前的版本有较大的优化。

总之，信号完整性分析给设计带来了很大的方便，提高了 PCB 制作的一次性成功率。

为了实现真正的、完整的板级设计，Altium 公司提出了 Live-Design-Enabled 的平台概念，这个平台实现了 Altium 软件的无缝集成。它集成了当今很流行的可设计专门应用集成电路（ASIC）的功能，并提供了原理图和 VHDL 混合设计的功能，而且所有设计 I/O 的改变均可返回到 PCB，使 PCB 上相应的 FPGA 芯片 I/O 发生改变。

Protel DXP 支持更完美的 3D 预览功能，在对 PCB 进行加工之前就可以从各个角度观看 PCB 及其焊装元器件后的"实物"概况。

6.1.2 Protel DXP 的安装与启动

Protel DXP 的安装和大多数 Windows 应用软件的安装方法类似，但在安装前必须进行语言设置，否则软件安装将出错以至于无法继续安装。

首先，在 Windows 系统的桌面上选择"开始"→"设置"→"控制面板"→"区域和语言选项"命令，如图 6-1 所示。

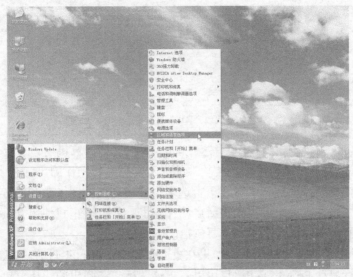

图 6-1　进入"区域和语言选项"对话框

在"区域和语言选项"对话框中，切换到"区域选项"选项卡，将"标准和格式"选项组中的"中文（中国）"改为"英语（美国）"，将"位置"选项组中的"中国"改为"美国"。更改前后的对比如图 6-2 所示。

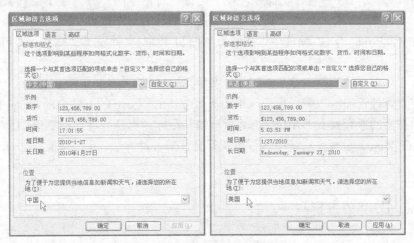

图 6-2　更改"区域选项"的前后对比

然后，切换到"高级"选项卡，将"非 Unicode 程序的语言"选项组中的"中文（中国）"改为"英语（美国）"。更改前后的对比如图 6-3 所示。

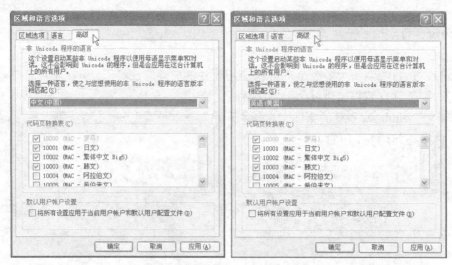

图 6-3　更改"高级"选项的前后对比

更改结束后，单击"确定"按钮，按系统提示重新启动计算机后，运行 Protel DXP 安装光盘中的 Setup.exe 文件，然后根据安装软件的提示信息进行操作即可。

安装结束后，必须再次进行区域和语言选项设置，可以按图 6-2 和图 6-3 恢复到安装前区域和语言的设置状态，确定后再次重新启动计算机，就可以正式使用 Protel DXP 了。

Protel DXP 的启动方法有多种，主要包括以下几种。

① 利用桌面上的快捷方式启动。如果在桌面上建立了 Protel DXP 的快捷方式图标，可以直接双击该图标启动 Protel DXP；也可以右击该图标，在弹出的快捷菜单中选择"打开"命令直接启动 Protel DXP。

② 利用"开始"菜单启动。在 Windows 系统的桌面上选择"开始"→"程序"→Altium→Protel DXP 命令，即可启动 Protel DXP。

③ 选择"开始"→"运行"命令，在"运行"对话框的"打开"下拉列表框中，输入 DXP.exe 的路径和文件名，单击"确定"按钮启动 Protel DXP 软件。

④ 双击在 Protel DXP 软件中生成的原理图和 PCB 文件及其他文件，即可启动 Protel DXP。

另外，还可以在"我的电脑"窗口中，找到 Protel DXP 的主文件 DXP.exe，双击就可以启动了；在"资源管理器"中，也可以采用类似双击 DXP.exe 的方法启动 Protel DXP；利用 Windows 的搜索功能查找到 DXP.exe，然后双击其图标，也是一种启动 Protel DXP 的方法。

总之，在 Windows 操作系统中运行可执行文件的各种方法，几乎都能在 Protel DXP 环境下使用。

6.1.3　Protel DXP 的主窗口

Protel DXP 启动后的主窗口如图 6-4 所示。

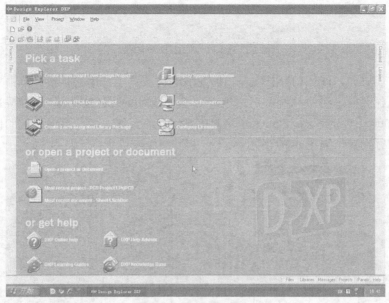

图 6-4　Protel DXP 主窗口

从图 6-4 可以看出，和所有的 Windows 软件一样，Protel DXP 的主窗口里也有菜单栏、工具栏、状态栏和工作面板。此外，Protel DXP 还多了几个标签栏，分布于主窗口周围。

1．菜单栏

Protel DXP 主窗口中的菜单栏具有系统设置、参数设置、命令操作和提供帮助等各项功能，同时也是用户启动和优化设计的主要入口之一。菜单栏如图 6-5 所示。

2．工具栏

利用 Protel DXP 主窗口中的工具栏可以打开已经存在的文档和项目，也可以将已经打开的文档在项目中进行删除、添加等操作。工具栏如图 6-6 所示。

图 6-5　Protel DXP 主窗口的菜单栏

图 6-6　Protel DXP 主窗口的工具栏

3．命令栏和状态栏

和所有的 Windows 软件一样，Protel DXP 主窗口的命令栏和状态栏位于工作桌面的下方，主要用于显示当前的工作状态和正在执行的命令。利用 View 菜单（见图 6-7）可以打开和关闭命令栏和状态栏。

4．标签栏

Protel DXP 主窗口中的标签栏和命令栏、状态栏一起放在工作桌面的下方，如图 6-8 所示。

图 6-7　View 菜单

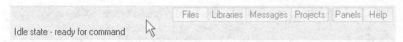

图 6-8　Protel DXP 主窗口的标签栏

为了设计的方便，Protel DXP 主窗口的左右两边放置了常用的标签，单击后，屏幕上会弹出对应的工作面板。例如，单击 Files 标签，会出现 Files 工作面板，如图 6-9 所示。

可以在 View→Workspace Panels 子菜单中设置左右标签，工作桌面下方的标签可以通过右击标签栏进行设置，如图 6-10 所示。

图 6-9　Files 面板

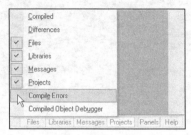

图 6-10　设置标签栏

5．工作窗口

工作窗口位于 Protel DXP 主窗口的中间，将常用的链接分为 3 个区域。

① Pick a task：选取一个任务，如图 6-11 所示。

Create a new Board Level Design Project：新建一个板级设计项目。

Create a new FPGA Design Project：新建一个 FPGA 设计项目。

Create a new Integrated Library Package：新建一个集成库。

Display System Information：显示系统信息。

Customize Resources：系统资源个性化设置。

Configure Licenses：配置许可认证。

② or open a project or document：打开一个项目或文档，如图 6-12 所示。

图 6-11　选取一个任务

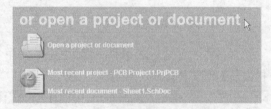

图 6-12　打开一个项目或文档

Open a project or document：打开一个项目或文档。

Most recent project：打开最近的项目。

Most recent document：打开最近的文档。

③ or get help：获取帮助，如图 6-13 所示。

DXP Online help：打开 Protel DXP 在线帮助。

DXP Help Advisor：打开 Protel DXP 帮助向导。

DXP Learning Guides：打开 Protel DXP 学习指导。

DXP Knowledge Base：打开 Protel DXP 知识库。

6．工作面板

Protel DXP 具有大量的工作面板，设计者可以通过工作面板进行打开文件、访问库文件、浏览各个设计文件和编辑对象等操作。工作面板可分为两大类：一类是在各种编辑环境下都适用的通用面板，如库文件（Library）面板和项目（Project）面板；另一类是在特定的编辑环境下适用的专用面板，如 PCB 编辑环境中的导航器（Navigator）面板。面板有 3 种显示方式。

（1）自动隐藏方式

刚进入各种编辑环境时，工作面板都处于自动隐藏方式。若需显示某一工作面板，可以将鼠标指针指向相应的标签或者单击该标签，工作面板就会自动弹出；当鼠标指针离开该面板一定时间或者在工作区双击后，该面板又自动隐藏。

（2）锁定显示方式

处于这种方式下的工作面板，无法用鼠标拖动。

（3）浮动显示方式

工作面板在工作区主窗口中间任意位置，就处于浮动显示方式。

工作面板 3 种显示方式的对比如图 6-14 所示。

图 6-13　获取帮助

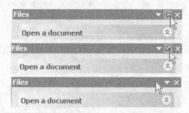

图 6-14　自动隐藏、锁定显示和浮动显示方式的对比

面板的 3 种显示方式之间的转换方法如下。

（1）自动隐藏方式与浮动显示方式的相互转换

用鼠标将自动隐藏方式的工作面板拖动到工作区主窗口的任意位置，即可实现由自动隐藏方式到浮动显示方式的转换；用鼠标将浮动显示方式的工作面板拖动到工作区主窗口的边缘，工作面板再次弹出时将以自动隐藏方式的图标出现，这样就实现了由浮动显示方式到自动隐藏方式的转换。

（2）自动隐藏方式与锁定显示方式的相互转换

单击自动隐藏方式图标，图标转换成锁定显示方式，即可实现由自动隐藏方式到锁定显示方式的转换；单击锁定显示方式图标，图标转换成自动隐藏方式，即可实现由锁定显示方式到自动隐藏方式的转换。

（3）面板图标的功能

锁定图标：表示面板处于锁定状态，单击该图标会变成自动隐藏图标。

[H] 自动隐藏图标：表示面板处于自动隐藏状态，单击该图标会变成锁定状态。

[X] 关闭图标：关闭该面板。

[▼] 显示其他的面板图标：单击该图标后，会出现一个下拉菜单，如图 6-15 所示。

从下拉菜单中选取需要显示的面板，如选择 Projects 后，则会显示 Projects 面板，如图 6-16 所示。

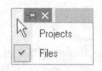

图 6-15　选择其他面板

图 6-16　Projects 面板

6.1.4　Protel DXP 的设置

在 Protel DXP 中可以根据设计者的不同习惯进行个性化设置，设置的项目包括修改系统菜单、工具栏和快捷键等。

1. 修改菜单中的命令

选择 View→Tool Bars→Customize 命令，进入 Customizing DefaultEditor Editor（个性化编辑）对话框，切换到 Commands 选项卡，在左边的 Categories 列表框中选择 No Document Tools 选项，在右边的 Commands 选区内选择 New 选项，如图 6-17 所示。

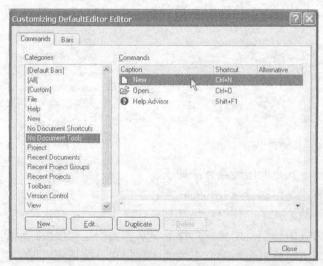

图 6-17　个性化设置

用鼠标将选中的选项直接拖动到 Protel DXP 主窗口的 Project 菜单上，再关闭 Customizing DefaultEditor Editor 对话框。此时，可以明显地看到在 Project 的菜单中增加了一个带有新建文件图标的 New 命令项，这样就可以实现个性化菜单的设置。采用类似的操作方法，也可以设置其他的个性化菜单。个性化菜单添加子菜单项前、中、后的对比效果如图 6-18 所示。

在修改后的个性化菜单中也可以将添加的菜单项删除，方法是：右击要删除的子菜单，从弹出的快捷菜单中选择 Delete 命令。删除子菜单项前、中、后的对比效果如图 6-19 所示。

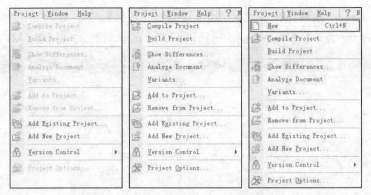

图 6-18　添加子菜单项前、中、后的效果对比

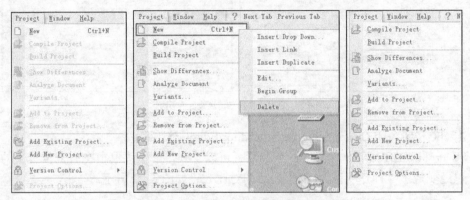

图 6-19　删除子菜单项前、中、后的效果对比

2. 对菜单中的某一命令进行汉化

选择 View→Tool Bars→Customize 命令，打开 Customizing DefaultEditor Editor 对话框，切换到 Commands 选项卡，在左边的 Categories 列表框中选择 File 选项，在右边的 Commands 选区内选择 Open Project 选项，如图 6-20 所示。

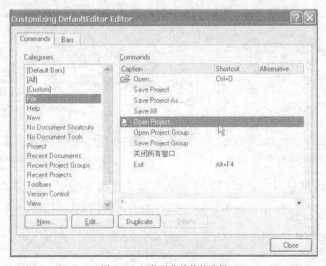

图 6-20　汉化子菜单前的选择

双击 Open Project 选项，在弹出的 Edit Command 对话框中的 Caption 文本框中输入"打开项目"，在 Description 文本框中输入"打开项目"，前后对比效果如图 6-21 所示。

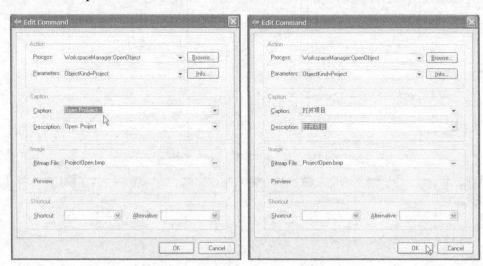

图 6-21　汉化子菜单的选项输入前后对比

单击 OK 按钮关闭 Customizing DefaultEditor Editor 对话框。

打开 Protel DXP 主窗口的 File 菜单后，可以看到，下拉菜单中在原来位置上的 Open Project 已经变成了"打开项目"，汉化前后的对比效果如图 6-22 所示。

3. 工具栏的设置

选择 View→Toolbars 命令，在其子菜单中分别选中 No Document Tools（无文件管理工具）和 Project（项目管理工具），如图 6-23 所示。

图 6-22　命令汉化前后的对比

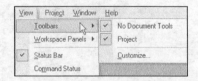

图 6-23　设置显示工具栏

依照上述设置可以显示工具栏，若要进入自定义工具栏设置，选择 Customize 命令。

显示工具栏如图 6-24 所示。也可以将工具栏中的图标拖动摆放在同一行，如图 6-25 所示。

4. 状态栏和标签的设置

在 View 菜单中分别选择 Status Bar 和 Command Status 命令，可以在编辑工作区的下方显示面板控制栏、状态栏和命令栏，如图 6-26 所示。

图 6-24　显示工具栏　　　　　　　　　图 6-25　将工具栏中的图标摆放在同一行

　　右击窗口下方的面板控制栏，可以在弹出的快捷菜单中设置标签的显示（选中）和取消显示（取消选中状态），设定后单击这些标签，可以弹出相应的工作面板（与 View 菜单中的 Workspace Panels 命令功能相同），这些面板可以通过拖动、锁定和隐藏 3 种显示方式来满足设计的需要，如图 6-27 所示。

图 6-26　显示或关闭状态栏和命令栏　　　　　图 6-27　标签栏的显示或关闭设置

6.2　Protel DXP 2004 原理图设计基础

　　原理图设计是电路设计的基础，只有在设计好原理图的基础上才可以进行 PCB 的设计和电路仿真等。本节详细介绍了如何设计电路原理图、编辑修改原理图。通过本节的学习，读者应掌握原理图设计的过程和技巧。

6.2.1　原理图设计一般步骤

　　电路原理图的设计流程如图 6-28 所示，包含 8 个具体的设计步骤。
　　① 新建工程项目。新建一个 PCB 工程项目，PCB 设计中的文件都包含在该项目下。
　　② 新建原理图文件。在进入 SCH 设计系统之前，首先要构思好原理图，即必须知道所设计的项目需要哪些电路，然后用 Protel DXP 来画出电路原理图。
　　③ 设置工作环境。根据实际电路的复杂程度来设置图纸的大小。在电路设计的整个过程中，图纸的大小都可以不断地调整，设置合适的图纸大小是完成原理图设计的第一步。
　　④ 放置元器件。从组件库中选取组件，布置到图纸的合适位置，并对元器件的名称、封装进行定义和设定，根据组件之间的走线等联系对元器件在工作平面上的位置进行调整和修改，使得原理图美观而且易懂。
　　⑤ 原理图布线。根据实际电路的需要，利用 SCH 提供的各种工具、指令进行布线，将工作平面上的元器件用具有电气意义的导线、符号连接起来，构成一幅完整的电路原理图。
　　⑥ 原理图电气检查。当完成原理图布线后，需要设置项目选项来编译当前项目，利用

Protel DXP 提供的错误检查报告修改原理图。

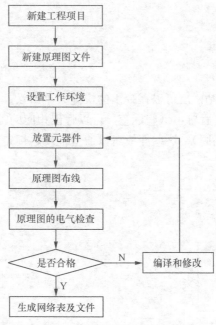

图 6-28　电路原理图的设计流程

⑦ 编译和修改。如果原理图已通过电气检查，可以生成网络表，原理图的设计就完成了。对于一般电路设计而言，尤其是较大的项目，通常需要对电路进行多次修改才能够通过电气检查。

⑧ 生成网络表及文件。完成上面的步骤以后，可以看到一张完整的电路原理图了，但是要完成电路板的设计，就需要生成一个网络表文件。网络表是电路板和电路原理图之间的重要纽带。Protel DXP 提供了利用各种报表工具生成的报表（如网络表、组件清单等），同时可以对设计好的原理图和各种报表进行存盘与输出打印，为 PCB 的设计做好准备。

6.2.2　工作环境设置

绘制原理图首先要设置图纸，如设置纸张大小、标题框、设计文件信息等，确定图纸的有关参数。在开始绘制电路图之前首先要做的是设置正确的文件选项。从菜单中选择 Design→Document Options 选项，弹出图纸设置对话框，如图 6-29 所示。

设置原理图文件的纸张大小，在 Sheet Options 标签，找到 Standard Styles 选项组，单击文本框旁的下三角按钮将看见一个图纸样式的列表。在此将图纸大小设置为标准 A4 格式，使用滚动栏滚动到 A4 样式并单击选择。单击 OK 按钮关闭对话框，更新图纸大小。

在 Grids 选项组下设置图纸网格是否可见，选中 Visible 为可见。每一格的大小为鼠标步进网格 Snap 的大小，一般将可见网格大小和鼠标步进网格大小设为相等。此处大小的单位为英制 mil（1mil=0.0254mm）。

为将文件全部显示在可视区，选择 View→Fit Document。

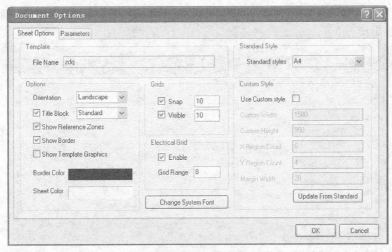

图 6-29　图纸属性设置对话框

6.2.3　原理图的绘制

本小节通过一个由多谐振荡器组成的电子彩灯电路原理图的绘制为例，讲授 Protel DXP 软件的使用。

1．定位元器件和加载元器件库

数以千计的原理图符号包括在 Protel DXP 中。尽管完成例子所需要的元器件已经在默认的安装库中，但掌握通过库搜索的方法来找到元器件还是很重要的。可通过以下步骤的操作来定位并添加电路所要用到的库。

① 首先要查找晶体管，两个均为 NPN 晶体管。单击主界面右侧的 Libraries 标签，显示元器件库工作区面板，如图 6-30 所示。

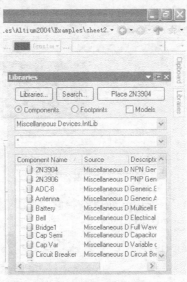

图 6-30　元器件库窗口

② 在库面板中按下 Search 按钮，或选择 Tools→Find Component。这将打开查找库对话框，如图 6-31 所示。

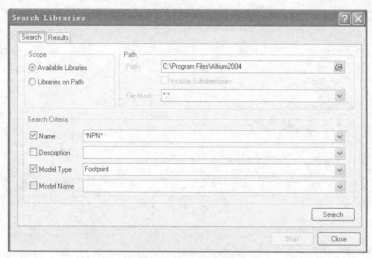

图 6-31　查找库对话框

③ 确认 Scope 被设置为 Libraries on Path，并且 Path 区含有指向库的正确路径，C:\Program Files\Altium2004\Library\。确认 Include Subdirectories 未被选择（未被勾选）。

④ 想要查找所有与 NPN 晶体管有关的信息，在 Search Criteria 选项组的 Name 文本框内键入*NPN*。单击 Search 按钮开始查找。当查找进行时 Results 标签将显示。如果输入的规则正确，一个库将被找到并显示在查找库对话框，如图 6-32 所示。

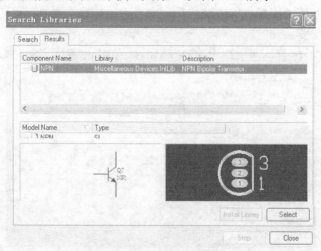

图 6-32　查找 NPN 晶体管的结果

⑤ 单击 Miscellaneous Devices.IntLib 库以选择它（如果该库不在项目中，则单击 Install Library 按钮使这个库在你的原理图中可用）。

⑥ 关闭 Search Libraries 对话框。

常用元器件库介绍如下。

Miscellaneous Devices.IntLib，包括常用的电路分立元器件，如电阻 RES*、电感 Induct、

电容 Cap*等。

Miscellaneous Connectors.IntLib，包括常用的连接器等，如 Header*。

另外，其他集成电路元器件包含于以元器件厂家命名的元器件库中，因此要根据元器件性质、厂家到对应库中寻找或用搜索的方法加载元器件库。（如果对于元器件，已经知道其所在库文件，则可直接安装对应元器件库，选取元器件。）

2．元器件的选取和放置

① 在原理图中首先要放置的元器件是两个晶体管，Q1 和 Q2。在列表中单击 NPN 以选择它，然后单击 Place 按钮。另外，还可以双击元器件名。光标将变成十字状，并且在光标上"悬浮"着一个晶体管的轮廓，现在处于元器件放置状态。如果移动光标，晶体管轮廓也会随之移动。

如果已经知道元器件所在库文件，则可直接选取对应元器件库，输入元器件名选取元器件，如图 6-33 所示。

② 在原理图上放置元器件之后，首先要编辑其属性。当晶体管悬浮在光标上时，右击弹出菜单，如图 6-34 所示，单击 Properties，弹出 Properties 对话框，如图 6-35 所示（也可以单击鼠标不放松选中此元器件，按 Tab 键弹出此对话框）。现在设置元器件的属性，在 Designator 栏中键入 Q1 作为元器件序号。

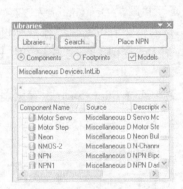

图 6-33　元器件库窗口

图 6-34　右键菜单项

检查元器件的 PCB 封装。在本实例中使用的是集成库（Miscellaneous Devices.IntLib），该库已经包括了封装和电路仿真的模型。晶体管的封装在模型列表中已自动含有，模型名 BCY-W3/E4、类型为 Footprint。保留其余栏为默认值。

③ 放置第二个晶体管。这个晶体管同前一个相同，因此在放之前没必要再编辑它的属性。放置的第二个晶体管标记为 Q2。通过观察发现 Q2 与 Q1 是镜像的。要将悬浮在光标上的晶体管翻过来，按 X 键，这样可以使元器件水平翻转。同样，若要将元器件上下翻转，按 Y 键；按 Space 键可实现每次 90°逆时针旋转。

④ 同样的操作完成电阻（Res2）、电容（Cap Pol1）、LED（LED0）的放置。

⑤ 最后要放置的是连接器（Connector），在 Miscellaneous Connectors.IntLib 库里（为了使图纸更易读，可放置对应的电源、接地符号，这两个元器件仅有电气符号，没有实际的电

路封装，所以要放置一个 Header2 产生实际的电气连接）。

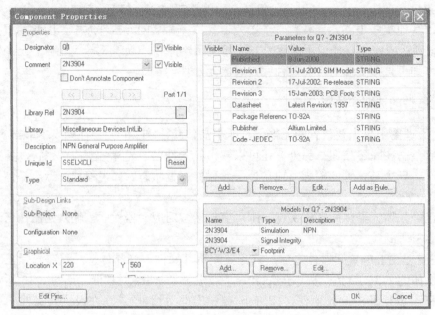

图 6-35　元器件属性对话框

　　需要的连接器是两个引脚的插座，所以设置过滤器为 *2*（或者 Header）。在元器件列表中选择 HEADER2 并单击 Place 按钮。按 Tab 编辑其属性并设置 Designator 为 Y1，检查 PCB 封装模型为 HDR1X2。由于在仿真电路时将连接器作为电路，所以不需要作规则设置。单击 OK 关闭对话框。放置连接器之前，按 X 作水平翻转。在原理图中放下连接器。右击或按 Esc 键退出放置模式。

　　⑥ 如图 6-36 所示，放置完了所有的元器件，从菜单选择 File→Save 保存原理图。如果需要移动元器件，单击并拖动元器件重新放置即可。

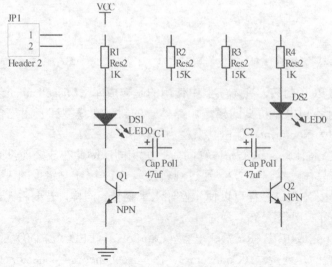

图 6-36　元器件放置结果

3. 连接电路

连线在电路中起着将各种元器件建立起连接的作用。要在原理图中连线，参照图示并完成以下步骤。

使原理图图纸有一个好的视图，从菜单选择 View→Fit All Objects。

① 首先用以下方法将电阻 R1 与晶体管 Q1 的基极连接起来。从菜单选择 Place→Wire 或在 Wiring Tools（连线工具）工具栏单击 Wire 工具进入连线模式。光标将变为十字形状。

② 将光标放在 VCC 的下端。放对位置时，一个红色的连接标记（大的星形标记）会出现在光标处。这表示光标处在元器件的一个电气连接点上。

③ 单击或按Enter固定第一个导线点。移动光标会看见一根导线从光标处延伸到固定点。将光标移到 R1 上端的水平位置上，单击或按 Enter 在该点固定导线。在第一个和第二个固定点之间的导线就放好了，如图 6-37 所示。

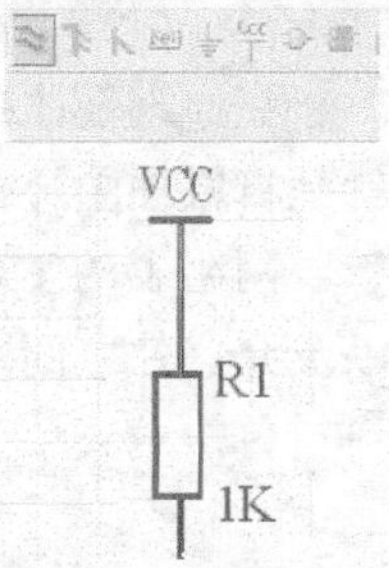

④ 将光标移到 R2 的对应端上，仍会看见光标变为一个红色连接标记。单击或按 Enter 连接到 R2 的上端，完成这部分导线的放置。注意光标仍然为十字形状，表示准备放置其他导线。要完全退出放置模式恢复箭头光标，应该再一次右击或按 Esc（退出后再连线则要重复前面的步骤，不退出就可以继续连线）。

⑤ 将 R1 连接到 DS1 上。将光标放在 R1 下端的连接点上，单击或按 Enter 开始新的连线。单击或按 Enter 放置导线段，然后右击或按 Esc 表示已经完成该导线的放置。

图 6-37 连线示意图

按照类似方法绘制，结果如图 6-38（a）所示，在放置完所有的导线之后，右击或按 Esc 退出放置模式。光标恢复为箭头形状。

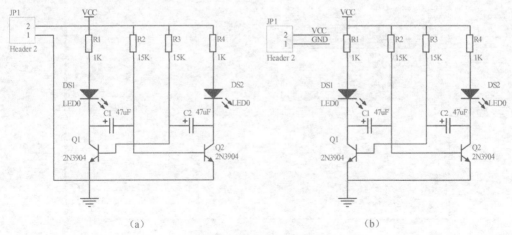

（a）   （b）

图 6-38 绘制完成的原理图

4. 网络与网络标签

彼此连接在一起的一组元器件引脚称为网络（Net）。例如，一个网络包括 Q1 的基极、

R3 的一个引脚和 C2 的一个引脚。在设计中添加网络是很容易的，添加网络标签（Net Labels）即可。

在 Header 的两个引脚上放置网络标签。

① 选主菜单 Place→Net Label，一个虚线框将悬浮在光标上，放在 Header2 的 2 脚上。

② 单击显示 Net Label（网络标签）对话框。在 Net 栏键入 VCC，然后单击 OK 关闭对话框。

③ 同样将一个 Net Label 放在 Header2 的 1 脚上，单击显示 Net Label 对话框，在 Net 栏键入 GND，点击 OK 关闭对话框并放置网络标签。

④ 放置好的电路如图 6-38（b）所示，其中，Header2 的两个引脚尽管没有导线连接，但有了网络连接，和图 6-38（a）的效果是一样的。

6.2.4 建立网络表

在原理图生成的各种报表中，以网络表（Netlist）最为重要。绘制原理图最主要的目的就是将原理图转化为一个网络表，以供后续工作中使用。

网络表的主要内容为原理图中各个元器件的数据（元器件标号、元器件信息、封装信息）以及元器件之间网络连接的数据。

单击主菜单 Design→Netlist For Project→Protel，生成如图 6-39 所示的网络表文件。

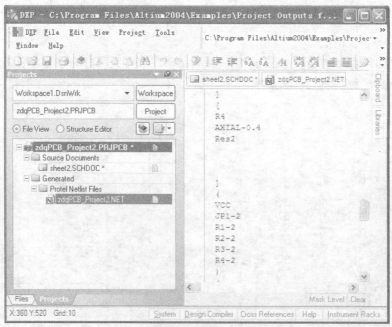

图 6-39 网络表文件

说明：Protel 网络表包含两个部分的内容，即各个元器件的数据（元器件标号、元器件信息、封装信息）和元器件之间的网络连接数据。具体说明如图 6-40 所示。

```
[                    1.一个元器件信息的开始
R4                   2.元器件标号
AXIAL-0.4            3.元器件封装信息
1K                   4.元器件注释（阻值）

]                    5.一个元器件信息的结束
(                    6.一个网络信息的开始
VCC                  7.网络的名称
JP1-2                8.网络连接的元器件及引脚号
R1-2                 9.网络连接的元器件及引脚号
R2-2                 10.网络连接的元器件及引脚号
R3-2                 11.网络连接的元器件及引脚号
R4-2                 12.网络连接的元器件及引脚号
)                    13.一个网络信息的结束
```

图 6-40　网络表说明

6.3　印制电路板（PCB）设计基础

6.3.1　PCB 的相关概念

PCB 是 Printed Circuit Board 的缩写，即印制电路板的意思。传统的电路板都采用印刷蚀刻阻剂（涂油漆、贴线路保护膜、热转印）的方法，做出电路的线路及图面，所以被称为印刷电路板。PCB 是由绝缘基板、连接导线和装配焊接电子元器件的焊盘组成的，具有导线和绝缘底板的双重作用，用来连接实际的电子元器件。通常都使用相关的软件进行 PCB 的设计和制作。本小节介绍采用 Protel DXP 进行 PCB 设计的过程。

1．Protel 设计中 PCB 的层

Protel DXP 提供多种类型的工作层。只有在了解了这些工作层的功能之后，才能准确、可靠地进行 PCB 的设计。Protel DXP 所提供的工作层大致可以分为 7 类：信号层（Signal Layers）、内部电源/接地层（Internal Planes）、机械层（Mechanical Layers）、阻焊层（Mask Layers）、丝印层（Silkscreen Layers）、其他工作层面（Other Layers）及系统工作层（System Colors）。

2．封装

封装是指实际的电子元器件或集成电路的外形尺寸、引脚的直径及引脚的距离等，它是使元器件引脚和 PCB 上的焊盘一致的保证。封装可以分成针脚式封装和表面贴装式（SMT）封装两大类。

3．铜膜导线

铜膜导线也称铜膜走线，简称导线，用于连接各个焊盘，是 PCB 最重要的部分。与导线有关的另外一种线常称为飞线，即预拉线。飞线是在引入网络表后，系统根据规则生成的，是用来指引布线的一种连线。飞线与导线有本质的区别，飞线只是一种形式上的连线，它只是在形式上表示出各个焊盘的连接关系，没有电气的连接意义。

4．焊盘（Pad）

焊盘的作用是放置焊锡，连接导线和元器件引脚。选择元器件的焊盘类型时要综合考虑

该元器件的形状、大小、布置形式、震动和受热情况、受力方向等因素。

Protel 在封装库中给出了一系列大小和形状不同的焊盘，如圆形、方形、八角形、圆方和定位用焊盘等，但有时还不够用，需要自己编辑。例如：对发热且受力较大、电流较大的焊盘，可自行设计成"泪滴状"。

5．过孔（Via）

为连通各层之间的线路，在各层需要连通的导线的交汇处钻上一个公共孔，这就是过孔。过孔有 3 种，即从顶层贯通到底层的穿透式过孔、从顶层通到内层或从内层通到底层的盲过孔以及内层间的隐藏过孔。

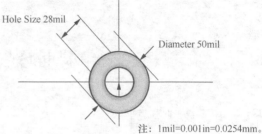

过孔从上面看上去有两个尺寸，即通孔直径（Hole Size）和过孔直径（Diameter），如图 6-41 所示。通孔和过孔之间的孔壁由与导线相同的材料构成，用于连接不同层的导线。

一般而言，设计线路时对过孔的处理有以下原则。

注：1mil=0.001in=0.0254mm。

图 6-41　过孔尺寸

尽量少用过孔，一旦选用了过孔，务必处理好它与周边各实体的间隙，特别是容易被忽视的中间各层与过孔不相连的线和过孔的间隙。

需要的载流量越大，所需的过孔尺寸就越大，如电源层、地线与其他层连接所用的过孔就要大一些。

6．覆铜

对于抗干扰要求比较高的电路板，需要在 PCB 上覆铜。覆铜可以有效地实现电路板的信号屏蔽作用，提高电路板信号的抗电磁干扰能力。

6.3.2　PCB 设计的流程和原则

1．PCB 的设计流程

PCB 是所有设计过程的最终产品。PCB 图设计的好坏直接决定了设计结果是否能满足要求，PCB 图设计过程中主要有以下几个步骤。

（1）创建 PCB 文件

在正式绘制之前，要规划好 PCB 的尺寸。这包括 PCB 的边沿尺寸和内部预留的用于固定的螺丝孔，也包括其他一些需要挖掉的空间和预留的空间。

（2）设置 PCB 的设计环境

（3）将原理图信息传输到 PCB 中

规划好 PCB 之后，就可以将原理图信息传输到 PCB 中了。

（4）元器件布局

元器件布局要完成的工作是把元器件在 PCB 上摆放好。布局可以是自动布局，也可以是手动布局。

（5）布线

根据网络表，在 Protel DXP 提示下完成布线工作，这是最需要技巧的工作部分，也是最复杂的一部分工作。

（6）检查错误

布线完成后，最终检查 PCB 有没有错误，并为这块 PCB 撰写相应的文档。

（7）打印 PCB 图纸

2．PCB 设计的基本原则

PCB 设计首先需要完全了解所选用元器件及各种插座的规格、尺寸、面积等。当合理、仔细地考虑各元器件的位置安排时，主要是考虑电磁兼容性、抗干扰性，以及走线要短、交叉要少、电源和地线的路径及去耦等方面。

PCB 上各元器件之间的布线应遵循以下基本原则。

① 印制电路中不允许有交叉电路，对于可能交叉的线条，可以用"钻"和"绕"两种办法解决。

② 电阻、二极管、管状电容器等元器件有立式和卧式两种安装方式。

③ 同一级电路的接地点应尽量靠近，并且本级电路的电源滤波电容也应接在该级接地点上。

④ 总地线必须严格按高频、中频、低频一级级地从弱电到强电的顺序排列，切不可随便乱接。

⑤ 强电流引线（公共地线、功放电源引线等）应尽可能宽些，以降低布线电阻及其电压降，减小因寄生耦合而产生的自激。

⑥ 阻抗高的走线尽量短，阻抗低的走线可长一些，因为阻抗高的走线容易发射和吸收信号，引起电路不稳定。

⑦ 各元器件排列、分布要合理和均匀，力求整齐、美观、结构严谨。电阻、二极管的放置方式分为平放和竖放两种。在电路中元器件数量不多，而且电路板尺寸较大的情况下，一般采用平放较好。

⑧ 电位器。电位器的安放位置应当满足整机结构安装及面板布局的要求，因此应尽可能放在板的边缘，旋转柄朝外。

⑨ 集成电路（IC）座。设计 PCB 图时，在使用 IC 座的场合下，一定要特别注意 IC 座上定位槽放置的方位是否正确，并注意各个 IC 脚位是否正确。

⑩ 进出接线端布置。相关联的两个引线端不要距离太大，一般 5～7.6mm 较合适。进出线端尽可能集中在 1～2 个侧面，不要太过离散。

⑪ 要注意引脚排列顺序，元器件引脚间距要合理。如电容两焊盘间距应尽可能与引脚的间距相符。

⑫ 在保证电路性能要求的前提下，设计时尽量走线合理，少用外接跨线，并按一定顺序要求走线。走线尽量少拐弯，力求线条简单明了。

⑬ 设计应按一定的顺序和方向进行，例如可以按从左往右和由上而下的顺序进行。

⑭ 线宽的要求。导线的宽度决定了导线的电阻值，而在同样大的电流下，导线的电阻值

又决定了导线两端的电压降。

6.3.3 PCB 编辑环境

PCB 编辑环境主界面如图 6-42 所示，包含菜单栏、主工具栏、布线工具栏、工作层切换栏、项目管理区、绘图工作区 6 个部分。

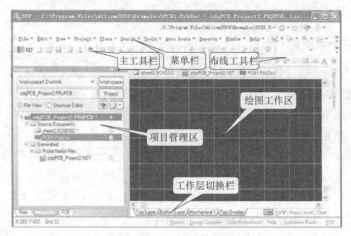

图 6-42　PCB 编辑环境主界面

1. 菜单栏

PCB 绘图编辑环境下菜单栏的内容和原理图编辑环境的菜单栏类似，这里只简要介绍以下几个菜单的大致功能。

Design：设计菜单，主要包括一些布局和布线的预处理设置与操作，如加载封装库、设计规则设定、网络表文件的引入和预定义分组等操作。

Tools：工具菜单，主要包括设计 PCB 图以后的后处理操作，如设计规则检查、取消自动布线、泪滴化、测试点设置和自动布局等操作。

Auto Route：自动布线菜单，主要包括自动布线设置和各种自动布线操作。

2. 主工具栏（Main Toolbar）

主工具栏主要为一些常见的菜单操作提供快捷按钮，如缩放、选取对象等命令按钮。

3. 布线工具栏（Placement Tools）

执行菜单命令 View→Toolbars→Placement，则显示放置工具栏。该工具栏主要为用户提供各种图形绘制以及布线命令，如图 6-43 所示。

4. 绘图工作区

绘图工作区是用来绘制 PCB 图的工作区域。启动后，绘图

图 6-43　放置工具栏的按钮及其功能

工作区的显示栅格间为 1000mil（25.4mm）。绘图工作区下面的选项栏显示了当前已经打开的工作层，其中变灰的选项是当前层。几乎所有的放置操作都是相对于当前层而言，因此在绘图过程中一定要注意当前工作层是哪一层。

5．工作层切换栏

手工布线过程中可根据需要在各层之间切换。

6．项目管理区

项目管理区包含多个面板，其中有 3 个在绘制 PCB 图时很有用，它们分别是 Projects、Navigator 和 Libraries。Projects 用于文件的管理，类似于资源管理器；Navigator 用于浏览当前 PCB 图的一些当前信息。Navigator 的对象有 5 类，具体内容如图 6-44 所示。

6.3.4　PCB 文件的创建

PCB 文件的创建有两种方法：一种是采用向导创建，在创建文件的过程中，向导会提示用户进行 PCB 大小、层数等相关参数的设置；另外一种是直接新建 PCB 文件，采用默认设置或手动设置电路板的相关参数。

1．使用 PCB 向导来创建 PCB 文件

① 如图 6-45 所示，在 Files 面板底部的 New from template 部分单击 PCB Board Wizard 创建新的 PCB。

图 6-44　Navigator 面板的具体内容

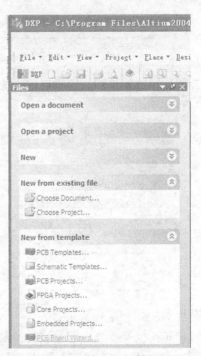

图 6-45　文件创建向导菜单

② PCB Board Wizard 打开。如图 6-46 所示，首先看见的是介绍页，单击 Next 按钮继续。

图 6-46　PCB 创建向导起始页

③ 设置度量单位为英制（Imperial），如图 6-47 所示。注意，1000mil = 1in =2.54cm。

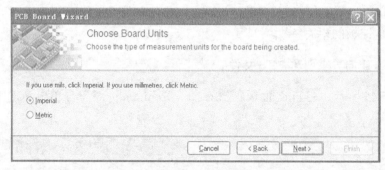

图 6-47　英制、公制选择

④ 选择要使用的板轮廓，使用自定义的板子尺寸。如图 6-48 所示，从板轮廓列表中选择 Custom，单击 Next。

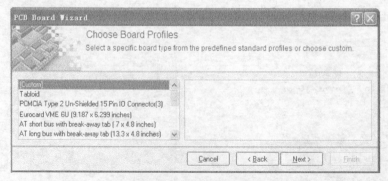

图 6-48　PCB 形状轮廓选择

⑤ 进入自定义板选项。之前设计的振荡电路，一个 2in×2in（1in=2.54cm）的板子就足够了。选择 Rectangular 并在 Width 和 Height 文本框中键入 2000。取消选择 Title Block and

Scale、Legend String 以及 Corner Cutoff 和 Inner Cutoff。单击 Next 继续，如图 6-49 所示。

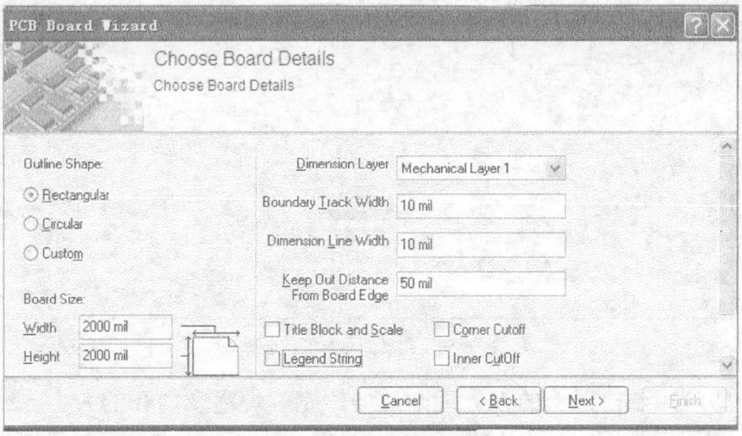

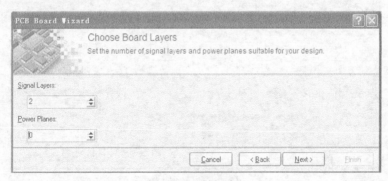

图 6-49　PCB 尺寸定义

⑥ 选择板子的层数。这里需要两个 Signal Layers（即 Top Layer 和 Bottom Layer），如图 6-50 所示。不需要 Power Planes，单击 Next 继续。

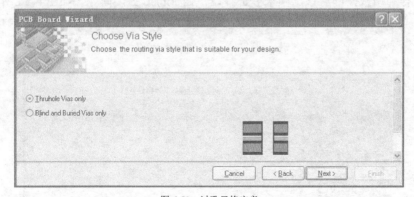

图 6-50　PCB 板层定义

⑦ 选择过孔风格。如图 6-51 所示，选择 Thruhole Vias only，过孔为通孔式，单击 Next 继续。

图 6-51　过孔风格定义

⑧ 选择电路板的主要元器件类型。如图 6-52 所示，选择 Through-hole components 选项，插脚元器件为主，将相邻焊盘（Pad）间的导线数设为 One Track。

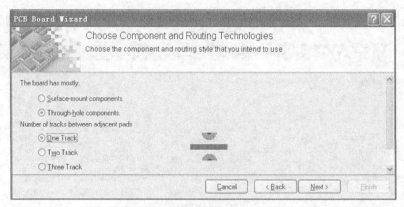

图 6-52　元器件布线工艺选择

⑨ 设置一些应用到板子上的设计规则，如线宽、焊盘及内孔的大小、线的最小间距，如图 6-53 所示，设为默认值。单击 Next 按钮继续。

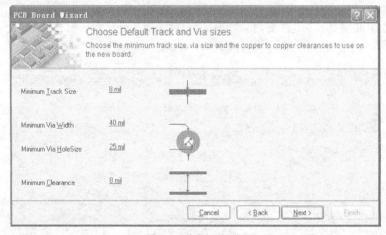

图 6-53　线宽规则定义

⑩ 将自定义的板子保存为模板，允许按输入的规则来创建新的板子基础。这里选不将教程板子保存为模板，确认该选项未被选择，单击 Finish 关闭向导，如图 6-54 所示。

图 6-54　PCB 向导定义 PCB 完成

⑪ PCB 向导收集了它需要的所有信息来创建新板子。PCB 编辑器将显示一个名为 PCB1.PcbDoc 的新 PCB 文件。PCB 文件显示的是一个默认尺寸的白色图纸和一个空白的板子形状（带栅格的黑色区域），选择 View→Fit Board 将只显示板子形状，如图 6-55 所示。

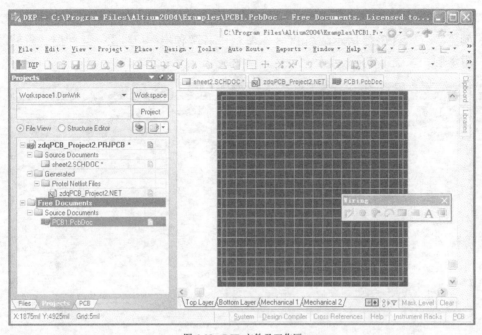

图 6-55　PCB 文件及工作区

⑫ 保存 PCB 文件，并将其添加到项目中，选择 File→Save As 将新 PCB 文件重命名（用 *.PcbDoc 扩展名）。指定要把这个 PCB 文件保存的位置，在文件名文本框里键入文件名 zdq.PcbDoc 并单击 Save。

2．手动创建 PCB 文件并规划 PCB

① 单击菜单命令 File→New→PCB，即可启动 PCB 编辑器，同时在 PCB 绘图工作区出现一个带有栅格的空白图纸。

② 用鼠标单击绘图工作区下方的标签 Keepout Layer，即可将当前的工作层设置为禁止布线层，该层用于设置电路板的边界，以将元器件和布线限制在这个范围之内。这个操作是必须要有的，否则系统将不能进行自动布线。

③ 启动放置线（Place Line）命令，绘制一个封闭的区域，规划出 PCB 的尺寸，线的属性可以设置。

④ 将新的 PCB 添加到项目。

如果想添加到项目的 PCB 是以自由文件打开的，在 Projects 面板的 Free Documents 部分右击 PCB 文件，选择 Add to Project。这个 PCB 现在就列在 Projects 标签紧靠项目名称的 PCB 下面并连接到项目文件，如图 6-56 所示。

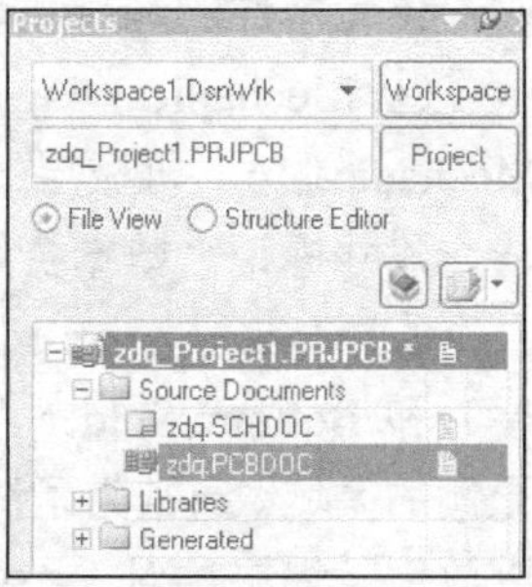

图 6-56　增加已有文件到项目中

6.3.5　PCB 设计环境的设置

1．PCB 层的说明及颜色设置

在 PCB 设计时执行菜单命令 Design→Board Layers and Colors，可以设置各工作层的可见性、颜色等，如图 6-57 所示。在 PCB 编辑器中有 7 种层：信号层、丝印层、机械层、中间层、阻焊层、系统工作层、其他层。

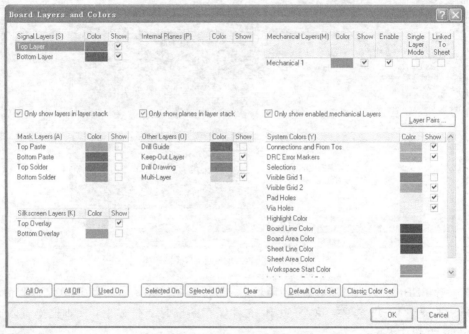

图 6-57　PCB 层及颜色设置对话框

① Signal Layers（信号层）：包含 Top Layer、Bottom Layer，可以增加 Mid Layer（对于多层板是需要的），这几层是用来画导线或覆铜的（当然还包括 Top Layer、Bottom Layer 的 SMT 元器件的焊盘）。

② Silkscreen Layers（丝印层）：包含 Top Overlay、Bottom Overlay。丝印层主要用于绘制元器件的外形轮廓、放置元器件的编号或其他文本信息。在 PCB 上，放置 PCB 库元器件时，该元器件的编号和轮廓线将自动地放置在丝印层上。

③ Mechanical Layers（机械层）：Protel DXP 中可以有 16 个机械层，即 Mechanical1～Mechanical16。机械层一般用于放置有关制板和装配方法的指示性信息，如电路板物理尺寸线、尺寸标记、数据资料、过孔信息、装配说明等信息。

④ Masks Layers（阻焊层、锡膏防护层）：包含有 2 个阻焊层，即 Top Solder（顶层阻焊层）和 Bottom Solder（底层阻焊层）。阻焊层是负性的，在该层上放置的焊盘或其他对象是无铜的区域。通常为了满足制造公差的要求，生产厂家常常会要求指定一个阻焊层扩展规则，以放大阻焊层。对于不同焊盘的不同要求，在阻焊层中可以设定多重规则。

阻焊层还包含 2 个锡膏防护层，分别是 Top Paste（顶层锡膏防护层）和 Bottom Paste（底层锡膏防护层）。锡膏防护层与阻焊层作用相似，但是当使用"hot re-follow"（热对流）技术来安装 SMD 元器件时，锡膏防护层则主要用于建立阻焊层的丝印。该层也是负性的。与阻焊层类似，也可以通过指定一个扩展规则，来放大或缩小锡膏防护层。对于不同焊盘的不同要求，也可以在锡膏防护层中设定多重规则。

⑤ Internal Planes（内部电源/接地层）：Protel DXP 提供有 16 个内部电源/接地层（简称内电层），即 Internal Plane1~ Internal Plane16，这几个工作层专用于布置电源线和地线。放置在这些层上的走线或其他对象是无铜的区域，也即这些工作层是负性的。每个内部电源/接地层都可以赋予一个电气网络名称，PCB 编辑器会自动将这个层和其他具有相同网络名称（即电气连接关系）的焊盘，以预拉线的形式连接起来。在 Protel 中还允许将内部电源/接地层切分成多个子层，即每个内部电源/接地层可以有两个或两个以上的电源，如+5V 和+15V 等。

⑥ Other Layers（其他层）：在 Protel DXP 中，除了上述的工作层外，还有以下的工作层。

Keep-Out Layer（禁止布线层）：禁止布线层用于定义元器件放置的区域。通常，在禁止布线层上放置线段（Track）或弧线（Arc）来构成一个闭合区域，在这个闭合区域内才允许进行元器件的自动布局和自动布线。

注意：如果要对部分电路或全部电路进行自动布局或自动布线，那么则需要在禁止布线层上至少定义一个禁止布线区域。

Multi-Layer（多层）：该层代表所有的信号层，在它上面放置的元器件会自动放到所有的信号层上，所以可以通过 Multi-Layer，将焊盘或穿透式过孔快速地放置到所有的信号层上。

Drill Guide（钻孔说明）/Drill Drawing（钻孔视图）：Protel DXP 提供有两个钻孔位置层，分别是 Drill Guide（钻孔说明）和 Drill Drawing（钻孔视图），这两层主要用于绘制钻孔图和钻孔的位置。

Drill Guide 主要是为了与手工钻孔以及老的电路板制作工艺保持兼容，而对于现代的制作工艺而言，更多的是采用 Drill Drawing 来提供钻孔参考文件。一般在 Drill Drawing 工作层中放置钻孔的指定信息。在打印输出生成钻孔文件时，将包含这些钻孔信息，并且会产生钻孔位置的代码图。它通常用于产生一个如何进行电路板加工的制图。

无论是否将 Drill Drawing 工作层设置为可见状态，在输出时自动生成的钻孔信息在 PCB 文档中都是可见的。

⑦ System Colors（系统工作层）。

DRC Error Markers（DRC 错误层）：用于显示违反设计规则检查的信息。该层处于关闭状态时，DRC 错误在工作区图面上不会显示出来，但在线式的设计规则检查功能仍然会起作用。

Connections and Form Tos（连接层）：该层用于显示元器件、焊盘和过孔等对象之间的电气连线，比如半拉线（Broken Net Marker）或预拉线（Ratsnet），但是导线（Track）不包含在其内。当该层处于关闭状态时，这些连线不会显示出来，但是程序仍然会分析其内部的连接关系。

Pad Holes（焊盘内孔层）：该层打开时，图面上将显示出焊盘的内孔。

Via Holes（过孔内孔层）：该层打开时，图面上将显示出过孔的内孔。

Visible Grid 1（可见栅格 1）/ Visible Grid 2（可见栅格 2）：这两项用于显示栅格线，它们对应的栅格间距可以通过如下方法进行设置：执行菜单命令 Design→Options，在弹出的对话框中可以在 Visible 1 和 Visible 2 项中进行可见栅格间距的设置。

新板打开时会有许多用不上的可用层，因此，要关闭一些不需要的层，将不显示的层 Show 按钮不勾选就不会显示。对于上述的层，设计单面或双面板时保持如图 6-57 所示的默认选项即可。

2．布线板层的管理

选择 Design→Layer Stack Manager，显示 Layer Stack Manager 对话框，如图 6-58 所示。

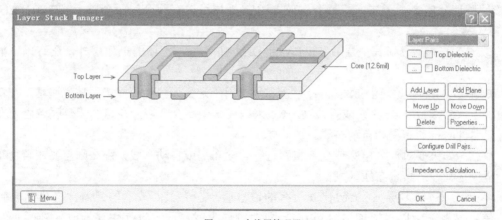

图 6-58　布线层管理器

（1）增加层及平面

选择 Add Layer 添加新的层，新增的层和平面添加在当前所选择的层下面，可以选择 Move Up、Move Down 移动层的位置，层的参数在 Properties 中设置，设置完成后单击 OK 关闭对话框。

（2）删除层

选中要删除的层，单击 Delete 即可。

3．PCB 设计规则的设置

PCB 为当前文件时，从菜单选择 Design→Rules，PCB Rules and Constraints Editor 对话框出现，如图 6-59 所示。在该对话框内可以设置电气检查、布线层、布线宽度等规则。

每一类规则都显示在对话框的设计规则面板（左手边）中。双击 Routing 展开后可以看见有关布线的规则。然后双击 Width 显示宽度规则为有效，可以修改布线的宽度。

设计规则项有 10 项，其中包括 Electrical（电气规则）、Routing（布线规则）、SMT（表面贴装元器件规则）等，大多数规则项选择默认即可。下面仅对常用的规则项简单说明。

① Electrical：设置电路板布线时必须遵守的电气规则包括 Clearance（安全距离，默认 10mil，即 0.254mm）、Short-Circuit（短路，默认不允许短路）、Un-Routed Net（未布线网络，默认未布线的网络显示为飞线）、Un-Connected Pin（未连接的引脚，显示未连接的引脚）。

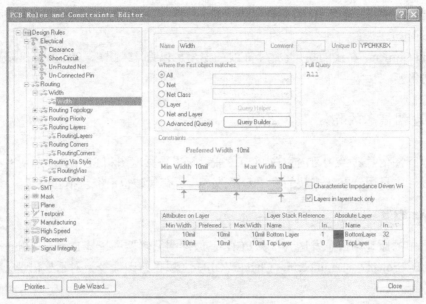

图 6-59　布线规则设计对话框

② Routing：主要包括 Width（导线宽度）、Routing Layers（布线层）、Routing Corners（布线拐角）等。

Width 有 3 个值可供设置，分别为 Max Width（最大宽度）、Preferred Width（预布线宽度）、Min Width（最小宽度），如图 6-59 所示，可直接对每个值进行修改。

Routing Layers 主要设置布线板导线的走线方法，包括底层和顶层布线，共有 32 个布线层。对于双面板 Mid-Layer1～Mid-Layer30 都是不存在的，为灰色，只能使用 Top Layer 和 Bottom Layer 两层，每层对应的右边为该层的布线走法，如图 6-60 所示，默认为 Top Layer-Horizontal（顶层按水平方向布线）、Bottom Layer-Vertical（底层按垂直方向布线），保持默认即可。

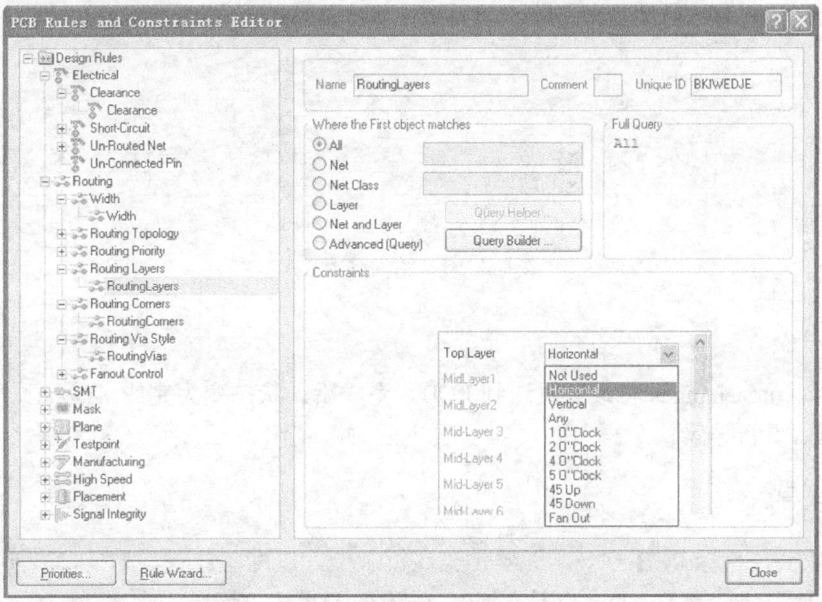

图 6-60　布线层选择对话框

如果要布单面板，要将 Top Layer 选 Not Used（不用），Bottom Layer 的布线方法选 Any（任意方向即可）。

Routing Corners，布线的拐角设置，布线的拐角可以有 45°拐角、90°拐角和圆弧拐角（通常选 45°拐角）。

6.3.6　原理图信息的导入

在将原理图信息转换到新的空白 PCB 之前，确认与原理图和 PCB 关联的所有库均可用。由于在本设计中只用到默认安装的集成元器件库，所有封装也已经包括在内了。

1．更新 PCB

将项目中的原理图信息发送到目标 PCB，在原理图编辑器中选择 Design→Import Changes FromzdqPCB_Project2，Engineering Change Order（项目修改命令）对话框出现，如图 6-61 所示。

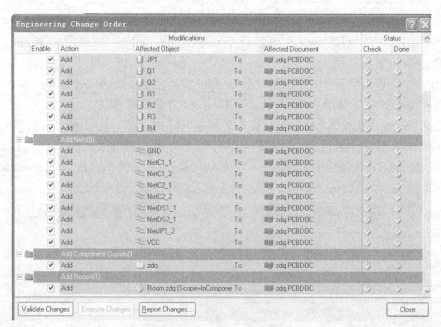

图 6-61　项目修改命令对话框

2．发送改变

单击 Execute Changes 将改变发送到 PCB。完成后，状态变为完成（Done）。如果有错，修改原理图后重新导入。

3．完成导入

单击 Close，目标 PCB 打开，元器件也在板子上，以准备放置。如果在当前视图不能看见元器件，使用快捷键 V、D（查看文档），结果如图 6-62 所示。

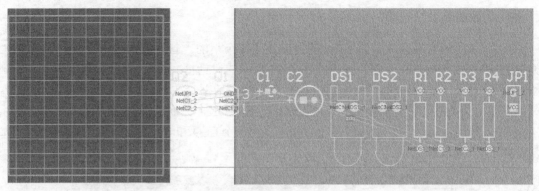

图 6-62　原理图导入 PCB

6.3.7　元器件的放置及封装的修改

元器件导入后就可以放置元器件了。放置元器件有自动和手动两种方法。

1．自动布局

选择主菜单 Tools→Auto Placement→Auto Placement…即可。为保证电路的可读性，一般不选用自动布局。

2．手动放置

现在放置连接器 JP1，将光标放在 JP1 轮廓的中部上方，按下鼠标左键不放，光标会变成一个十字形状并跳到元器件的参考点。不要松开鼠标左键，移动鼠标拖动元器件。拖动连接时（确认整个元器件仍然在板子边界以内），元器件定位好后，松开鼠标将其放下。

放置其余的元器件。当拖动元器件时，如有必要，使用 Space 键来旋转放置元器件，元器件文字可以用同样的方式来重新定位，按下鼠标左键不放来拖动文字，按 Space 键旋转。放置后的元器件如图 6-63（a）所示。

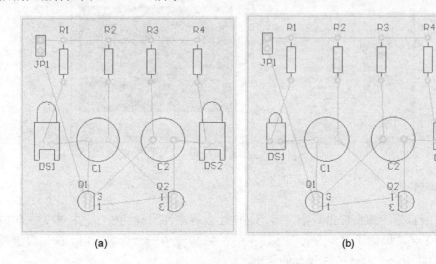

(a)　　　　　　　　　　　　　　　(b)

图 6-63　元器件布局结果

3．修改封装

图中 LED 的封装太大，将 LED 的封装改成一个小的。首先要找到一个小一些的 LED 类型的封装。双击 LED 器件，弹出如图 6-64 所示的对话框。在 Footprint 选项组中，看到 Name 文本框，单击 Name，弹出如图 6-65 所示的对话框，在 Mask 文本框中输入"led"，可以发现封装 LED1 就是需要的。选中 LED1，单击 OK，关闭图 6-65 所示的对话框；单击 OK，关闭图 6-64 所示的对话框。按照此方法修改另一个 LED 和电容等元器件，修改后的结果如图 6-63（b）所示。

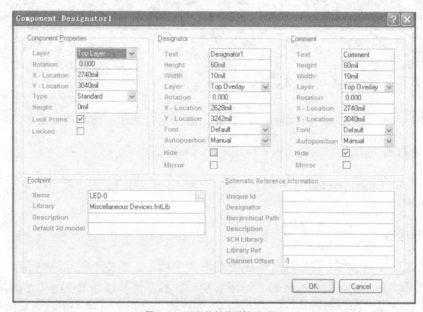

图 6-64　元器件封装属性对话框

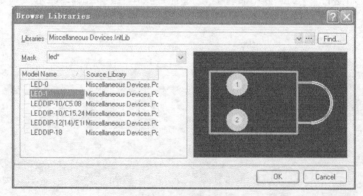

图 6-65　项目修改对话框

4．修改焊盘

元器件封装自带的焊盘通常较小，为满足学生自行电路设计制板工艺技术要求，如热转印、感光板等工艺，焊盘通常要改大一些。在图 6-65 中选中一个焊盘双击，弹出焊盘属性对话框，如图 6-66 所示，可修改该焊盘的大小。

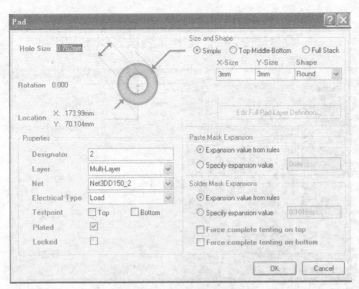

图 6-66　焊盘修改对话框

还可以选择批处理文件实现更多焊盘和线条的修改，以修改和某一个焊盘大小一样的焊盘为例。

如图 6-67 所示，选中一个焊盘，右击，再单击 Find Similar Objects。

如图 6-68 所示，设定选择条件，如大小相同的，选中 Select Matching，单击 OK，大小

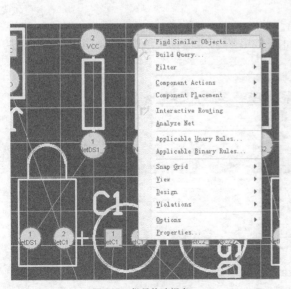

图 6-67　批量修改焊盘

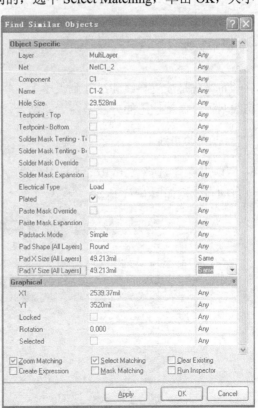

图 6-68　批处理元器件设置对话框

一样的都被选中了。按 F11，弹出如图 6-69 所示的 Inspector 对话框，其中 Pad X Size 和 Pad Y Size 栏目都改为 65mil，批量修改完成，应用该方法还可实现更多修改。

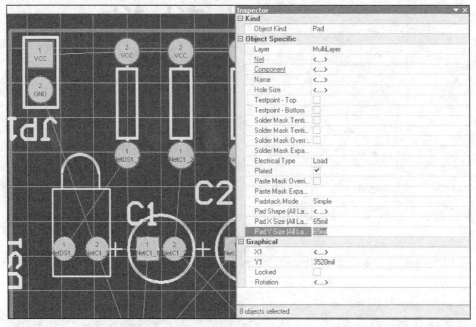

图 6-69　焊盘的批量修改

6.3.8　布线

布线就是放置导线和过孔到板子上，将元器件连接起来。布线的方法有自动布线和手工布线两种，通常使用的方法是两者的结合，先自动布线再手工修改。

1．自动布线

① 从菜单选择 Auto Route→All，弹出如图 6-70 所示对话框，单击 Route All，软件便完成自动布线，如图 6-71 所示。

图 6-70　布线策略对话框

如果想清除之前自动布线的结果，选择菜单 Tools→Un-Route→All 取消板的布线。

② 选择 File→Save 保存设计的电路板。

注意自动布线器所放置的导线有两种颜色：红色表示导线在板子的顶层信号层，而蓝色表示底层信号层。自动布线器所使用的层是由 PCB 向导设置的 Routing Layers 设计规则所指明的。你会注意到连接到连接器的两条电源网络导线要粗一些，这是由所设置的两条新的 Width 设计规则所指明的。

③ 单面布线。

因为最初在 PCB 向导中将板子定义为双面板，所以可以使用顶层和底层用手工将板布线为双面板。如果要将板子设为单面板，则要选择菜单中的 Tools→Un-Route→All，取消板子的布线。

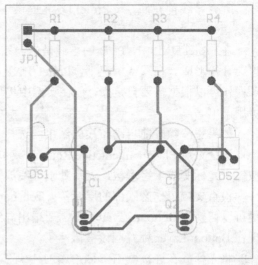

图 6-71　自动布线结果

对于示例的电路采用单面布线，选择菜单 Design→Rules→Rounting Layer 修改即可，如图 6-72 所示。将 TOP Layer 设置为 Not Used，将 Bottom Layer 设置为 Any，单击 Close 即可。选择菜单 Auto Route→All，重新自动布线，布线结果如图 6-73 所示。

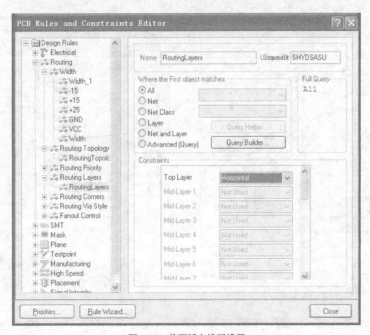

图 6-72　单面板布线层设置

2．手工布线

尽管自动布线器提供了一个容易且强大的布线方式，但仍然需要控制导线的放置状况。可以对板子的部分或全部进行手工布线。下面要将整个板子作为单面板来进行手工布线，所有导线都在底层。Protel DXP 提供了许多有用的手工布线工具，使得布线工作非常容易。

在 Protel DXP 中，PCB 的导线是由一系列直线段组成的。每次方向改变时，新的导线段也会开始形成。在默认情况下，Protel DXP 初始时会使导线走向为垂直、水平或 45°角。这项操作可以根据需要自定义，但在实例中仍然使用默认值。手工布线可用 Wiring 工具栏，也可用菜单。

如果想清除之前自动布线的结果，选择菜单 Tools→Un-Route→All，取消板子的布线。

选择菜单 Place→Interactive Routing 或单击 Placement（放置）工具栏的 Interactive Routing 按钮，光标变成十字形状，表示处于导线放置模式。

检查文档工作区底部的层标签。Top Layer 标签当前应该是被激活的。按数字键盘上的*键可以切换到 Bottom Layer 而不需要退出导线放置模式。这个键仅在可用的信号层之间切换。现在 Bottom Layer 标签应该被激活了。

将光标放在连接器 Header 的第 1 号焊盘上，单击固定导线的第一个点，移动光标到电阻 R1 的 2 号焊盘，单击，蓝色的导线已连接在两者之间，继续移动鼠标到 R2 的 2 号引脚焊盘，单击，蓝色的导线连接了 R3，继续移动鼠标到 R4 的 2 号引脚焊盘，右击，完成了第一个网络的布线。右击或按 Esc 键结束这条导线的放置。

按与上述步骤类似的方法来完成板子上剩余的布线，如图 6-74 所示，保存设计文件。

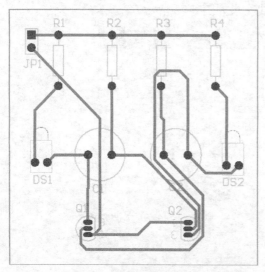

图 6-73　单面板布线结果

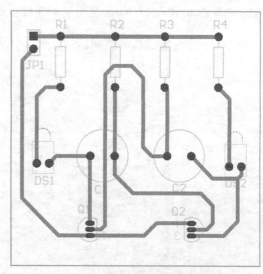

图 6-74　手工布线结果

3. 在放置导线时应注意的几个问题

① 不能将不该连接在一起的焊盘连接起来。Protel DXP 将不停地分析板子的连接情况并阻止你进行错误的连接或跨越导线。

② 要删除一条导线段，单击选择，这条线段的编辑点出现（导线的其余部分将高亮显示），按 Delete 键删除被选择的导线段。

③ 重新布线在 Protel DXP 中是很容易的，只要布新的导线段即可。在新的连接完成后，

旧的多余导线段会自动被移除。

④ 在完成 PCB 上所有导线的放置后,右击或按 Esc 键退出放置模式。光标会恢复为一个箭头。

6.3.9 PCB 设计的检查

Protel DXP 提供一个规则管理对话框来设计 PCB,并允许你定义各种设计规则来保证板图的完整性。比较典型的是,在设计进程的开始就设置好设计规则,然后在设计进程的最后用这些规则来验证设计。

为了验证所布线的电路板是否符合设计规则,要运行设计规则检查(Design Rule Check,DRC):选择 Design→Board Layers,确认 System Colors 中的 DRC Error Markers 选项旁的 Show 按钮被勾选,如图 6-75 所示,这样 DRC Error Markers 就会显示出来。

System Colors (Y)	Color	Show
Connections and From Tos		✓
DRC Error Markers		✓

图 6-75　选择 DRC 检验

选择菜单 Tools→Design Rule Checker。在 Design Rule Checker 对话框中已经选中了 On-line 和一组 DRC 选项。选中一个类可查看其所有原规则。

保留所有选项为默认值,单击 Run Design Rule Check 按钮。DRC 将运行,其结果将显示在 Messages 面板。如图 6-76 所示,检验无误后即完成了 PCB 设计,准备生成输出文档。

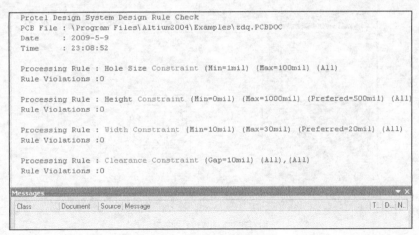

图 6-76　DRC 检查结果

6.3.10 PCB 图的打印及文件输出

1. PCB 图的打印

① 基本设置:单击 File→Page Setup,如图 6-77 所示,弹出 PCB Print Properties 对话框,可设置纸张、纸的纵横打印、打印比例、打印图的位置、颜色等。

② 预览,单击 File→Print Previews 可以预览打印结果。

③ 打印层的设置。

根据实际需要,比如想通过热转印或感光工艺制板时,只需要一部分层(Bottom Layer、

Keep-Out Layer、Multi-Layer），即可进行打印层的设置。Top Layer 需要镜像，焊盘的 Hole 是否现实打印也在此设置。在 PCB Print Properties 对话框中单击 Advanced，可设置打印层，如图 6-78 所示。

图 6-77 打印设置对话框

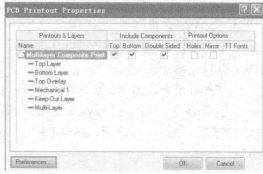

图 6-78 打印层设置

感光纸打印单面板图则留下 Bottom Layer、Keep-Out Layer、Multi-Layer 即可。单击 File→Print Previews 可以预览打印结果，如图 6-79 所示。

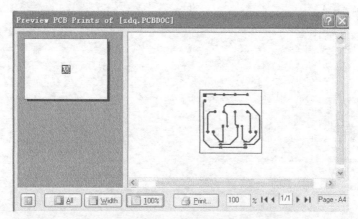

图 6-79 单面板的打印预览

④ 打印在硫酸纸、菲林纸、热转印纸上就可进行相应的制板了，至此 PCB 设计结束。

2. PCB 文件的输出

对于雕刻机等，通常要输出的项目为 CAM 或其他格式，这时还需要进行相关的设置，输出对应文件。

（1）设置项目输出

项目输出是在 Outputs for Project 对话框内设置的。选择 Project→Add New to Project→Output Jobs Project→Project_name，对话框出现。

（2）对输出的路径、类型进行设置，完成设置后单击 Close

要根据输出类型将输出发送到单独的文件夹，则选择 Project→Project Options，单击

Options 标签, 如图 6-80 所示, 单击 Use separate folder for each output type, 最后单击 OK。

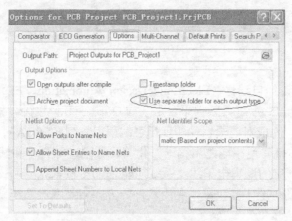

图 6-80 PCB 输出属性设置

(3) 生成输出文件

PCB 设计进程的最后阶段是生成输出文件。用于制造和生产 PCB 的文件组合包括底片 (Gerber) 文件、数控钻 (NC drill) 文件、插置 (Pick and Place) 文件、材料表和测试点文件。输出文件可以通过 File→Fabrication Outputs 菜单的单独命令来设置。生成文档的设置作为项目文件的一部分保存。

(4) 生成 PCB 材料清单

要创建材料清单, 首先设置报告。选择 Project→Output Jobs, 然后选择 Project 对话框 Report Outputs 部分的 Bill of Materials (BOM)。

单击 Create Report。生成材料报告对话框如图 6-81 所示, 在这个对话框中, 可以在 Visible 和 Hidden Column 通过拖拽列标题来为 BOM 设置需要的信息。单击 Report…显示 BOM 的打印预览。这个预览可以使用 Print 按钮来打印或使用 Export 按钮导出为一个文件格式, 如 Microsoft Excel 的*.xls。关闭对话框, 至此完成了 PCB 设计的整个进程, 可以按照工艺进行 PCB 的制作及装配了。

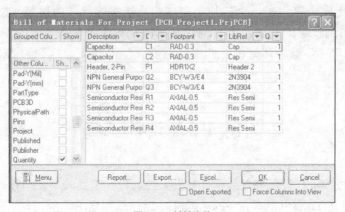

图 6-81 材料清单

第 7 章 EDA 技术

EDA 技术即电子设计自动化（Electronic Design Automation，EDA）技术，该技术依赖功能强大的计算机，在 EDA 工具软件平台上（如 Quartus Ⅱ）以硬件描述语言（如 VHDL）为系统逻辑描述手段，完成对逻辑器件［现场可编程门阵列（FPGA）、复杂可编程逻辑器件（CPLD）］的设计，并自动地完成逻辑编译、化简、分割、综合、布线布局以及逻辑优化和仿真测试，直至实现既定的逻辑电子线路系统功能。EDA 技术完全颠覆了以往的逻辑电路设计方式，使得设计者的主要工作仅限于利用软件的方式来完成对系统硬件功能的实现，这是电子设计技术的巨大进步。

传统的逻辑系统设计中，手工设计占了很大比例，电路越复杂调试越困难。由于无法进行硬件系统仿真，如果设计过程存在错误，查找和修改十分不便，只有设计出样机才能进行测试，并且设计完成的系统规模通常很小，抗干扰能力差，工作速度也很慢。

采用 EDA 技术设计，可以对数字系统进行抽象的行为与功能描述，对具体的内部线路结构进行描述，并可根据系统功能进行分割，然后用逻辑语言进行描述，从而可以在电子设计的各个阶段、各个层次进行计算机模拟验证，保证设计过程的正确性，大大降低设计成本，缩短设计周期。EDA 工具之所以能够完成各种自动设计过程，关键是有各类库的支持，如逻辑仿真的模拟库、逻辑综合的综合库、版图综合的版图库、测试综合的测试库等。这些库都是 EDA 公司与半导体生产厂商紧密合作、共同开发的。设计者还可以根据需要利用第三方设计的 IP 核以提高设计效率。

EDA 技术的最大优势就是能将所有设计环节纳入到统一的自上而下的顶层设计的设计方案中，在各个设计层次上利用计算机完成不同内容的仿真模拟，而且在系统板设计结束后仍可利用计算机对硬件系统进行完整的测试。

随着 EDA 技术的不断发展，超大规模集成电路的集成度和工艺水平不断提高，如28mm 工艺已经走向成熟，在一个芯片上完成的系统集成已成为可能（SOC 设计），高性能的 EDA 工具得到长足的发展，其自动化和智能化程度不断提高，为嵌入式系统设计提供了功能强大的开发环境，计算机硬件平台性能大幅提高，为复杂的 SOC 设计提供了物理基础。

7.1 EDA 设计流程

利用 EDA 技术进行设计开发的软件开发系统和设计工具较多，但设计流程大体相同。图 7-1 所示是基于 Quartus Ⅱ 软件的 FPGA/CPLD 设计流程框图。

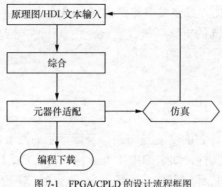

图 7-1　FPGA/CPLD 的设计流程框图

7.1.1　设计输入

1. 原理图输入

这是一种类似于传统电子设计方法的原理图编辑输入方式，即利用 EDA 软件库中定制的功能模块，如与门、非门、或门、触发器、IP 功能块以及各种含 74 系列器件功能的宏功能块，在图形编辑界面上绘制完成电路原理图。

利用原理图输入的设计过程形象直观，对于较小的电路模型，其结构与实际电路十分接近，且接近于底层电路布局，设计者易于把握电路全局，因此易于控制逻辑资源的消耗，节省面积。

利用原理图输入也有其局限性。首先，由于不同的 EDA 软件中的图形处理工具对图形的设计规则、存档格式和图形编译方式都不同，图形设计方式并没有得到标准化，因此图形文件兼容性差，电路模块移植和再利用十分困难，难以交换和管理，限制了 EDA 技术的应用。其次，在设计中，由于必须直接面对硬件模块的选用，因此行为模型的建立将无从谈起，从而无法实现真实意义上的自上而下的设计方案。

2. HDL 文本输入

这种方式与传统的计算机软件语言编辑输入基本一致，就是利用 EDA 软件中的文本编辑器，使用某种硬件描述语言（HDL）的电路设计文本，如 VHDL 的源程序，进行编辑输入。VHDL 作为 IEEE 的工业标准硬件描述语言，具有与具体硬件电路无关和与设计平台无关的特性，能对数字系统进行层次化结构设计和描述，克服了上述原理图输入法存在的所有局限性。

7.1.2　综合

综合就是将电路的高级语言（如行为描述）转换成低级的、可与 FPGA／CPLD 的基本结构相映射的网表文件或程序。

综合器是 EDA 技术的核心，其综合的结果不依赖任何特定硬件环境，可以独立存在，并能方便地移植到任何通用的硬件环境。综合器具有较复杂的工作环境，它根据设计库、工艺库及各类约束条件，以最优方式完成电路结构网表的转化。因而，对于相同的 VHDL 表述，不同的综合器可能综合出不同的电路系统，因此，在设计时，应尽可能地了解该综合器的基本特性。

7.1.3 元器件适配

适配器也称结构综合器，它的功能是将由综合器产生的网表文件配置于指定的目标元器件中，使之产生最终的下载文件，如 JEDEC、Jam 格式的文件。Quartus II 软件中已嵌入适配器，综合前只要选定指定的目标元器件，适配器将综合出针对某一具体目标元器件的逻辑映射，其中包括底层元器件配置、逻辑分割、逻辑优化、逻辑布局布线操作，同时，输出时序仿真文件、适配技术报告文件、编程下载文件等。

7.1.4 仿真

在编程下载前必须利用 EDA 工具对适配生成的结果进行模拟测试，即仿真。仿真就是根据预定的算法和仿真库对 EDA 设计进行模拟，以验证设计，排除错误。仿真器通常由 EDA 开发软件提供，如 Quartus II 软件就含有仿真器，仿真分为时序仿真和功能仿真。

（1）时序仿真：就是接近真实元器件运行特性的仿真，仿真文件中已包含了元器件硬件特性参数，因而仿真精度高。但时序仿真的仿真文件必须来自针对具体元器件的综合器与适配器。综合后所得的 EDIF 等网表文件通常作为 FPGA 适配器的输入文件，产生的仿真网表文件中包含了精确的硬件延迟信息。

（2）功能仿真：是直接对 VHDL、原理图描述或其他描述形式的逻辑功能进行测试模拟，以了解其实现的功能是否满足原设计的要求的过程，仿真过程不涉及任何具体元器件的硬件特性。

通常，首先进行功能仿真，待确认设计文件所表达的功能满足设计者原有意图时，即逻辑功能满足要求后，再进行综合、适配和时序仿真，以便把握设计项目在硬件条件下的运行情况。

7.1.5 编程下载

把适配后生成的下载或配置文件，通过编程器或编程电缆向目标器件 FPGA 或 CPLD 进行下载，在进行硬件调试和验证后，完成最终的硬件设计。

7.2 原理图输入设计方法

Quartus II 开发平台提供了功能强大、直观便捷和操作灵活的原理图输入设计功能，配备了各种元器件库，其中包含基本逻辑元器件库（如与门、或门、非门、触发器等）、宏功能元器件库（几乎所有 74 系列的器件），以及功能强大、性能良好的类似于 IP 核的参数化模块库（LPM）。借助 Quartus II 用户能设计较大规模的电路系统，该平台还具有使用方便、精度良好的时序仿真器。

下面以半加器为例，介绍原理图输入设计的具体步骤，其设计流程除了输入方法稍有不同，其他同样适用于 VHDL 的文本设计。

1. 建立工程设计文件夹（工作库）

在进入 Quartus II 以前，先为本项工程设计建立文件夹，假设本项设计的文件夹取名为 my_prjct，路径为：D:/my_project，如图 7-2 所示。

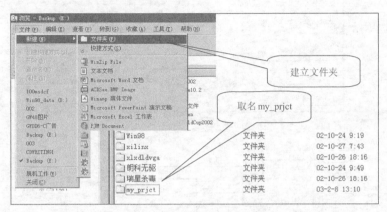

图 7-2　为工程设计建立文件夹

2. 建立设计项目

运行 Quartus II，选择菜单 File→New，在弹出的 New 对话框中选择 Block Diagram/Schematic File→OK，打开原理图编辑窗口，如图 7-3 所示。

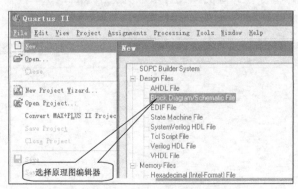

图 7-3　进入 Quartus II，选择原理图编辑器

双击原理图编辑窗口中的任何一个位置，将出现图 7-4 所示的输入元器件的对话框 Enter Symbol，双击元器件库 Symbol Libraries 中的 primitives 项，在 Symbol Files 窗口即可看到基本逻辑元器件库 logic 中的所有元器件，其中大部分是 74 系列器件，选中元器件，单击 OK 按钮即可调入。也可在 Name 文本框中输入元器件名，如 and2 调入元器件。

如图 7-5 所示，根据半加器设计，分别调入 and2、not、xnor、input 和 output 并连接好。然后分别在 input 和 output 的 PIN NAME 上双击使其变成黑色，再用键盘分别输入各引脚名：

a、b、co 和 so。

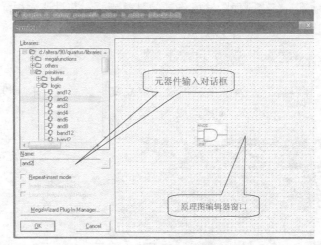

图 7-4　输入元器件对话框

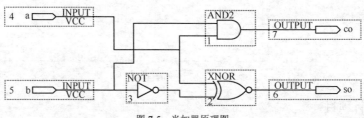

图 7-5　半加器原理图

将设计项目存盘，如图 7-6 所示，选择菜单 File→Save As，选择刚才为自己的工程建立的路径 D:/my_project，将已设计好的图文件取名为：h_adder.bdf（注意扩展名是.bdf），并存盘在此路径下。

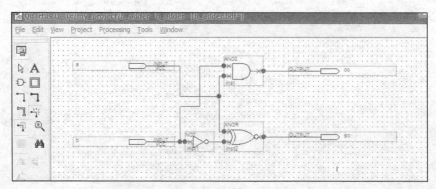

图 7-6　将设计项目存盘

3. 将设计项目设置成顶层工程文件

设计项目由多个设计文件组成，它们都存放在文件夹（工作库）D:/my_prjct 中，为了使 Quartus Ⅱ 能对输入的设计项目按设计者的要求进行处理，应将它们的当前文件，即顶层文件设置成 Project。

如图7-7所示，在当前文件下，选择菜单 Project→Set as Top-Level Entity 命令，即将当前设计文件设置成 Project。选择此命令后，可以看到标题栏显示出所设计文件的路径。

图7-7　将当前设计文件设置为工程文件

4．选择目标器件并编译

选择 Assignments→Device 项，在该项的下拉列表 Device Family 中，列出了 Altera 公司的 FPGA 或 CPLD 系列器件，例如，本例选用的是 Altera 公司的 Cyclone Ⅲ（EP3C55U484C8）器件，完成选择后，单击 OK 按钮，如图7-8所示。

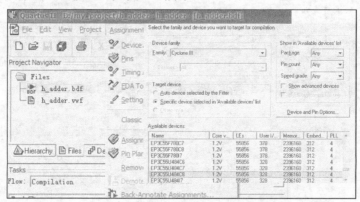

图 7-8　选择目标器件

在主菜单中，选择 Processing→Start Compilation 编译器选项，启动编译器，编译结束后显示编译结果，如图 7-9 所示。此编译器的功能包括网表文件提取、设计文件排错、逻辑综合、逻辑分配、适配、时序仿真文件提取、编程下载文件装配等。如果发现有错，则根据提示排除错误后再次编译。

5．仿真

仿真也称为模拟，是对电路设计的一种间接检测方法。对电路设计的逻辑行为和运行功能进行模拟检测，可以获得许多设计错误及改进方面的信息。

首先，需要建立仿真文件。选择 File→New 项，如图 7-10 所示，在弹出的对话框中，选择 Vector Waveform File 项，打开波形编辑窗口。

建立仿真信号节点，即在仿真中可以看到的输入/输出（I/O）端口的波形。在打开波形编辑窗口中，选择 Edit→Enter→Enter Node or Bus→Node Finder，单击 List 按钮，这时左侧列表框将列出该设计的所有信号节点，即 a、b、co、so，如图 7-11 所示。

选中要观察的信号项，单击"≥"键，则被选定的信号节点出现在右侧列表框中，然后单击 OK 按钮，如图 7-12 所示。

设置仿真参数。

① 设定仿真时间。根据需要，适当选择仿真时间域，以便正确地观察仿真波形，此例选择 1ms（毫秒）。如图 7-13 所示，选择 Edit→End Time，在 End Time 对话框中，输入 1ms，

单击 OK 按钮。

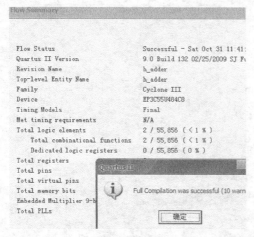

图 7-9　编译

图 7-10　建立仿真文件

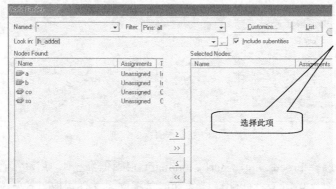

图 7-11　输入信号节点

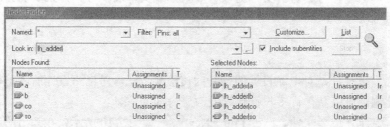

图 7-12　选择要观察的信号节点

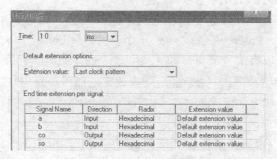

图 7-13　设定仿真时间

② 设定测试电平。利用缩放功能调整好仿真图形，利用必要的功能键为输入信号 a 和 b 加上适当的电平，以便仿真后能测试输出信号 so 和 co，如图 7-14 所示。

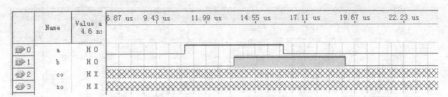

图 7-14　设定测试电平

③ 仿真波形文件存盘。如图 7-15 所示，选择 File→Save As，单击 OK 按钮。保存窗口中的仿真波形文件名是默认的，与图文件同名，但扩展名是.vwf（即 h_adder.vwf）。

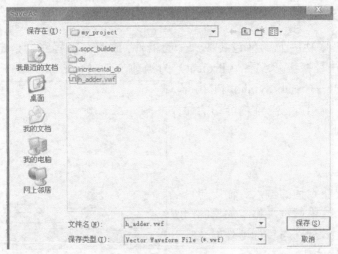

图 7-15　保存仿真波形文件.vwf

④ 运行仿真器。如图 7-16 所示，选择主菜单 Processing 中的 Start Simulation 选项并开始仿真。

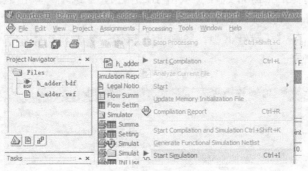

图 7-16　运行仿真器

⑤ 分析仿真结果。根据半加器真值表分析仿真结果，拖动测试参考线至测试点，观察测试值（Value）、测试点位置（Ref）、测试点与鼠标箭头间的时间差（Interval）等参数以供分析，如图 7-17 所示，测试点处：输入信号 a=1、b=0，输出信号 co=0、so=1，符合半加器逻辑关系。

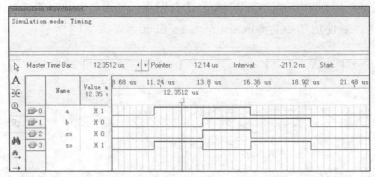

图 7-17　半加器仿真波形图

6. 元器件包装入库

将设计并仿真成功的元器件包装成一个元器件，放置在工程路径指定的目录中以备其他设计调用。方法是在工程文件（Project）为当前文件（Current File）的情况下，选择 File→Create/Update→Create Symbol File for Current File 选项，调用方法与前面介绍的元器件调用方法相同。

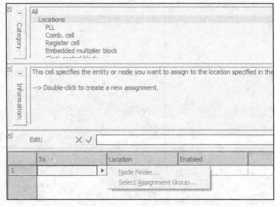

7. 引脚锁定

引脚锁定就是将设计的输入、输出与目标器件联系起来，这里假设，将半加器的 4 个引脚 a、b、co 和 so 分别与目标器件的 A5、A6、B6 和 B21 脚相接。

选择 Assignments→Assignment Edit 选项，进入编辑窗口，如图 7-18 所示。在

图 7-18　选择"Node Finder…"引脚锁定

Gategory 列表框中选择 Location 选项。双击 To 栏的 New 选项，单击其右侧的下三角按钮出现下拉列表框，选择"Node Finder…"。

在弹出的 Node Finder 对话框中，单击 List 按钮，将左栏需锁定的信号名移到右栏，单击 OK，如图 7-19 所示。

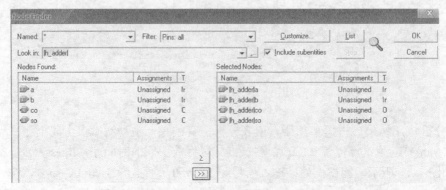

图 7-19　选择锁定信号

在引脚锁定窗口的 Location 栏，键入与端口名对应的引脚编号（如 a→A5），如图 7-20 所示，分别将端口 a、b、co 和 so 信号引脚锁定。

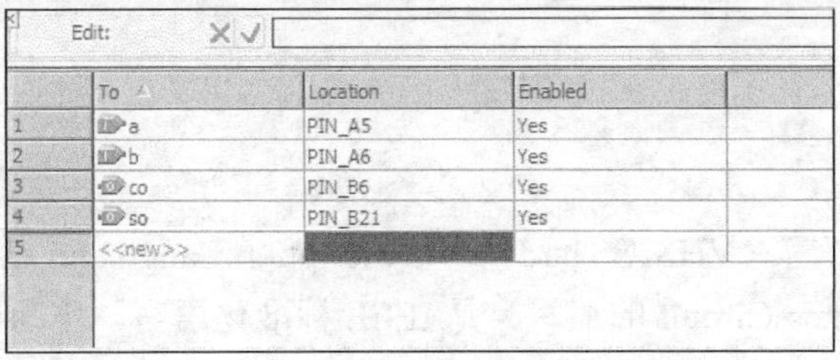

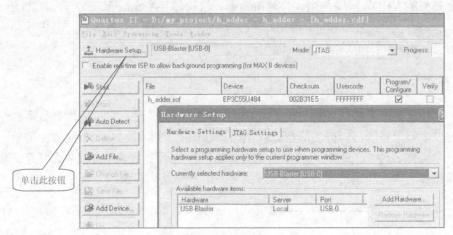

	To	Location	Enabled	
1	a	PIN_A5	Yes	
2	b	PIN_A6	Yes	
3	co	PIN_B6	Yes	
4	so	PIN_B21	Yes	
5	<<new>>			

图 7-20　完成引脚锁定

引脚锁定后，必须对文件重新编译一次，即运行一次 Start Compilation，以便将引脚信息编入下载文件中。

8．编程下载

编程下载就是将设计下载到指定的目标元器件中，以作硬件测试或最终应用。

用下载电缆把计算机的 USB 接口与目标板连接好，打开电源。

设定下载方式，选择主菜单的 Quartus Ⅱ→Tools→Programmer 选项，弹出如图 7-21 所示的编程器窗口，单击 Hardware Setup...硬件设置选项，在其下拉菜单中选择 USB-Blaster 编程方式。注意观察下载的.SOF 文件及 FPGA 器件型号。

图 7-21　设置下载方式

单击 Start 按钮，即可进入对目标元器件的配置下载操作。当右上角的 Progress 显示 100% 及底部的处理栏中出现 Configuration Succeeded 时，表示下载成功。

至此，完整的设计流程已经结束。

设计者可根据目标板（或实验板）的引脚对应关系，进行硬件测试，与图 7-17 所示的波形进行对照以验证设计的正确性。

7.3 VHDL 设计

7.3.1 概述

VHSIC 硬件描述语言（VHSIC Hardware Description Language，VHDL，其中 VHSIC 是 Very High Speed Integrated Circuit 的缩写）是 IEEE 标准化语言，作为电子设计主流硬件的描述语言，得到众多 EDA 公司的支持。

VHDL 具有很强的电路描述和建模能力，能从多个层次对数字系统进行建模和描述，支持自顶向下的设计方法，从而大大简化了硬件设计任务，缩短了产品的开发周期，提高了设计效率和可靠性。

VHDL 具有与具体硬件电路无关和与设计平台无关的特点。用 VHDL 进行电子系统设计的一个很大的优点是设计者可以专心致力于其功能的实现，而不需要对不影响功能的与工艺有关的因素花费过多的时间和精力。

VHDL 有两个版本：87 版本和 93 版本，并向下兼容。

7.3.2 VHDL 的基本结构

一个完整的 VHDL 程序是由实体（Entity）、结构体（Architecture）、库（Library）、程序包体（Package）、配置（Configuration）5 部分组成的，如图 7-22 所示。其中库、实体、结构体是一个 VHDL 程序的基本组成部分。

1. 实体

实体描述的是一个系统外特性，因此实体的对象相当广泛，它可以像微处理器一样的复杂，也可以像一个逻辑门一样的简单。在电路原理图上实体相当于一个元器件符号，图 7-23 所示是一个实体名为 "mux21a" 的多路选择器的符号。不管元器件内部多么复杂，实体描述的只是元器件的输入和输出端口信息，它是对外的一个通信界面。

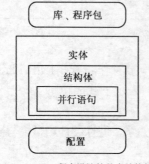

图 7-22　VHDL 程序设计的基本结构框图

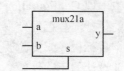

图 7-23　多路选择器电路符号

实体说明的一般格式如下。

```
ENTITY 实体名 IS
   [GENERIC(类属表);]
   [PORT(端口表);]
END ENTITY 实体名;
```

（1）GENERIC 类属说明语句

类属说明语句必须放在端口说明语句（PORT）之前，用以设定实体或元器件的内部电路结构和规模。类属参量以关键词 GENERIC 引导一个类属参量表，在表中提供时间参数或总线宽度等静态信息。类属表说明用于设计实体和其外部环境通信的参数与传递信息，利用该特性可以设计参数化元器件。

类属说明语句的一般书写格式如下。

```
GENERIC(常数名:数据类型:=设定值;
        常数名：数据类型:=设定值);
```

（2）PORT 端口说明语句

端口说明语句是端口所在的设计实体与外部接口的描述。在电路图上，端口对应于元器件符号的外部引脚，也可以说是外部引脚信号的名称、数据类型和输入/输出方向的描述。端口说明包括端口名称、端口模式、数据类型。端口说明语句的一般书写格式如下。

```
PORT(端口名:端口模式   数据类型;
    {端口名:端口模式   数据类型});
```

其中端口模式有 4 种，如图 7-24 所示，为 OUT、IN、INOUT 及 BUFFER。

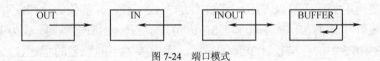

图 7-24　端口模式

2．结构体

结构体是实体所定义的设计实体中的一个组成部分。结构体描述设计实体的内部结构和外部设计实体端口间的逻辑关系。结构体的组成部分是：

① 对数据类型、常数、信号、子程序和元器件等元素的说明部分；

② 描述实体逻辑行为的、以各种不同的描述风格表达的功能描述语句。

每个实体可以有多个结构体，每个结构体对应着实体不同的结构和算法实现方案，各个结构体的地位是相同的。

（1）结构体的一般语句格式

结构体的语句格式如下。

```
ARCHITECTURE 结构体名 OF 实体名 IS
[说明语句]
BEGIN
[功能描述语句]
END ARCHITECTURE 结构体名;
```

结构体名由设计者自己选择，但当一个实体具有多个结构体时，结构体的取名不可相重。结构体的说明语句部分必须放在关键词 ARCHITECTURE 和 BEGIN 之间。

（2）结构体说明语句

结构体中的说明语句是对结构体的功能描述语句中将要用到的信号、数据类型、常数、元器件、函数和过程等的说明。在一个结构体中说明和定义的数据类型、常数、元器件、函数和过程只能用于这个结构体中。如果希望这些定义也能用于其他的实体或结构体中，需要将其作为程序包来处理。

（3）功能描述语句结构

结构体中包含的 4 类功能描述语句，它们都是并行语句。

① 进程语句，定义顺序语句模块。

② 信号赋值语句，将设计实体内的处理结果向定义的信号或界面端口进行赋值。

③ 子程序调用语句，用以调用过程或函数，并将获得的结果赋值于信号。

④ 元件（此处也含器件）例化语句，对其他的设计实体作元件调用说明，并将此元件的端口与其他的元件、信号或高层次实体的界面端口进行连接。

3. 库

在利用 VHDL 进行工程设计中，为了提高设计效率以及使设计遵循某些统一的语言标准或数据格式，有必要将一些有用的信息汇集在一个或几个库中以供调用。这些信息可以是预先定义好的数据类型、函数等设计单元的集合体。因此，可以把库看成是一种用来存储预先完成的程序包、数据集合体和元器件的仓库。如果要在一项 VHDL 设计中用到某一程序包，就必须在这项设计中预先打开这个程序包，使此设计能随时使用这一程序包中的内容。在综合过程中，所要调用的库必须以 VHDL 源文件的方式存在，并能使综合器随时读入使用。为此必须在这一设计实体前使用库语句和 USE 语句。有些库被 IEEE 认可，成为 IEEE 库，IEEE 库存放了 IEEE 1076 中的标准设计单元。通常，库中放置不同数量的程序包，程序包中又可放置不同数量的子程序，子程序中又含有函数、过程、设计实体等基础设计单元。VHDL 的库分为两类：一类是设计库，如在具体设计项目中设定的目录所对应的 WORK 库；另一类是资源库，资源库是常规元器件和标准模块存放的库。

（1）库的种类

VHDL 程序设计中常用的库有 IEEE 库、STD 库及 WORK 库。

① IEEE 库。

IEEE 库是 VHDL 设计中最为常见的库，它包含有 IEEE 标准的程序包和其他一些支持工业标准的程序包。IEEE 库中的标准程序包主要包括 STD_LOGIC_1164、NUMERIC_BIT 和 NUMERIC_STD 等。其中的 STD_LOGIC_1164 是最重要和最常用的程序包，大部分基于数字系统设计的程序包都是以此程序包中设定的标准为基础的。

此外，还有一些非 IEEE 标准程序包，如 STD_LOGIC_ARITH、STD_LOGIC_SIGNED 和 STD_LOGIC_UNSIGNED 程序包。

② STD 库。

VHDL 标准定义了两个标准程序包，即 STANDARD 和 TEXTIO 程序包，它们都被收入在 STD 库中，只要在 VHDL 应用环境中，即可随时调用这两个程序包中的所有内容，即在编译和综合过程中，VHDL 的每一项设计都自动地将其包含进去了。由于 STD 库符合 VHDL 标准，在应用中不必如 IEEE 库那样以显式表达出来，如在程序中，以下的库使用语句是不必要的：

```
LIBRARY STD;
USE STD.STANDARD.ALL;
```

③ WORK 库。

WORK 库是用户的 VHDL 设计的现行工作库，用于存放用户设计和定义的一些设计单元和程序包，因而是用户自己的仓库，用户设计项目的成品、半成品模块，以及先期已设计好的元器件都放在其中。WORK 库自动满足 VHDL 标准，在实际调用中，也不必以显式预先说明。VHDL 标准规定工作库总是可见的，因此，不必在 VHDL 程序中明确指定。

（2）库的用法

在 VHDL 中，库的说明语句总是放在实体单元前面。这样，在设计实体内的语句时就可以使用库中的数据和文件。库的用处在于使设计者可以共享已经编译过的设计成果。VHDL 允许在一个设计实体中同时打开多个不同的库，但库之间必须是相互独立的。对于必须以显式表达的库及其程序包的语言表达式应放在每一项设计实体的最前面，成为这项设计的最高层次的设计单元。库语句一般必须与 USE 语句共用。库语句关键词 LIBRARY 指明所使用的库名，USE 语句指明库中的程序包。一旦说明了库和程序包，整个设计实体都可进入访问或调用，但其作用范围仅限于所说明的设计实体。VHDL 要求每项含有多个设计实体的更大的系统中，每一个设计实体都必须有自己完整的库说明语句和 USE 语句。USE 语句的使用将使所说明的程序包对本设计实体部分或全部开放，即是可视的。USE 语句的使用有如下两种常用格式。

```
USE 库名.程序包名.项目名；
USE 库名.程序包名.ALL；
```

第一个语句的作用是向本设计实体开放指定库中的特定程序包内所选定的项目。第二个语句的作用是向本设计实体开放指定库中的特定程序包内的所有内容。

4．程序包

已在设计实体中定义的数据类型、子程序或数据对象对于其他设计实体是不可用的，或者说是不可见的。为了使已定义的常数、数据类型、元器件调用说明以及子程序能被更多其他的设计实体方便地访问和共享，可以将它们收集在一个 VHDL 程序包中。多个程序包可以并入一个 VHDL 库中，使之适用于更一般的访问和调用范围。这一点对于大系统开发时，多个或多组开发人员同步工作的情况显得尤为重要。程序包主要由如下 4 种基本结构组成，一个程序包中至少应包含以下结构中的一种。

① 常数说明：如定义系统数据总线通道的宽度。

② VHDL 数据类型说明：主要采用在整个设计中通用的数据类型，例如通用的地址总线数据类型定义等。

③ 元器件定义：元器件定义主要规定在 VHDL 设计中参与文件例化的文件接口界面。

④ 子程序：并入程序包的子程序有利于在设计中的任一处进行方便的调用。

定义程序包的一般语句结构如下。

```
PACKAGE 程序包名  IS      ——程序包首
程序包首说明部分
```

END 程序包名;
PACKAGE BODY 程序包名 IS ——程序包体
程序包体说明部分以及包体内容
END 程序包名;

程序包的结构由程序包的说明部分（即程序包首）和程序包的内容部分（即程序包体）两部分组成。一个完整的程序包中，程序包首名与程序包体名是同一个名字。

程序包首的说明部分可收集多个不同的 VHDL 设计所需的公共信息，其中包括数据类型说明、信号说明、子程序说明及元器件说明等。所有这些信息虽然也可以在每一个设计实体中进行逐一单独的定义和说明，但如果将这些经常用到并具有一般性的说明定义放在程序包中供随时调用，显然可以提高设计的效率和程序的可读性。

程序包结构中，程序包体并非总是必须要有的。程序包首可以独立定义和使用。

常用的预定义的程序包如下。

① STD_LOGIC_1164 程序包。

STD_LOGIC_1164 程序包是 IEEE 库中最常用的程序包，是 IEEE 的标准程序包，其中包含了一些数据类型、子类型和函数的定义。STD_LOGIC_1164 程序包中用得最多和最广的是定义了满足工业标准的两个数据类型 STD_LOGIC 和 STD_LOGIC_VECTOR。

② STD_LOGIC_ARITH 程序包。

STD_LOGIC_ARITH 预先编译在 IEEE 库中，此程序包在 STD_LOGIC_1164 程序包的基础上扩展了 3 个数据类型，即 UNSIGNED、SIGNED 和 SMALL INT，并为其定义了相关的算术运算符和转换函数。

③ STD_LOGIC_UNSIGNED 和 STD_LOGIC_SIGNED 程序包。

STD_LOGIC_UNSIGNED 和 STD_LOGIC_SIGNED 程序包都是 Synopsys 公司的程序包，都预先编译在 IEEE 库中。这些程序包重载了可用于 INTEGER 型及 STD_LOGIC 和 STD_LOGIC_VECTOR 型混合运算的运算符，并定义了一个由 STD_LOGIC_VECTOR 型到 INTEGER 型的转换函数。这两个程序包的区别是，STD_LOGIC_SIGNED 中定义的运算符考虑到了符号，是有符号数的运算。

④ STANDARD 和 TEXTIO 程序包。

STANDARD 和 TEXTIO 程序包是 STD 库中的预编译程序包。STANDARD 程序包中定义了许多基本的数据类型、子类型和函数。TEXTIO 程序包定义了支持文件操作的许多类型和子程序。在使用本程序包之前，需加语句 USE STD.TEXTIO.ALL。TEXTIO 程序包主要仅供仿真器使用。

5. 配置

配置可以把特定的结构体关联到一个确定的实体。配置语句就是用来为较大的系统设计提供管理和工程组织功能的。通常在大而复杂的 VHDL 工程设计中，配置语句可以为实体指定或配属一个结构体，如可以利用配置语句使仿真器为同一实体配置不同的结构体，以使设计者比较不同结构体的仿真差别，或者为例化的各元器件实体配置指定的结构体，从而形成一个所希望的例化元器件层次构成的设计实体。配置语句的一般格式如下。

CONFIGURATION 配置名 OF 实体名 IS
配置说明
END 配置名;

6. 数据类型

VHDL 对运算关系与赋值关系中各量的数据类型有严格要求。VHDL 要求设计实体中的每一个常数、信号、变量、函数以及设定的各种参量都必须具有确定的数据类型。只有相同数据类型的量才能互相传递和作用。VHDL 中的各种预定义数据类型大多数体现了硬件电路的不同特性。VHDL 中的数据类型可以分成 4 类。

① 标量型（ScalarType）：包括实数类型、整数类型、枚举类型、时间类型。

② 复合类型（Composite Type）：可以由小的数据类型复合而成，如可由标量型复合而成。复合类型主要有数组型（Array）和记录型（Record）。

③ 存取类型（AccessType）：为给定的数据类型的数据对象提供存取方式。

④ 文件类型（Files Type）：用于提供多值存取类型。

这些数据类型又可分成在现成程序包中可以随时获得的预定义数据类型和用户自定义数据类型两大类别。预定义的 VHDL 数据类型是 VHDL 最常用、最基本的数据类型。这些数据类型都已在 VHDL 的标准程序包 STANDARD 和 STD_LOGIC_1164 及其他的标准程序包中作了定义，并可在设计中随时调用。

除了标准的预定义数据类型外，VHDL 还允许用户自己定义其他的数据类型以及子类型。通常，新定义的数据类型和子类型的基本元素一般仍属 VHDL 的预定义类型。VHDL 综合器只支持部分可综合的预定义或用户自定义的数据类型，对于其他类型不予支持，如 TIME、FILE 等类型。

7.3.3 VHDL 的基本语句

在 VHDL 中有两类基本语句，即顺序语句和并行语句。在逻辑系统的设计中，这些语句从多个侧面完整地描述了数字系统的硬件结构和基本逻辑功能，其中包括通信的方式、信号的赋值、多层次的元件例化以及系统行为等。

1. 顺序语句

顺序语句是相对于并行语句而言的。顺序语句的特点是，每一条顺序语句的执行顺序是与它们的书写顺序基本一致的。顺序语句只能出现在进程和子程序中，子程序包括函数和过程。VHDL 有 6 类基本顺序语句：赋值语句、流程控制语句、等待语句、子程序调用语句、返回语句、空操作语句。

（1）赋值语句

赋值语句的功能就是将一个值或一个表达式的运算结果传递给某一数据对象，如信号或变量。VHDL 设计实体内的数据传递以及对端口界面外部数据的读写都必须通过赋值语句的运行来实现。

赋值语句有两种，即信号赋值语句和变量赋值语句。每一种赋值语句都由 3 个基本部分组成，即赋值目标、赋值符号和赋值源。赋值目标是所赋值的受体，它的基本元素只能是信号或变量，但表现形式可以有多种，如文字、标识符、数组等。赋值符号只有两种，信号赋值符号是"<="，变量赋值符号是":="。VHDL 规定，赋值目标与赋值源的数据类型必须严格一致。

变量赋值与信号赋值的区别在于，变量具有局部特征，它的有效性只局限于所定义的一个进程中，或一个子程序中，它是一个局部的、暂时性数据对象，对于它的赋值是立即发生的，即是一种时间延迟为零的赋值行为。

信号则不同，信号具有全局性特征，它不但可以作为一个设计实体内部各单元之间数据传送的载体，而且可通过信号与其他的实体进行通信。信号的赋值并不是立即发生的，它发生在一个进程结束时。

（2）IF 语句

IF 语句作为一种条件语句，它根据语句中所设置的一种或多种条件，有选择地执行指定的顺序语句。IF 语句的语句结构有以下 4 种。

① IF 条件句 Then
  顺序语句
 END IF;

② IF 条件句 Then
  顺序语句
 ELSE
  顺序语句
 END IF;

③ IF 条件句 Then
  IF 条件句 Then
  …
  END IF;
 END IF;

④ IF 条件句 Then
  顺序语句
 ELSIF
  顺序语句
 END IF;

（3）CASE 语句

CASE 语句根据满足的条件直接选择多项顺序语句中的一项执行。

CASE 语句的结构如下。

```
CASE 表达式 IS
    When 选择值 =>顺序语句;
    When 选择值 =>顺序语句;
    …
END CASE;
```

（4）LOOP 语句

LOOP 语句就是循环语句，它可以使所包含的一组顺序语句被循环执行，其执行次数可由设定的循环参数决定。LOOP 语句的常用表达方式有两种。

① 单个 LOOP 语句，其语法格式如下。

```
[LOOP 标号:] LOOP
    顺序语句
END LOOP [LOOP 标号] ;
```

这种循环方式是一种最简单的语句形式，需引入其他控制语句（如 EXIT 语句）后才能确定；"LOOP 标号"可任选。

② FOR LOOP 语句，语法格式如下。

```
[LOOP 标号:] FOR 循环变量,IN  循环次数范围  LOOP
    顺序语句
END LOOP[LOOP 标号] ;
```

"FOR"后的循环变量是一个临时变量，属 LOOP 语句的局部变量，不必事先定义。使用时应当注意，在 LOOP 语句范围内不要再使用其他与此循环变量同名的标识符。

（5）NEXT 语句

NEXT 语句主要用在 LOOP 语句执行中，进行有条件的或无条件的转向控制。它的语句格式有以下 3 种。

```
NEXT;                    ——第一种语句格式
NEXT LOOP 标号;           ——第二种语句格式
NEXT LOOP 标号WHEN 条件表达式;  ——第三种语句格式
```

对于第一种语句格式，当 LOOP 内的顺序语句执行到 NEXT 语句时，即刻无条件终止当前的循环，跳回到本次循环 LOOP 语句处，开始下一次循环。

对于第二种语句格式，即在"NEXT"旁加"LOOP 标号"后的语句功能，与未加"LOOP 标号"的功能是基本相同的；只是当有多重 LOOP 语句嵌套时，前者可以跳转到指定标号的 LOOP 语句处，重新开始执行循环操作。

第三种语句格式中，分句"WHEN 条件表达式"是执行 NEXT 语句的条件，如果条件表达式的值为 TRUE，则执行 NEXT 语句，进入跳转操作，否则继续向下执行。

（6）EXIT 语句

EXIT 语句与 NEXT 语句具有十分相似的语句格式和跳转功能，它们都是 LOOP 语句的内部循环控制语句。EXIT 的语句格式也有 3 种。

```
EXIT;                    ——第一种语句格式
EXIT LOOP 标号;           ——第二种语句格式
EXIT LOOP 标号WHEN 条件表达式;  ——第三种语句格式
```

这里，每一种语句格式与对应的 NEXT 语句的格式和操作功能非常相似，唯一的区别是 NEXT 语句跳转的方向是"LOOP 标号"指定的 LOOP 语句处，当没有"LOOP 标号"时，跳转到当前 LOOP 语句的循环起始点；而 EXIT 语句的跳转方向是"LOOP 标号"指定的 LOOP 循环语句的结束处，即完全跳出指定的循环，并开始执行此循环外的语句。这就是说，NEXT 语句是转向 LOOP 语句的起始点，而 EXIT 语句则是转向 LOOP 语句的终点。

（7）WAIT 语句

在进程中，当执行到 WAIT 语句时，运行程序将被挂起，直到满足此语句设置的结束挂起条件后，才重新开始执行进程或过程中的程序。对于不同的结束挂起条件的设置，WAIT 语句有以下 4 种不同的语句格式。

```
WAIT;                    ——第一种语句格式
WAIT ON 信号表;           ——第二种语句格式
WAIT UNTIL 条件表达式;     ——第三种语句格式
WAIT FOR 时间表达式;       ——第四种语句格式，超时等待语句
```

第一种语句格式中，未设置停止挂起条件的表达式，表示永远挂起。

第二种语句格式称为敏感信号等待语句，在信号表中列出的信号是等待语句的敏感信

号，当处于等待状态时，敏感信号的任何变化（如从 0～1 或从 1～0 的变化）将结束挂起，再次启动进程。

第三种语句格式称为条件等待语句，相对于第二种语句格式，条件等待语句格式中又多了一种重新启动进程的条件，即被此语句挂起的进程需顺序满足如下两个条件，进程才能脱离挂起状态。

① 在条件表达式中所含的信号发生了改变。

② 此信号改变后，满足 WAIT 语句所设的条件。

第四种等待语句格式称为超时等待语句，在此语句中定义了一个时间段，从执行到 WAIT 语句开始，在此时间段内，进程处于挂起状态，当超过这一时间段后，进程自动恢复执行。

（8）NULL 语句

空操作 NULL 语句不完成任何操作，它唯一的功能就是使逻辑运行流程跨入下一步语句的执行。NULL 常用于 CASE 语句中，为满足所有可能的条件，利用 NULL 来表示所余的不用条件下的操作行为。

空操作语句的语句格式如下。

```
NULL;
```

2. 并行语句

在 VHDL 中，并行语句有多种语句格式，各种并行语句在结构体中的执行是同步进行的，或者说是并行运行的，其执行方式与书写的顺序无关。在执行中，并行语句之间可以有信息往来，也可以是互为独立、互不相关。

并行语句主要有并行信号赋值语句、进程语句、块语句、条件信号赋值语句、元件例化语句及生成语句。

并行语句在结构体中的使用格式如下。

```
ARCHITECTURE  结构体名  OF  实体名  IS
    说明语句
    BEGIN
    并行语句
END ARCHITECTURE  结构体名;
```

（1）并行信号赋值语句

并行信号赋值语句具有 3 种形式。

① 简单信号赋值语句。

简单信号赋值语句是 VHDL 并行语句结构的最基本的单元，它的语句格式如下。

```
赋值目标<=表达式
```

式中赋值目标的数据对象必须是信号，它的数据类型必须与赋值符号右边表达式的数据类型一致。

② 条件信号赋值语句。

条件信号赋值语句的语句格式如下。

```
赋值目标<=表达式 WHEN 赋值条件 ELSE
        表达式 WHEN 赋值条件 ELSE
        …
        表达式;
```

在执行条件信号赋值语句时，每一赋值条件是按书写的先后顺序逐项测定的；一旦发现赋值条件为 TRUE，立即将表达式的值赋给赋值目标变量。条件信号赋值语句允许有重叠现象。

③ 选择信号赋值语句。

选择信号赋值语句的语句格式如下。

```
WITH 选择表达式 SELECT
赋值目标信号 <= 表达式 WHEN 选择值
             表达式 WHEN 选择值
             …
             表达式 WHEN 选择值;
```

选择信号赋值语句本身不能在进程中应用，选择信号赋值语句中有敏感量，即关键词 WHEN 旁的选择表达式，每当选择表达式的值发生变化时，就将启动此语句对各子句的选择值进行测试对比，当发现有满足条件的子句时，就将此子句表达式中的值赋给赋值目标信号。选择信号赋值语句不允许有条件重叠的现象，也不允许存在条件涵盖不全的情况。

（2）进程语句

进程语句（PROCESS）本身是并行语句。在一个结构体中，允许放置任意多个 PROCESS 语句结构，而每一进程的内部是由一系列顺序语句来构成的。PROCESS 语句结构包含了一个代表着设计实体中部分逻辑行为的、独立的顺序语句描述的进程。在 VHDL 中，所谓顺序仅仅是指语句按序执行上的顺序性，这并不意味着 PROCESS 语句结构所对应的硬件逻辑行为也具有相同的顺序性。PROCESS 结构中的顺序语句，及其所谓的顺序执行过程只是相对于计算机中的软件行为仿真的模拟过程而言的，这个过程与硬件结构中实现的对应的逻辑行为是不相同的。PROCESS 结构中既可以有时序逻辑的描述，也可以有组合逻辑的描述，它们都可以用顺序语句来表达。

PROCESS 语句结构的一般表达格式如下。

```
[进程标号:] PROCESS[（敏感信号参数表）] [IS]
[进程说明部分]
BEGIN
     顺序描述语句
END PROCESS[进程标号];
```

每一个 PROCESS 语句结构可以赋予一个进程标号，但这个标号不是必须要有的。进程说明部分定义该进程所需的局部数据环境。

顺序描述语句部分是一段顺序执行的语句，描述该进程的行为。PROCESS 中规定了每个 PROCESS 语句在它的某个敏感信号的值改变时都必须立即完成某一功能行为，这个行为由 PROCESS 语句中的顺序语句定义，行为的结果可以赋给信号，并通过信号被其他的 PROCESS 或 BLOCK 读取或赋值。当 PROCESS 中定义的任一敏感信号发生更新时，由顺序语句定义的行为就要重算执行一次；当 PROCESS 中最后一个语句执行完成后，执行过程将返回到 PROCESS 的第一个语句，以等待下一次敏感信号变化。

（3）块语句

块（BLOCK）的应用类似于利用 Protel 画电路原理图时，可将一个总的原理图分成多个子模块，则这个总的原理图成为一个由多个子模块原理图连接而成的顶层模块图，而每一个子模块可以是一个具体的电路原理图。

BLOCK 语句的语句格式如下。

```
块标号:BLOCK[(块保护表达式)]
接口说明
类属说明
BEGIN
并行语句
END BLOCK 块标号;
```

（4）元件例化语句

元件（此处也含器件）例化是可以多层次的，在一个设计实体中被调用安插的元件本身也可以是一个低层次的当前设计实体，因而可以调用其他的元件，以便构成更低层次的电路模块。因此，元件例化就意味着在当前结构体内定义了一个新的设计层次，这个设计层次的总称叫元件，但它可以以不同的形式出现。这个元件可以是已设计好的一个 VHDL 设计实体，可以是来自 FPGA 元件库中的元件，它们可能是以别的硬件描述语言，如 Verilog 设计的实体；元件还可以是 IP 核，或者是 FPGA 中的嵌入式硬 IP 核。

元件例化语句由两部分组成，前一部分是将一个现成的设计实体定义为一个元件，第二部分则是此元件与当前设计实体中的连接说明，它们的完整的语句格式如下。

```
COMPONENT 元件名 IS
   GENERIC (类属表);              ——元件定义语句
PORT   (端口名表);
END COMPONENT 文件名;
例化名:元件名 PORT MAP(              ——元件例化语句
      [端口名=>]连接端口名,…);
```

以上两部分语句在元件例化中都是必须存在的。第一部分语句是元件定义语句，相当于对一个现成的设计实体进行封装，使其只留出对外的接口界面。就像一个集成芯片只留几个引脚在外一样，它的类属表可列出端口的数据类型和参数，端口名表可列出对外通信的各端口名。元件例化的第二部分语句即为元件例化语句，其中的例化名是必须存在的，它类似于标在当前系统（电路板）中的一个插座名，而元件名则是准备在此插座上插入的、已定义好的元件名。PORT MAP 是端口映射的意思，其中的端口名是在元件定义语句中的端口名表中已定义好的元件端口的名字，连接端口名则是当前系统与准备接入的元件对应端口相连的通信端口，相当于插座上各插针的引脚名。

元件例化语句中所定义的元件的端口名与当前系统的连接端口名的接口表达有两种方式。一种是名字关联方式。在这种关联方式下，例化元件的端口名和关联（连接）符号"=>"两者都是必须存在的。这时，端口名与连接端口名的对应式，在 PORT MAP 子句中的位置可以是任意的。另一种是位置关联方式。若使用这种方式，端口名和关联连接符号都可省去，在 PORT MAP 子句中，只要列出当前系统中的连接端口名就行了，但要求连接端口名的排列方式与所需例化的元件端口定义中的端口名一一对应。

（5）生成语句

生成语句可以简化为有规则设计结构的逻辑描述。生成语句有一种复制作用，在设计中，只要根据某些条件，设定好某一元件或设计单位，就可以利用生成语句复制一组完全相同的并行元件或设计单元电路结构。生成语句的语句格式有如下两种形式。

① [标号:]FOR 循环变量 IN 取值范围 GENERATE
```
说明
BEGIN
并行语句
END GENERATE[标号];
```

② [标号:]IF 条件 GENERATE

说明

Begin

并行语句

END GENERATE[标号];

这两种语句格式都是由如下 4 部分组成的。

① 生成方式：有 FOR 语句结构或 IF 语句结构，用于规定并行语句的复制方式。

② 说明部分：这部分包括对元件数据类型、子程序、数据对象作一些局部说明。

③ 并行语句：生成语句结构中的并行语句是用来复制的基本单元，主要包括元件、进程语句、块语句、并行过程调用语句、并行信号赋值语句，甚至生成语句，这表示生成语句允许存在嵌套结构，因而可用于生成元件的多维阵列结构。

④ 标号：其中的标号并非必须有的，但如果在嵌套式生成语句结构中就是十分重要的。对于 FOR 语句结构，主要是用来描述设计中的一些有规律的单元结构，其生成参数及其取值范围的含义和运行方式与 LOOP 语句相似。

在 VHDL 中还定义了一些其他语句，如子程序调用语句、并行过程调用语句及属性描述与定义语句等，读者可根据需要参阅相关资料。

7.4 电子线路实验举例

7.4.1 两位十进制频率计原理图输入设计

1．实验目的

熟悉原理图输入法中 74 系列等宏单元功能器件的使用方法，掌握更复杂的原理图层次化设计技术和数字系统设计方法，为更多位的频率计设计打下基础。

2．原理说明

要想使频率计自动测频，必须完成计数、锁频和清零 3 个步骤。根据上述要求，可按下列步骤设计。

（1）设计有时钟使能的两位十进制计数器（见图 7-25）

其中：74390 为一个双十进制计数器，enb 为时钟使能控制，clk 为时钟输入，clr 为清零信号。计数器 1 的输出为 q[3]、q[2]、q[1]、q[0]并成总线方式，其进位由一个 4 输入与门和两个反相器构成，该进位信号作为计数器 2 的计数输入，计数器 2 的输出为 q[7]、q[6]、q[5]、q[4]并成总线方式，其进位 cout 由一个 6 输入与门和两个反相器构成，可用于计数器扩展的输入。

将此项设计包装入库，元件名为 counter8。

（2）频率计主结构电路设计

在计数器的基础上，加上锁存器，即构成频率计电路的主结构，如图 7-26 所示。

由于有锁存器 74374 的存在，即使在 counter8 被清零后，数码管仍然能稳定显示上一测频周期测得的频率值。在实际测频中，由于 cnt_en 是测频控制信号，如果其频率选定为 0.5Hz，则其允许计数的脉宽为 1s，这样，数码管就能直接显示 f_in 的频率值了。

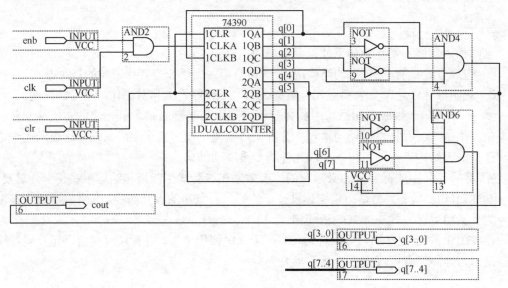

图 7-25　有时钟使能的两位十进制计数器

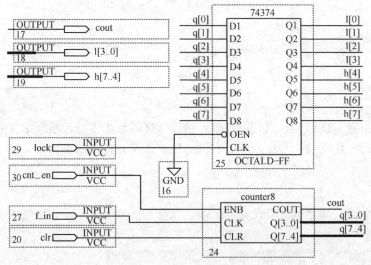

图 7-26　频率计电路的主结构

（3）测频时序控制电路设计

测频时序控制电路产生 3 个控制信号：cnt_en、lock 和 clr，以便使频率计自动测频，其电路如图 7-27 所示。

其中：7493 为 4 位二进制计数器，74154 为 3-8 译码器。

最后，包装元件入库，元件名为 tf_ctro。

（4）频率计顶层电路设计（见图 7-28）

其中：f_in 为待测信号，clk 为测频控制信号，如果 clk 的周期取为 2s，则显示的数值即为被测信号的频率。

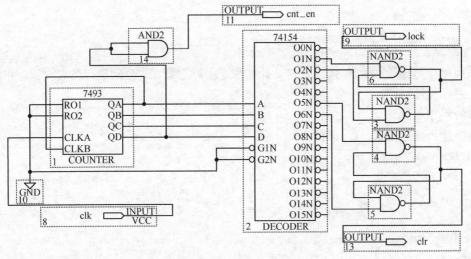

图 7-27   测频时序控制电路

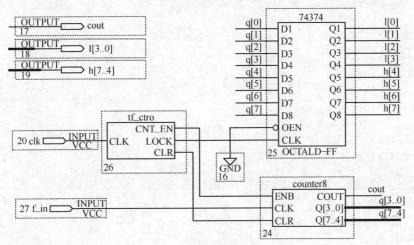

图 7-28   频率计顶层电路

3．实验内容

① 根据频率计原理，分别设计出底层电路和顶层电路，并进行仿真测试。
② 根据所选实验系统进行引脚锁定、硬件测试频率计顶层电路包装入库。

4．实验报告要求

叙述设计过程，画出底层及顶层电路，给出频率计顶层电路的仿真波形并与硬件测试结果比较。

7.4.2   2 选 1 多路选择器 VHDL 设计

1．实验目的

熟悉 Quartus Ⅱ 的 VHDL 文本设计流程，学习简单组合电路的设计、仿真和硬件测试。

2. 实验内容

分别用行为描述和 RTL 描述方式设计 2 选 1 多路选择器，分别进行仿真测试，并在实验系统上进行硬件测试。

参考程序如下。

（1）行为描述方式

```
ENTITY mux21a IS
  PORT (a,b: IN  BIT;
         s: IN  BIT;
         y: OUT BIT );
END ENTITY mux21a;
ARCHITECTURE one OF mux21a  IS
 BEGIN
    y <=a  WHEN  s='0'  ELSE
        b  ;
END ARCHITECTURE one;
```

（2）RTL 描述方式

```
ENTITY mux21a IS
  PORT(a,b:IN BIT;
        s:IN BIT;
        y:OUT BIT);
END mux21a;
ARCHITECTURE one OF mux21a IS
  SIGNAL d,e :BIT;
  BEGIN
    d<=a AND (NOT s);
    e<=b AND s;
    y<=d OR e;
END one;
```

3. 实验报告要求

根据以上的实验内容写出实验报告，包括程序设计、软件编译、仿真分析、硬件测试实验过程，给出电路的仿真波形图及分析结果。

7.4.3　简单时序电路的设计

1. 实验目的

进一步熟悉 Quartus Ⅱ的 VHDL 文本设计过程，学习简单时序电路的设计、仿真和硬件测试。

2. 实验内容

（1）设计边沿触发的 D 触发器，并对其进行仿真和硬件测试参考程序如下。

```
LIBRARY IEEE;
USE IEEE.STD_LOGIC_1164.ALL;
ENTITY dff1 IS
  PORT(clk:IN STD_LOGIC;
         d:IN STD_LOGIC;
         q:OUT STD_LOGIC);
END ENTITY dff1;
ARCHITECTURE bhv OF dff1 IS
  SIGNAL q1:STD_LOGIC;
  BEGIN
  PROCESS(clk,d)
    BEGIN
      IF clk'EVEMT AND clk='1'
            THEN q1<=d;
      END IF;
            q<=q1;
  END PROCESS;
END bhv;
```

（2）设计电平触发的 D 触发器，并对其进行仿真和硬件测试

参考程序如下。

```
LIBRARY IEEE;
USE IEEE.STD_LOGIC_1164.ALL;
ENTITY dff3 IS
  PORT(clk:IN STD_LOGIC;
         d:IN STD_LOGIC;
         q:OUT STD_LOGIC);
END dff3;
ARCHITECTURE bhv OF dff3 IS
  BEGIN
  PROCESS(clk,d)
     BEGIN
     IF clk='1'
           THEN q<=d;
     END IF;
  END PROCESS;
END bhv;
```

3．附加内容

设计 J-K 触发器的 VHDL 程序，并对其仿真测试。

4．实验报告要求

分析比较实验内容 1 和 2 的仿真与实测结果，说明这两种电路的异同点，写出实验报告。

7.4.4 利用例化语句设计一位二进制全加器

1. 实验目的

熟悉例化语句的用法，掌握 VHDL 的结构化设计方法。

2. 实验内容

（1）设计底层元件或门描述
参考程序如下。

```
LIBRARY  IEEE;  ——或门逻辑描述
USE IEEE.STD_LOGIC_1164.ALL;
ENTITY or2a IS
  PORT(a,b:IN STD_LOGIC;
            c:OUT STD_LOGIC);
END ENTITY or2a;
ARCHITECTURE one OF or2a IS
  BEGIN
      C <= a OR b ;
END ARCHITECTURE one;
```

（2）设计底层元件半加器描述
参考程序如下。

```
LIBRARY  IEEE;   ——半加器描述
USE IEEE.STD_LOGIC_1164.ALL;
ENTITY adder IS
  PORT(a,b:IN STD_LOGIC;
      co,so:OUT STD_LOGIC);
END ENTITY adder;
ARCHITECTURE fhl OF adder IS
  BEGIN
      so<=NOT(a XOR (NOT b));--so<=a XOR b
      co<=a AND b;
END ARCHITECTURE fhl;
```

（3）利用例化语句设计顶层元件全加器描述
参考程序如下。

```
LIBRARY IEEE;
USE IEEE.STD_LOGIC_1164.ALL;
ENTITY f_adder IS
  PORT(ain,bin,cin:IN STD_LOGIC;
            cout,sum:OUT STD_LOGIC);
END f_adder;
ARCHITECTURE fd1 OF f_adder IS
  COMPONENT h_adder
      PORT(a,b:IN STD_LOGIC;
            co,so:OUT STD_LOGIC);
```

```
    END COMPONENT;
    COMPONENT or2a
        PORT(a,b:IN STD_LOGIC;
             c:OUT STD_LOGIC);
    END COMPONENT;
    SIGNAL d,e,f:STD_LOGIC;
    BEGIN
    u1:h_adder PORT MAP(a=>ain,b=>bin,co=>d,so=>e);
    u2:h_adder PORT MAP(a=>e,b=>cin,co=>f,so=>sum);
    u3:or2a PORT MAP(a=>d,b=>f,c=>cout);
END fd1;
```

3. 实验报告要求

分别对底层和顶层元件进行仿真测试，画出一位二进制全加器顶层电路图，给出顶层元件的仿真波形及设计源程序。

第 8 章　ELVIS 与 Multisim 的联合应用

8.1　NI ELVIS 简介

NI ELVIS（教学实验室虚拟仪器套件）是美国国家仪器（NI）公司研发设计的用于电子电路原型设计和测试的教学平台，结合 NI Multisim 采集及仿真环境可以实现 NI ELVIS 板载电路的测量及仿真。NI ELVIS II 是 NI ELVIS 的硬件系列之一。

NI ELVIS 环境由以下几部分组成。

① 硬件工作区，包括一台安装了 LabVIEW 软件的计算机、NI ELVIS II 硬件平台工作站、NI ELVIS II 原型电路设计面包板等。

② NI ELVIS 软件（在 NI LabVIEW 软件中实现）。

软前面板（SFP）工具，包括示波器（Scope）、函数发生器（FGEN）、数字万用表（DMM）、任意波形发生器（ARB）、波特图分析仪（Bode）、二线电流电压分析仪（2-Wire）、三线电流电压分析仪（3-Wire）、动态信号分析仪（DSA）、阻抗分析仪（Imped）、数字读取器（DigOut）、数字写入器（DigIn）、可变电源（手动控制，VPS）等。

LabVIEW 应用程序编程接口（API）。

Multisim 应用程序编程接口（API）。

通过 API，用户可使用在 Multisim 内编写的 LabVIEW 程序及仿真程序实现 NI ELVIS II 工作站的自定义控制及访问。

NI Multisim 是为虚拟仪器套件 ELVIS 应用的虚拟仪器，它是 NI 公司推出的用于电子电路仿真的虚拟电子工作台软件，专用于电路原理图捕获、交互式仿真、电路设计等。由于 Multisim 所具备的 3D NI ELVIS、交互式问答、高级分析等特性，Multisim 成为了进行电路仿真的理想工具。将 NI ELVIS 和 Multisim 整合在一起可以缩短设计与实现过程所需的时间。

8.2　NI ELVIS 硬件

8.2.1　NI ELVIS 硬件简介

NI ELVIS 是一个将硬件和软件组合成一体的完整的虚拟仪器教学实验套件，其硬件组成部分及连接方式如图 8-1 所示。本章中我们选择 NI ELVIS 硬件系列 NI ELVIS II。

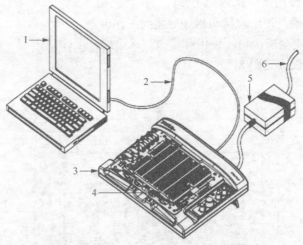

1—笔记本电脑；2—USB 数据线；3—NI ELVIS 平台工作站；

4—NI ELVIS 系列模型板；5—AC/DC 电源；6—接电源插座

图 8-1　虚拟仪器教学实验套件

　　在计算机中安装了相应软件后，用户在 NI ELVIS II 工作台和模型板上搭建好实验电路就可以通过 USB 数据线和计算机进行通信。

8.2.2　NI ELVIS 平台工作站

　　NI ELVIS II 硬件模块大体分为两部分，外围白色部分就是平台工作站，中间蓝色部分是原型实验板。我们从工作台后面板和上面板两方面来介绍平台工作站。

　　（1）工作台后面板（见图 8-2）

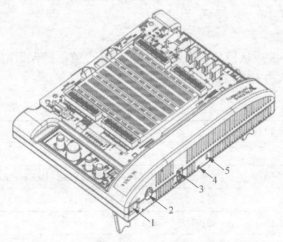

图 8-2　工作台后面板

　　【1】工作台的电源开关。使用此开关打开或关闭 NI ELVIS II 系列电源。

　　【2】交流/直流电源接口。使用此接口提供电源给工作台。

【3】USB 接口。使用这个接口把工作台与计算机相连。

【4】捆绑导线插槽。使用此接口附加导线到工作台。

【5】Kensington 安全锁接口。使用此接口，以确保该工作站达到一个静止的状态。

（2）工作台上面板（见图 8-3）

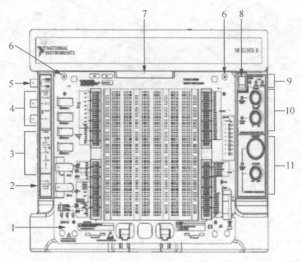

图 8-3　工作台上面板

【1】NI ELVIS Ⅱ 系列模型板。

【2】数字万用表熔丝。

【3】数字万用表接口，NI ELVIS 的 DMM 在使用时与实际万用表使用方法完全一致。

【4】示波器接口，额定电压 10V，最大输出电压 7V。CH A BNC 和 CH B BNC 连接器分别是示波器的通道 A 和 B 的输入端。

【5】FGEN/Trigger 接口为函数发生器输出/数字触发输入接口。

【6】模型板安装螺钉孔。

【7】模型板接口。

【8】模型板电源开关。从模型板插入或移除 LED 之前，确保原型板的电源开关关闭。

【9】状态 LED，状态 LED 各状态见表 8-1。

表 8-1　　　　　　　　　　　　　　　状态 LED 各状态说明

激活 LED	准备 LED	说明
关闭		主电源关闭
黄色	关闭	指示没有连接到主机，请务必安装 NI - DAQmx 驱动软件和连接 USB 数据线
关闭	绿色	连接到一个全速 USB 主机
关闭	黄色	连接到一个高速 USB 主机
绿色	绿色或黄色	连接主机

准备 LED——指示 NI ELVIS 系列硬件配置正确，并准备连接到计算机主机。

激活 LED——表示激活的 USB 连接到计算机主机上。

【10】可变电源手动控制。正电压调节旋钮表示正极可变电源输出电压控制。正极电源可以输出 0～12V。负电压调节旋钮表示负极可变电源输出电压控制，负极电源可以输出-12～0V。

【11】函数发生器手动控制。Requency 是频率调节旋钮，Amplitude 是幅值调节旋钮。

8.2.3　NI ELVIS 原型实验板

原型实验板的正中央是 5 块大小不一的面包板，其中正中最大的一块是用来搭建实验电路的，其余 4 个小块面包板上的插孔是相应模块的输入/输出（I/O）接口。

（1）原型实验板端口分布（见图 8-4）

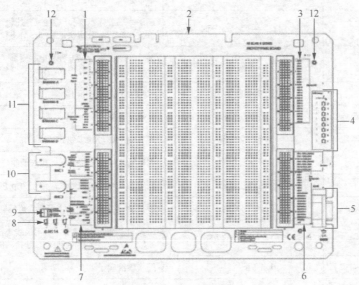

图 8-4　原型实验板端口分布

【1】AI 和 PFI 信号列。

【2】工作站接口连接器。

【3】数字 I/O 信号列。

【4】用户可配置的 LED。

【5】用户配置的 D-SUB 连接器。

【6】计数器/定时器、用户配置的 I/O 口、直流电源信号列。

【7】数字万用表（DMM）、模拟量输出（AO）、信号（函数）发生器、用户配置的 I/O 口。

【8】可变倍率电源，直流电源信号列。

【9】直流电源指示灯。

【10】用户配置的螺栓端子。

【11】用户可配置的同轴电缆连接器。

【12】用户配置的香蕉插座连接器。

（2）原型实验板信号描述

原型实验板通过面包板区域两侧的分布条把 NI ELVIS 所有的信号终端排列出来供使用，每一个信号有一行，各行按功能分组见表 8-2。

表 8-2　　　　　　　　　　　　　原型实验板信号描述

信 号 名 称	类 型	描 述 说 明
AI<0..7>±	模拟输入	模拟输入通道 0～±7——正负极通道线性到微分 AI 通道
AI SENSE	模拟输入	
AI GND	模拟输入	模拟输入地线参考端
PFI<0..2>,<5..7>,<10..11>	可编程功能界面	PFI 线，用于静态数字 I/O 电路或路由时间信号
BASE	3-Wire 电压/电流分析仪	基极激励双极面结型晶体管
DUT+	数字多用表，阻抗，2/3-Wire 分析仪	励磁终端进行电容和电感的测量（数字万用表），阻抗分析仪，2-Wire 分析仪，3-Wire 分析仪
DUT−	数字多用表，阻抗，2/3-Wire 分析仪	虚地和电流测量，电容和电感测量（数字万用表），阻抗分析仪，2-Wire 分析仪，3-Wire 分析仪
AO <0..1>	模拟输出	模拟输出通道 0 和 1——用于任意波形发生器
FGEN（函数发生器）	函数发生器	函数发生器输出
SYNC（同步发生器）	函数发生器	TTL 输出信号同步到 FGEN
AM（调幅）	函数发生器	调幅输入——模拟输入，用来调制信号幅度的 FGEN
FM（调频）	函数发生器	调频输入——模拟输入，用于调节 FGEN 信号的频率
BANANA <A..D>	用户可配置的 I/O	香蕉插口 A 到 D——连接到香蕉插口
BNC <1..2>±	用户可配置的 I/O	BNC 连接器 1± 和 2±——阳极线连接到 BNC 连接器的中心轴上，阴极线连接到 BNC 连接器的外壳上
SCREWTERMINAL<1..2>	用户可配置的 I/O	连接螺纹端子
SUPPLY+	可变电源	正可变电源输出为 0～12V
GROUND	电源	接地
SUPPLY−	可变电源	负可变电源输出为−12～0V
+15V	直流电源	提供+15V 电源
−15V	直流电源	提供−15V 电源
GROUND	直流电源	地电位
+5V	直流电源	提供+5V 电源
DIO <0..23>	数字量 I/O	数字线路 0～23——这些通道是通用的数字 I/O 线，用来读或写数据
PFI8 /CTR0_SOURCE	可编程函数界面	静态数字 I/O，线 P2.0 的 PFI8（功率因数指示器 8），默认功能：计数器 0 源
PFI9 /CTR0_GATE	可编程函数界面	静态数字 I/O，线 P2.1 的 PFI9（功率因数指示器 9），默认功能：计数器 0 门
PFI12 /CTR0_OUT	可编程函数界面	静态数字 I/O，线 P2.4 的 PFI12（功率因数指示器 12），默认功能：计数器 0 输出

信 号 名 称	类　　型	描 述 说 明
PFI3 /CTR1_SOURCE	可编程函数界面	静态数字 I/O，线 P1.3 的 PFI3（功率因数指示器 3），默认功能：计数器 1 源
PFI4 /CTR1_GATE	可编程函数界面	静态数字 I/O，线 P1.4 的 PFI4（功率因数指示器 4），默认功能：计数器 1 门
PFI13 /CTR1_OUT	可编程函数界面	静态数字 I/O，线 P2.5 的 PFI13（功率因数指示器 13），默认功能：计数器 0 输出
PFI14 /FREQ_OUT	可编程函数界面	静态数字 I/O，线 P2.6 的 PFI14（功率因数指示器 14），默认功能：频率输出
LED <0..7>	用户可配置的 I/O	LED0～LED7——对应 5V、10mA 设备
DSUB SHIELD	用户可配置的 I/O	连接到 D-SUB 的保护罩
DSUB PIN <1..9>	用户可配置的 I/O	连接到 D-SUB 的引脚
+5V	直流电源	+5V 固定电源
GROUND	直流电源	地电位

（3）功能接口和常用操作

① 模拟信号采集（Analog Input Signals）。NI ELVIS II 系列模型板有 8 组可用的模拟信号输入通道——AI<0..7>±，分别对应名称右侧面包板上的 4 个插孔。可以配置为参考单端（RSE）或非参考单端（NRSE）模式。在参考单端模式下，每个信号参考 AIGND。在非参考单端模式中，每个信号参考的是浮动的 AISENSE 线端。

② PFI 功能接口（Programmable Function I/O）。NI ELVIS II 系列模型板有 PFI<0..2>、<5..7>、<10..11>8 个可编程函数 I/O 引脚，如果在 NI Labview 程序中定义了名为 PFI<0>的变量或常量，就相当于将计算机与 PFI<0>引脚之间建立了数据通道。

③ 数字万用表和阻抗分析仪（DMM/Impendance Analyzer）。NI ELVIS II 系列数字万用表仪器是单独的，其接线端子是工作站边上的 3 个香蕉形插孔。对于直流电压、交流电压、电阻、二极管和连续性测试模式，使用 VΩ-▷-和 COM 连接器。对于直流电流和交流电流模式，使用 A 和 COM 连接器。测量电容和电感采用非隔离阻抗分析仪端子，即模型板的 DUT+和 DUT-端口。当使用 2-Wire 电流/电压分析仪时将信号连接到 DUT+和 DUT-。当使用 3-Wire 电流/电压分析仪时，晶体管与原型板上接口的连接见表 8-3。

表 8-3　　　　　　　　　　　　　　晶体管与原型板接口

晶体管电极	原型板接口
基极	BASE
集电极	DUT+
发射极	DUT-

④ 模拟信号输出（Analog Outputs）。模拟信号输出通道是 AO <0..1>，它们被同一个时钟源所控制。其与虚拟仪器 ABR 结合使用，可以构成波形产生装置。

⑤ 信号（函数）发生器（Function Generator）。函数发生器的输出可以按线路发送到 FGEN/TRIG BNC 连接器或原型板的 FGEN 终端上。在同步终端可以获得+5V 的数字信号。AM（调

幅）和 FM（调频）端口为函数发生器的输出幅度和频率调制提供模拟输入。

⑥ 信号连接器（User Configrable I/O）。原型板提供几个可由用户配置的连接器：4 个香蕉形插孔 BANANA <A..D>、两个 BNC 连接器 BNC <1..2>±、两个连接螺纹端子 SCREWTERMINAL<1..2>、一个 D-SUB 连接器 DSUB SHIELD 和 DSUB PIN <1..9>、8 个通常用作数字信号输出来指示 LED 的输出引脚。8 个双色（绿色/黄色）LED 指示灯是为通用数字输出提供的。每个 LED 的绿色阳极通过一个 220Ω 的电阻连接，每个阴极连接到地。通过+5V 驱动 LED 为绿色，−5V 使 LED 为黄色。通过 User Configrable I/O 接口，NI ELVIS 平台上的不同模块可以方便地连接起来。

⑦ 可变电源（Variable Power Supplies）。可变电源提供可调节的输出电压，SUPPLY+ 表示正电源，提供 0～+12V，SUPPLY−表示负电源，提供−12～0V。GROUND 表示参考接地端。

⑧ 直流电源（DC Power Supplies）。直流电源提供固定的+15V、−15V 和+5V 输出，GROUND 表示参考接地端。

⑨ 数字输入/输出（Digital I/O）。Digital I/O 对应的引脚为 DIO <0..23>，每个引脚都可以通过虚拟仪器配置成 I/O 接口。在原型板上的数字线路都内部连接到设备端口 0，可以把它们配置为输入或输出。

⑩ 定时器/计数器（Counters）。原型板提供两个可实现的定时器/计数器装置，也可通过软件实现。这些输入用于计数 TTL 信号、边缘检测、脉冲的产生应用。CTR0_SOURCE、CTR0_GATE、CTR0_OUT、CTR1_GATE 和 CTR1_OUT 信号连接到 FPI 默认的计数器 0 和计数器 1。

8.3　NI ELVISmx 软件

如果想发挥 ELVIS 的完整功能，还需要在计算机中安装相应的软件。将 NI ELVIS 安装光盘插入计算机光驱，按照操作提示进行安装即可。

8.3.1　NI 配置管理软件 MAX

一般在安装 NI ELVISmx software suite 后，MAX 也会被安装进计算机中，桌面上会出现 Measurement & Automation 的快捷方式。MAX 是 NI 公司为方便用户建立数据采集系统所提供的 Measurement & Automation Explorer 硬件配置工具。它可以配置 NI 硬件和软件，备份或复制配置数据，创建和编辑通道、任务、接口、换算和虚拟仪器，进行系统诊断，还可以查看与系统连接的设备和仪器。依照用户安装的 NI 产品，MAX 还可提供某些特定工具，对系统进行配置、诊断和测试。

MAX 的主界面分为 4 部分。第一部分是菜单栏，主要包括文件编辑、查看、工具、帮助几个选项。第二部分主要是我的系统里边的一些硬件和软件的配置与状态查看。第三部分是本机的系统配置，其中系统配置 Web 访问选项可以根据需要选择本地与远程或者本地配置。第四部分是本机系统资源的一些状态情况。

MAX 的主要功能列在左侧配置栏中，有我的系统和远程系统，我的系统中包含 5 个类别，即数据邻居、设备与接口、换算、软件和 IVI Drivers。

① 数据邻居：右击数据邻居可以创建 NI-DAQmx 任务与 NI-DAQmx 全局虚拟通道。单击 NI-DAQmx 任务可以选择创建采集信号任务和生成信号任务。

② 设备与接口：用来管理本机连接的一些硬件设备，如 USB 插入设备、PCI 插入设备、网络接入设备、RS232/RS485 串口接入设备等。也可以在这里创建一些数据采集仿真设备来进行仿真练习。对这些设备可以进行重置、自检、测试、创建任务等操作来查看接入设备的状态。

③ 换算：用于设置对采集数据进行的简单运算。这种自定义换算指定了换算后的值与设备测量或生成所得的物理现象之间的转换。

④ 软件：软件这个模块可以查看目前安装的一些软件模块，另外右击软件可以根据需要更改和删除一些功能模块（因为我们在安装 Labview 时，一般不需要安装所有的功能模块，在这里可以进行模块的增加或删除）。

⑤ 远程系统：可查看和配置连接在以太网上的设备与系统，可在远程系统中指定 IP 地址并配置远程系统中的其他网络设置。

MAX 中还有生成报表的功能，单击工具栏的"文件"，选择"创建报表"，会弹出"MAX 报表向导"对话框。有 3 种方式供用户选择生成，分别是简易报表、自定义报表和技术支持。生成的报表文件格式为.htm 或.html，可使用系统浏览器打开和编辑。

通过 MAX 软件进行 ELVIS 的连接与配置。在计算机中安装好相应的软件后，检查 NI ELVIS 的连接与配置，具体步骤如下。

① 检查 ELVIS 工作台的电源是否已经连接并打开，并且已经通过 USB 线缆连接至 PC。

② 打开 MAX。

③ 在 MAX 中单击"设备和接口"，如果连接正常，前面的板卡符号应该显示为绿色。可以右击选择"自检"对设备进行自检。检查设备名是否已经显示为"Dev1"，如果不是的话，右击可以将设备重命名为"Dev1"具体如图 8-5 所示。

这样，ELVIS 的连接与配置就成功了。

图 8-5　MAX 的主界面

8.3.2　软前面板（SFP）工具

由 Start→All Program Files→National Instruments→NI ELVISmx→NI ELVISmx Instrument Launcher 打开 LabVIEW 的 SFP 工具套件，共有 12 种虚拟仪器，如图 8-6 所示。

在打开 SFP 之前，工作站支持 USB 供电的 LED 必须点亮，否则将产生错误。要启动仪器，按一下对应仪器的所需按钮。具体使用方法与实际仪器的使用方法基本一致。

① 数字万用表（DMM）。可以进行电压（直流和交流）、电流（直流和交流）、电阻、电容、电感、二极管参数等的测量和测试。

② 示波器（Scope）。NI ELVISmx 示波器的 SFP 有两个通道，并提供缩放和位置调整旋

钮以及一个可修改的时基。用户可以选择触发源和模式设置，也可以选择数字或模拟硬件触发。将工作站的侧面板上的 BNC 接头连接到 NI ELVIS Ⅱ 系列的示波器上，启动 Scope，进行合适的参数设置，便可以看到清晰的信号波形。

图 8-6　软前面板（SFP）工具

③ 函数发生器（FGEN）。该仪器产生与输出标准波形，可选择类型（正弦波、方形或三角形波）、幅度、频率。此外，该仪器提供直流偏置设置频率扫描功能，以及振幅和频率调制。可以将 FGEN 路由到原型板或工作站左侧的 FGEN/TRIG BNC 连接器上。

④ 可变电源（VPS）。与对应模块连接，用户可以得到两组电压值，分别为 -12～0V，0～+12V。

⑤ 波特图分析仪（Bode）。用户通过与相关模块的连接可以测量滤波电路的频率特性。波特图分析仪 SFP 可以设置仪器的频率范围和选择线性与对数显示刻度盘。

⑥ 动态信号分析仪（DSA）。这个仪器完成一个 AI 或示波器波形测量的频率域转换，可以连续进行测量或进行单次扫描。用户还可以对信号应用各种窗口和过滤选项。

⑦ 任意波形发生器（ARB）。可以使用波形编辑软件创建各种各样的信号类型，可以载入 NI 波形编辑器创建的 SFP 到 ARB 已存储的波形。

⑧ 数字读取器（DigIn）。用来从硬件上读取二进制数据。用户可以连续或单一地读取 8 条线：0…7、8…15、23…16。

⑨ 数字信号写入器（DigOut）。也称为数字信号记录仪，可以根据用户制定的模式来输出二进制数据。用户可以手动创建一个模式或选择预定义的模式，如斜坡切换。该仪器可以控制 8 个连续行，可以是不断输出模式或仅执行一次写操作。

⑩ 阻抗分析仪（Imped）。该仪器是一个基本的阻抗分析仪，可以测量电阻、电容、电感等电路元器件的阻抗或者容抗、感抗等参数值。

⑪ 两线电流/电压分析仪（2-Wire）。主要进行二极管参数测试和查看电流/电压曲线。两线仪器提供充分灵活的设置，如电压和电流范围参数，可以将数据保存到一个文件中。

⑫ 三线电流/电压分析仪（3-Wire）。主要进行晶体管参数测试和查看曲线。三线仪器提供 NPN 和 PNP 晶体管的基极电流的测量设置。

8.4 NI Multisim Ⅱ

Multisim 用软件方法虚拟电子元器件及仪器仪表，将元器件和仪器仪表集合为一体，是原理图设计和电路测试的虚拟仿真软件。

8.4.1 NI Multisim Ⅱ 的基本操作界面

NI Multisim Ⅱ 基本操作界面包括菜单栏、电路图编辑区、标准工具栏、元器件工具栏、虚拟仪器工具栏、仿真开关、电路元器件属性视窗、状态栏、设计工具箱等，如图 8-7 所示。

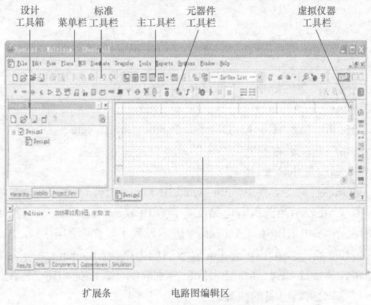

图 8-7 Multisim Ⅱ 基本操作界面

① 菜单栏：从左至右分别是文件、编辑、视图、放置元器件节点导线、单片机仿真、仿真分析、与 PCB 数据软件传送、报告、设置、浏览、帮助等。

② 标准工具栏与 Windows 系统的工具栏用法一致。

③ 主工具栏：从左至右分别是设计工具箱、电子表格检视图、SPICE 网表查看器、虚拟实验板、图形记录仪、后处理器、母电路图、元器件编辑器、数据库管理器、元器件列表、电气规格检测、创建 Ultiboard 注释文件、修改 Ultiboard 注释文件、查找范例、NI 网站、帮助等。

④ 元器件工具栏：从左至右分别是放置元器件、基本元器件、放置二极管、放置晶体管、运算放大器、TTL 器件、CMOS 器件、其他数字器件、混合元器件、显示模块、放置功

率元器件、杂项元器件、高级外围电路、高频元器件、机电元器件、单片机模块、放置模块、放置总线等。

⑤ 虚拟仪器工具栏：从上至下分别是万用表、函数信号发生器、功率表、双踪示波器、四通道示波器、波特图仪、频率计、字信号发生器、逻辑分析仪、逻辑转换仪、IV 分析仪、失真分析仪、频谱分析仪、网络分析仪、安捷伦函数发生器、安捷伦数字万用表、安捷伦示波器、测量探针、LabVIEW 虚拟仪器、NI ELVISmx 虚拟仪器、电流探针等。

⑥ 设计工具箱：设计工具箱主要用于层次电路的显示。Hierarchy 标签用于对不同电路的分层显示。Project View 标签用于显示同一电路的不同页。Visibility 标签用于设置是否显示电路的各种参数标识，如集成电路的引脚名、引脚号。

⑦ 电路图编辑区：是基本工作界面的最主要部分，用来创建用户需要检验的各种实际电路。

⑧ 扩展条：当电路存在错误时用于显示检验结果以及作为当前电路文件中所有文件的属性统计窗口，还可以通过改变该窗口改变元器件部分或全部的属性。

8.4.2 菜单栏

（1）File 菜单
提供打开、新建、保存等命令，与 Windows 类似。
（2）Edit 菜单
其中 Undo、Redo、Cut、Copy、Delete、Paste、Find、Select All 与 Windows 类似。
① Delete Multi-Page：删除多页电路中的某一页文件。
② Selected Buses：合并总线。
③ Find：寻找元器件命令。其中，Find what 用于输入所有查找的元器件名称，Search for 用于设置查找对象（All 表示当前所有电路文件，Off-Page connectors 表示多页电路的链接，Nets 表示搜索网络元器件，HB/SC Connectors 表示设置了连接器的电路），Search from 用于设置查找范围（Active sheet、Active design 表示当前电路，All open sheets、All open designs 表示所有打开电路），Match case、Match whole 分别表示任意匹配和完全匹配。
④ Comment：编辑仿真电路的注释。
⑤ Graphic Annotation：编辑图形注释。
⑥ Order：编辑图形在电路工作区的顺序。
⑦ Assign to Layer：用于层的分配。
⑧ Layer Settings：用于层的设置。
⑨ Title BlockPosition：设置标题栏在电路工作区的位置。
⑩ Orientation：用于调整电路元器件方向。
⑪ Edit Symbol/Title Block：编辑电路元器件的外形和标题栏的形式。
⑫ Font：用于字体的设置。
⑬ Properties：用于编辑属性。其中，Circuit 用于设置电路窗口内的仿真电路图和元器件参数值，Workspace 用于设置电路图纸的纸张大小以及图纸的显示方式等，Wiring 用于设置仿真电路中的导线宽度，Font 用于设置元器件的标识号、参数值的字体，PCB 主要用于

PCB 参数的设置，Visibility 用于提供层的相关设置功能。

（3）View 菜单

用于设置电路窗口中某些内容的显示。

① Full Screen：全屏显示电路工作区的电路图。

② Parent Sheet：设置总电路原理图。

③ Zoom In：放大电路窗口。

④ Zoom Out：缩小电路窗口。

⑤ Zoom Area：以 100%的比率来显示电路窗口。

⑥ Zoom Fit to Page：以页面为大小缩放。

⑦ Zoom to Magnification：以特定比例缩放电路窗口。

⑧ Zoom Select：对电路中的某一个元器件放大。

⑨ Show Grid：显示栅格。

⑩ Show Border：显示电路边界。

⑪ Show Print Page Bounds：显示纸张边界。

⑫ Ruler Bars：显示或隐藏电路工作区最上方空白处的标尺栏。

⑬ Status Bar：显示仿真进行时的状态。

⑭ Design Toolbar：显示或隐藏基本工作界面左侧的 Design Toolbar 窗口。

⑮ Spreadsheet View：显示或隐藏 Spreadsheet View 窗口。

⑯ SPICE Netlist Viewer：SPICE 网表文件观察窗口。

⑰ Description Box：电路功能描述。

⑱ Toolbars：显示或隐藏标准工具栏。

⑲ Show Comment/Probe：显示或隐藏电路窗口中用于解释电路全部功能或者电路部分功能的文本框。

⑳ Grapher：用于显示仿真结果的图标。

（4）Place 菜单

提供绘制仿真电路所需要的元器件、节点、导线、各种连接接口、文本框、标题栏等。

① Component：用于放置相应的元器件。

② Junction：用于放置节点。

③ Wire：用于放置导线。

④ Bus：放置创建的总线。

⑤ Connectors：放置创建的不同种类的电路连接器。

⑥ New Hierarchical Block：新建的分层电路。

⑦ Hierarchical Block from File：用分层结构放置一个电路。

⑧ New Subcricuit：新建子电路。

⑨ Multi-Page：新建多页电路。

⑩ Bus Vector Connect：放置总线矢量连接。

⑪ Comment：为电路工作区或某个元器件增加功能描述等类文本。

⑫ Text：增加文本文件。

⑬ Graphics：放置线、折线、长方形、椭圆、圆弧、不规则形等图形。

⑭ Title Block：放置一个标题块。

（5）MUC 菜单

提供对含有微控制器芯片的电路进行仿真的功能。

（6）Simulate 菜单

此菜单提供了启停电路仿真和仿真所需的各种仪器仪表，提供了对电路的各种分析选项，可设置仿真环境及进行 PSPICE 和 VHDL 等方面的仿真操作。

① Run：运行创建完的仿真电路。

② Pause：暂停运行仿真。

③ Stop：停止运行仿真。

④ Instruments：虚拟仪器工具栏。

⑤ Interactive Simulation Settings：对仿真的步进长度进行设置。

⑥ Mixed-Mode Simulation Settings：仿真环境设置。

⑦ Analyses：对被选中的电路进行分析。

⑧ Postprocessor：对电路分析进行后处理。

⑨ Simulation Error Log/Audit Trail：仿真错误记录/审记追踪。

⑩ XSPICE Command Line Interface：XSPICE 命令行窗口。

⑪ Load Simulation Settings：使用用户以前保存过的仿真设置。

⑫ Save Simulation Settings：保存以后用到的仿真设置。

⑬ VHDL Simulation：仿真软件。

⑭ Auto Fault Option：在创建的仿真电路中加入故障。

⑮ Dynamic Probe Propertise：展示 Probe Propertise 对话框。

⑯ Reverse Probe Direction：将探针的极性取反。

⑰ Clear Instrument Data：将虚拟仪表中的数据清除。

⑱ Use Tolerances：设置全局元器件的公差。

（7）Transfer 菜单

此菜单提供了仿真电路的各种数据同 Ultiboard Ⅱ 的数据互相传送的功能。

① Transfer to Ultiboard：传送仿真文件的网络表给软件 Ultiboard。

② Forward annotate to Ultiboard：能够将 Multisim 中电路元器件的注释变动传送到 Ultiboard 中。

③ Export to other PCB layout file：将网络表输出给其他的 PCB 文件。

④ Backannotate from file：将 Ultiboard 中的电路元器件注释变动传送到 Multisim 中。

⑤ Highlight Selection in Ultiboard：在 Ultiboard 中高亮显示。

⑥ Export Netlist：输出用户电路文件所对应的网络表。

（8）Tools 菜单

此菜单提供各种常用电路的快速创建向导，用户可以通过此菜单快速创建一些常用电路。

① Component Wizard：元器件创建向导。

② Database：用户数据库管理。

③ APICE Netlist Viewer：网络表观测窗。

④ Variant Manager：变量设置。

⑤ Set Active Variant：单独激活某类元器件。

⑥ Circuit Variant：电路创建向导。

⑦ Rename/Renumber Components：对电路工作区中的元器件重命名或重新编号。

⑧ Replace Components：替换元器件。

⑨ Update Circuit Components：更新电路元器件。

⑩ Update HB/SC Symbols：更新 HB/SC 连接器。

⑪ Electrical Rules Check：在电路窗口中进行电气性能测试。

⑫ Clear ERC Markers：清除电气性能错误标识。

⑬ Symbol Editor：电路元器件外形编辑器。

⑭ Title Block Editor：标题块编辑器。

⑮ Description Box Editor：在 Design Toolbox 窗口中添加关于电路功能的文本描述。

⑯ Capture Screen Area：截图功能，复制电路工作区中的指定部分。

⑰ Online Design Resources：设计电路时，提供在线帮助。

⑱ Toggle NC Marker：切换空闲引脚标识。单击该项，再单击仿真电路元器件中没有任何连接的引脚，该引脚会出现个小圆圈。

（9）Reports 菜单

产生指定元器件存储在数据库中的所有信息和当前电路窗口中所有元器件的详细参数报告。

① Bill of Materials：产生当前电路文件的元器件清单。

② Component Detail Report：产生制定元器件存储在数据库中的所有信息。

③ Netlist Report：产生网络表文件报告。

④ Schematic Statistics：电路图的统计信息。

⑤ Spare Gates Report：电路文件中未使用的门电路的报告。

⑥ Cross Reference Report：当前电路窗口中所有元器件的详细参数报告。

（10）Options 菜单。根据用户需要设置电路功能、存放模式以及工作界面的选项。

① Global Preferences：全局的电路参数对话框。

② Sheet Properties：用于设置电路工作区中参数是否显示、显示方式和 PCB 参数的设置。

③ Lock Tool bars：用于设置菜单栏下面的快捷工具条是否可以自由拖放到某个位置。

④ Customize User Interface：设计个性化的用户界面。

8.4.3 元器件库

单击菜单栏中的 Place/Component，弹出 Multisim Ⅱ 的元器件库对话框。

（1）Database 下拉列表框

单击 Database 下拉列表框，可以看到 3 个选项：Master database、User database 和 Corporate database。Master database 包含了 Multisim Ⅱ 提供的所有元器件，该库不允许用户修改。User database 用来保存用户修改、导入和创建的元器件。Corporate database 中是由个人或团体选择、修改和创建的元器件，这些元器件的仿真模型也能为其他用户所使用。

（2）Group 下拉列表框

单击 Group 下拉列表框，可以看到 16 个元器件库，具体如下。

① Source 库（电源库）：包括 POWER_SOURCES（电源）、SIGNAL_VOLTAGE_SOURCES（信号电压源）、SIGNAL_CURRENT_SOURCES（信号电流源）、CONTROLLED_VOLTAGE_SOURCES（可控电压源）、CONTROLLED_CURRENT_SOURCES（可控电流源）、CONTROL_FUNCTION_BLOCKS（函数控制器件）、DIGITAL_SOURCES（数字电源）7 个类。

② BASIC 库：包含基础元器件，如电阻、电容、电感、二极管、晶体管、开关等。

③ Diodes 库：二极管库，包含普通二极管、齐纳二极管、二极管桥、变容二极管、PIN 二极管、发光二极管等。

④ Transisitor 库：晶体管库，包含 NPN 管、PNP 管、达林顿管、IGBT、MOS 管、场效应管、晶闸管等。

⑤ Analog 库：模拟器件库，包括运放、滤波器、比较器、模拟开关等模拟器件。

⑥ TTL 库：包含 TTL 型数字电路，如 7400、7404 等门 BJT 电路。

⑦ CMOS 库：包含 CMOS 型数字电路，如 74HC00、74HC04 等 MOS 管电路。

⑧ MCU Model 库：MCU 模型，Multisim 的单片机模型比较少，只有 8051/PIC16 的少数模型和一些 ROM/RAM 等。

⑨ Advance Periphearls 库：外围元器件库，包含键盘、LCD 和一个显示终端的模型。

⑩ MIXC Digital 库：混合数字电路库，包含 DSP、CPLD、FPGA、PLD、单片机-微控制器、存储器件、一些接口电路等数字器件。

⑪ Mixed 库：混合库，包含定时器、AC/DC 转换芯片、模拟开关、振荡器等。

⑫ Indicators 库：指示器库，包含电压表、电流表、探针、蜂鸣器、灯、数码管等显示器件。

⑬ Power 库：电源库，包含熔丝、稳压器、电压抑制器、隔离电源等。

⑭ Misc 库：混合库，包含晶振、电子管、滤波器、MOS 驱动管和其他一些器件等。

⑮ RF 库：包含一些 RF 器件，如高频电容、高频电感、高频晶体管等。

⑯ Elector Mechinical 库：电子机械器件库，包含传感开关、机械开关、继电器、电机等。

8.4.4 虚拟仪器的使用方法

（1）数字万用表

数字万用表的使用与实际的万用表是一样的，电压表并联在被测元器件两端，电流表要串联在被测支路中。万用表可以用来测量交流电压/电流、直流电压/电流、电阻以及电路中两个节点间的噪声损耗，其量程可以自动调整。

测量类型选取栏功能如下。

A：测量对象为电流。

V：测量对象为电压。

Ω：测量对象为电阻。

～：测量对象为交流参数。

一：测量对象为直流参数。

+：对应万用表正极。

−：对应万用表负极。

Set：对表内量程和参数进行设置。Ammeter resistance 设置与电流表串联的内阻，其大小影响电流的测量精度。Voltmeter resistance 用于设置与电压表并联的内阻，其大小影响电压的测量精度。Ohmmeter current 用电阻表测量时，流过电阻表的电流。Display setting 显示设置，主要用来设定电流表的量程。

（2）函数信号发生器

单击 Simulate→Instruments→Function Generator，打开函数信号发生器。函数信号发生器面板的下方有 3 个接线端子，从"+"端子与 Common 端子之间输出的信号称为正极性信号，把从"−"端子与 Common 端子之间输出的信号称为负极性信号。两个信号大小相等、极性相反。在使用函数信号发生器时，须把 Common 端子与 Ground（公共地）符号连接，信号可以从"+"端子与 Common 端子之间输出，也可以从"−"端子与 Common 端子之间输出，还可以从"+"端子与"−"端子之间输出。在仿真过程中要改变输出波形类型、大小、占空比或偏置电压时，必须先暂时关闭工作界面上的仿真电源开关，在对上述内容改变后，再启动仿真电源开关，函数信号发生器将按先设置的数据输出信号波形。控制面板的各部分功能如下。

Frequency：设置输出信号的频率。

Duty Cycle：设置输出的方波和三角波电压信号的占空比。

Amplitude：设置输出信号幅度的峰值。

Offet：设置输出信号的偏置电压，即设置输出信号中直流成分的大小。

Set Rise/Fall Time：设置输出方波时，上升沿与下降沿的时间。

（3）功率表

单击 Simulate→Instruments→Wattmeter，打开功率表，用于测量直流电路和交流电路的功率及功率因数。控制面板的各部分功能如下。

Power Factor：功率因数显示栏。

Voltage：电压的输入端，从"+""−"极接入。

Current：电流的输入端，从"+""−"极接入。

（4）双踪示波器

单击 Simulate→Instruments→Oscilloscope，打开双踪示波器，它与实际的示波器一样可以双踪输入，观测两路信号波形并测量信号幅度、频率、周期等。A、B 表示两个信号的输入通道，Ext Trig 表示外界触发信号输入端，"−"表示示波器的接地端。双踪示波器一共分成 3 个部分。

① Timebase 区：主要进行时基信号的控制调整。

Scale：X：X 轴刻度选择。表示横轴每一格所代表的时间，单位μs/div。单击 Scale 右侧的 X 轴刻度选择参数设置文本框，将弹出上/下拉按钮，即可为显示信号选择合适的时间基准。当测量信号变化缓慢时，时间要设置大一些；反之，时间要小一些。

X position：用来调整 X 轴方向上时间基线的起始位置，正值使起点向右移动，负值使起点向左移动，调整范围−5～+5V。

Y/T 按钮：X 轴显示时间刻度，Y 轴显示电压信号幅度，即信号波形随时间变化的显示方式。一般显示正弦波、三角波或方波时采用这种方式。

Add：X 轴显示时间刻度，Y 轴显示电压信号幅度为 A 通道 和 B 通道的输入电压之和。

B/A：A 通道信号频率作为 X 轴基准扫描信号，B 通道信号加在 Y 轴上，比较 B 和 A 通道信号的频率、相位等参数的关系。

A/B：B 通道信号频率作为 X 轴基准扫描信号，A 通道信号加在 Y 轴上，比较 A 和 B 通道信号的频率、相位等参数的关系。当显示放大器（或网络）的传输特性时多采用 B/A 或 A/B 方式。

② Channel 区：主要用于双踪示波器输入通道的设置。

Channel A/B：可进行 Channel A 和 Channel B 的通道设置。

Scale：Y：Y 轴刻度选择。表示竖轴每一格所代表的电压，单位 V/div。单击 Scale 右侧的 Y 轴刻度选择参数设置文本框，即可为显示信号选择合适的 Y 轴电压刻度。Scale 对话框主要用于在信号显示时，对输出信号幅度进行适当的衰减，以便能在示波器的显示屏上观察到完整的信号波形。

Y position：用来调整 Y 轴方向上的起始位置，正值使波形向上移动，负值使波形向下移动。当显示两个信号时，可分别设置 Y position，使信号波形分别显示在屏幕的不同位置。

AC：交流耦合，滤除信号的直流部分。

0：没有信号显示，输出端接地。

DC：直流耦合，显示直流与交流部分耦合。

③ Trigger 区：主要用于双踪示波器触发方式的设置。

Edge：用于触发边沿选择的设置，可选择上升边沿和下降边沿等。

Level：触发电平，用于调节触发点对应的信号电压。

Type：设置触发方式，一般选用 Auto（自动触发方式）。

数值显示区：可以简要地测量 A/B 两个通道的各自波形的周期和某一通道信号的上升和下降时间。T1、T2 分别对应着 T1 游标指针和 T2 游标指针，可以通过右侧左右指向的两个箭头来调整。

（5）四通道示波器

单击 Simulate→Instruments→Four-channel Oscilloscope，打开四通道示波器，它与双踪示波器的使用方法基本一致，它只比双踪示波器的内部参数控制面板多了一个通道控制器旋钮。当旋钮旋转到 A、B、C、D 中的某一通道时，四通道示波器对该通道波形进行显示。单击 Channel 区的 0 按钮（接地按钮）可屏蔽其他通道的信号，从而单独显示该通道的波形。

（6）波特图仪

单击 Simulate→Instruments→Bode Plotter，打开波特图仪，用来测量和显示一个电路、系统或放大器的幅频特性与相频特性。控制面板最下方有 In 和 Out 两个端口。In 是被测信号的输入端口，Out 是被测信号的输出端口，"+""−"信号分别接入正端和负端。

控制面板的各部分功能如下。

① Mode 区：进行输出方式的选择。

Magnitude：以曲线形式显示被测电路的幅频特性，$A(f)=U_o(f)/U_i(f)$。

Phase：以曲线形式显示被测电路的相频特性，$\varphi(f)=\varphi_o(f)-\varphi_i(f)$。

② Horizontal 区：横坐标（X 轴）显示测量信号的频率。

Log：横坐标采用对数的显示格式，当测量信号频率范围较宽时使用。

Lin：横坐标采用线性的显示格式，当测量信号频率范围较窄时使用。

F：横坐标的最大值（最终值）。

I：横坐标的最小值（初始值）。

③ Vertical 区：纵坐标（Y 轴）显示测量信号的幅值或相位。

Log：纵坐标采用对数的显示格式。

Lin：纵坐标采用线性的显示格式。当测量电路的相频特性曲线时，纵坐标始终是线性的。

F：纵坐标的最大值（最终值）。

I：纵坐标的最小值（初始值）。

④ Controls 区：纵坐标（Y 轴）显示测量信号的幅值或相位。

Reverse：显示屏的背景色更改。

Save：保存显示的特性曲线及相关参数。

Set：扫描分辨率的设置。

（7）频率计

单击 Simulate→Instruments→Frequency Counter，打开频率计，用来测量数字信号的频率、周期、相位及脉冲信号的上升沿和下降沿。仿真过程如果没有显示，可以适当调整 Sensitivity 和 Trigger level 区域的设置。控制面板的各部分功能如下。

① Measurement 区：参数测量区。

Freq：用于测量频率。

Period：用于测量周期。

Pulse：用于测量正/负脉冲的持续时间。

Rise/Fall：用于测量上升沿/下降沿时间。

② Coupling 区：用于选择电流耦合方式。

AC：交流耦合方式。

DC：直流耦合方式。

③ Sensitivity：用于灵敏度的设置。

④ Trigger level：用于触发器的设置。

⑤ Slow change signal：动态地显示被测的频率值。

（8）字信号发生器

单击 Simulate→Instruments→Word Generator，打开字信号发生器，它可以产生 32 位同步逻辑信号，用于对数字逻辑电路的测试。左右两侧各有 16 个端口，分别为 0～15 和 16～31 的数字信号输出端，R 表示输出端，用于输出与字信号同步的时钟脉冲。T 表示输入端，用于接受外部触发信号。控制面板的各部分功能如下。

① Controls 区：主要用于字信号发生器最右侧的字符编辑显示区中的字符信号输出方式的设置。

Cycle：在设置好的初始值和终止值之间以设定的频率循环输出。

Burst：从初始值开始到终止值结束，只进行一个循环。

Step：每单击一次输出一条字信号，即单页单步模式。

Set：用于字符信号变化规律的设置。其中各参数含义为 No change：保持原有设置；Load：装载以前的文件；Save：保存当前的文件；Clear buffer：将右侧字符编辑显示区清零；Up counter: 字符编辑显示区的字信号以加 1 的形式计数；Down Counter：字符编辑显示区的字信号以减 1 的形式计数；Shift right：字符编辑显示区的字信号右移；Shift left：字符编辑显示区的字信号左移；Display type：设置字符编辑显示区的字信号显示格式；Hex 表示十六进制，Dec 表示十进制；Buffer size：字符编辑显示区的缓冲区长度；Initial pattern：采用某种编码的初始值。

② Display：用于字符编辑显示区的字符显示格式的设置，有 Hex、Dec、Binary、ASCⅡ等几种计数格式。

③ Trigger：用于触发方式的设置。Internal 是内部触发方式，External 是外部触发方式。

④ Frequency：用于字符信号输出时钟频率的设置。

⑤ 字符编辑显示区：用于显示字符。

（9）逻辑分析仪

单击 Simulate→Instruments→Logic Analyzer，打开逻辑分析仪，它的作用类似于示波器，可以同时记录和显示 16 路逻辑信号，常用于数字电路的时序分析。左侧有 16 个端口，为 0～15 的数字信号输入端。C 表示外部时钟输入端子，Q 表示时钟控制输入端子，T 表示触发控制输入端子。控制面板的各部分功能如下。

① Stop：停止逻辑信号波形的显示。

② Reset：清除显示区域的波形，重新仿真。

③ Reverse：显示区域颜色改变。

④ T1：游标 T1 的时间位置，左侧空白处显示时间值，右侧空白处显示数据值。

⑤ T2：游标 T2 的时间位置，左侧空白处显示时间值，右侧空白处显示数据值。

⑥ T2-T1：游标 T1 与 T2 的时间差。

⑦ Clock：时钟脉冲设置区。

Clocks/Div 用于设置每格所显示的时钟脉冲个数。

Set：Clock source 用于设置触发模式，即内触发或外触发。Clock rate 用于设置时钟频率，仅对内触发模式有效。Sampling setting 用于设置采样方式，有 Pre-trigger samples（触发前采样）和 Post-trigger samples（触发后采样）两种方式。Threshold vlot（V）用于设置门限电平。

⑧ Trigger：触发方式控制区。单击 Set，弹出 Trigger Settings 对话框。

Trigger clock edge：用于设置触发边沿，Positive 是上升沿触发，Negative 是下降沿触发，Both 代表上升沿和下降沿同时触发。

Trigger patterns：可以设置 Pattern A、Pattern B、Pattern C 及 Trigger combinations（触发组合）。当输入逻辑信号满足 3 个触发字和触发组合时逻辑分析仪就触发。

Trigger qualifier：用于触发限制字设置。X 表示只要有信号逻辑分析仪就采样，0 表示输入为 0 时开始采样，1 表示输入为 1 时开始采样。

（10）逻辑转换仪

单击 Simulate→Instruments→Logic Converter，打开逻辑转换仪。它是一种虚拟仪器，实际当中并不存在这种仪器，其可以在组合电路的真值表、逻辑表达式、逻辑电路之间相互转换。逻辑转换仪有 9 个接线端，分别与控制面板最上方的 A、B、C、D、E、F、G、H 和 OUT 这 9 个按钮对应，单击 A、B、C 等几个端子后，在下方的显示区将显示出所输入的数字逻辑信号的所有组合以及其所对应的输出。逻辑转换仪提供了 6 种逻辑转换功能，分别如下。

① 逻辑电路转换为真值表。在电路窗口中建立仿真电路，将电路的输入端与逻辑转换仪的输入端相连接，电路的输出端与逻辑转换仪输出端连接，然后按下按钮即可完成转换。

② 真值表转换为逻辑表达式。单击 A、B、C 等几个端子，在下方的显示区中将列出所输入的数字逻辑信号的所有组合以及其对应的输出，然后按下按钮，即可完成转换。

③ 真值表转换为最简逻辑表达式。

④ 逻辑表达式转换为真值表。

⑤ 逻辑表达式转换为组合逻辑电路。

⑥ 逻辑表达式转换为与非门逻辑电路。

（11）IV 分析仪

单击 Simulate→Instruments→IV analyzer，打开 IV 分析仪，它专门用于测量二极管、晶体管和 MOS 管的伏安特性曲线，控制面板主要功能如下。

① Components 区：伏安对象测试选择区。

② Current range 区：电流范围设置区。

③ Voltage range 区：电压范围设置区。

④ Reverse 区：转换显示区背景颜色。

⑤ Simulate Param 区：仿真参数设置区。

（12）失真分析仪

单击 Simulate→Instruments→Distortion Analzer，打开失真分析仪，它用于测量信号的失真程度以及信噪比等参数，控制面板主要功能如下。

① Total harmonic distortion（THD）：总的谐波失真显示区。

② Start：启动失真分析按钮。

③ Stop：停止失真分析按钮。

④ Fundamental freq：设置失真分析的基频。

⑤ Resolution freq：设置失真分析的频率分辨率。

⑥ THD：显示总的谐波失真。

⑦ SINAD：显示信号同噪声之和与噪声同失真之和的比率。

⑧ Set：测试参数对话框。

⑨ Display：用于设置显示模式。

⑩ In：用于连接被测电路的输入端。

（13）频谱分析仪

单击 Simulate→Instruments→Spectrum Analyzer，打开频谱分析仪，它用于信号的频域分析，主要用于分析信号中的频带宽度，两个接线端分别连接被测电路的被测端和外部触发端，控制面板主要功能如下。

① Span control：设置测试频率。

Set span：可在下方的 Frequency 区域中输入频率参数。

Zero span ：测试频率的范围由 Center 中的参数决定。

Full span：测试频率与 Frequency 中的参数无关，范围为 0～4GHz。

② Frequency：用于设置测试频率范围。

Span：设置测试频率范围。

Start：设置测试频率的起始频率。

Center：设置测试频率的中心频率。

End：设置测试频率的终止频率。

③ Amplitude：设置纵坐标的显示格式。

④ Resolution freq：设置频率分辨率。

⑤ Start：启动频谱分析仪。

⑥ Stop：停止频谱分析仪。

⑦ Reverse：将背景颜色在黑色与白色之间转换。

⑧ Set：触发源参数设置。

Trigger Source：设置触发源，有 Internal（内部）和 External（外部）两种。

Trigger Mode：设置触发模式，有 Continous（连续模式）和 Single（单触发模式）两种。

Threshold Volt（V）：设置触发开启电压。

FFT Points：设置傅里叶计算的采样数，默认数值为 1024 点。

（14）网络分析仪

单击 Simulate→Instruments→Network Analyzer，打开网络分析仪，主要用于测试电路中的双端口网络，主要测试电路的 S 参数、H 参数、Y 参数、Z 参数，两个接线端分别连接被测电路的被测端，控制面板主要功能如下。

① Mode 区：设置分析模式。

Measurement：测量模式。

RF characterizer：射频分析模式。

Match net.designer：电路设计模式。

② Graph：设置分析参数及其结果显示模式。

③ Trace：显示某一个参数。

④ Functions 区：功能控制区。

Markern：设置仿真结果显示方式。

Scale：纵轴刻度调整。

Auto scale：自动纵轴刻度调整。

Set up：设置网络分析仪数据显示窗口显示方式。

⑤ Settings：数据管理设置区。

Load：读取专用格式数据文件。

Save：存储专用格式数据文件。

Export：输出数据至文本文件。

Print：打印数据。

Simulation set：设置分析不同模式下的参数设置。

（15）安捷伦仪器

① 安捷伦万用表，可以测量电压、电流、电阻、信号周期和频率，进行数字运算。右侧上下两个端子为一对，左侧上下两个端子为一对。上面的端子用来测量电压，下面的端子为公共端，最下面的一个端子为电流测试输入端。控制面板功能如下。

功能选择区（FUNCTION），从左至右分别是测量直流电压/电流、交流电压/电流、电阻、信号频率周期和连续模式下测量电阻阻值。

数学运算区（MATH），左侧 Null 表示相对测量方式，右侧 Min Max 显示存储的测量的最大/最小值。

菜单选择区（MENU），"<" 和 ">" 可进行菜单选择。

量程选择区（RANGE/DIGITS），"∧" 用于增大量程，"∨" 用于减小量程。

触发模式设置区（Auto/Hold），Single 用于单触发模式的选择设置。

Shift 用于打开不同的主菜单以及不同状态模式之间的转换。

② 安捷伦示波器，可以显示信号波形，进行多种数学运算。

Horizontal 区，从左至右的按钮/旋钮分别用于时间基准的调整、延迟扫描和信号水平位置的调整。

Run Control 区，左边的按钮用于启动/停止波形显示，右边的按钮表示单触发。

MeasureCursor 项，包括 Source，用来选择被测对象；X、Y，设置游标位置；X1、X2，设置 X1、X2 的起始位置；Cursor，游标的起始位置。Quick Meas 项，包括 Source，用于某一路信号源的选择；Clear Meas，用于清除显示的数值；Frequency，测量频率值；Period，测量信号周期；Peak-Peak，测量峰峰值。单击 "→" 弹出新的选项设置，分别是：测量最大值、最小值、上升沿时间、下降沿时间、占空比、有效值、正脉冲宽度、负脉冲宽度和平均值等。

Waveform 区，用于调整显示波形。

Trigger 区，触发沿模式设置。

Analog 区，模拟信号通道设置。

Digital 区，数字信号通道设置。

③ 安捷伦函数发生器，可以产生常用的函数波形和用户自定义的波形。

FUNCTION/MODULATION 用来产生电子线路中的常用信号。

MODIFY 区用来调节信号的频率和幅度。

TRIG 用来设置信号触发模式。

STATE 区，Recall 用于调用上次存储的数据，Store 用于选择存储状态。

Enter Number 用于输入数字，Shift 是功能切换按钮，Enter 是确认菜单。

8.5　ELVIS 与 Multisim 的应用举例

8.5.1　共射极单管放大器电路

共射极单管放大器电路是模拟电子技术的基础，放大电路要实现不失真放大，必须设置合适的静态工作点。放大电路适用的范围是低频小信号，如果输入信号幅值太大也会造成输出信号失真。此外，电压放大倍数、输入电阻和输出电阻也是分析放大电路的核心指标。

电阻分压式工作点稳定的单管共发射极放大电路的偏置电阻采用 R_{B1} 和 R_{B2} 组成的分压电路，并在发射极接有电阻 R_E，以稳定放大电路的静态工作点。当在放大电路的输入端加入输入信号 U_i 后，在放大器的输出端便可得到一个与 U_i 相位相反但幅值被放大了输出信号 U_o，从而实现了电压的放大。当流过偏置电阻 R_{B1} 和 R_{B2} 的电流远大于晶体管的基极电流 I_B 时（一般 5～10 倍），它的静态工作点可用下式估算。

$$U_B = \frac{R_{B1}}{R_{B1} + R_{B2}} V_{CC}$$

$$I_E = \frac{U_B - U_{BE}}{R_E} \approx I_C$$

$$U_{CE} = V_{CC} - I_C(R_C + R_E)$$

电压放大倍数

$$A_U = -\beta \frac{R_C / R_L}{R_{BE}}$$

输入电阻 $R_i = R_{B1}//R_{B2}//R_{BE}$，$R_{BE}$ 为晶体管基极与发射极之间的电阻。

输出电阻 $R_o \approx R_C$。

根据电路图 8-10 我们可以计算在本例中，$U_B = 2.67V$，$I_E \approx 1.97mA$，$U_{CE} = 5.30V$，$A_U = -104$，$R_i = 2.45k\Omega$（β取值 200），$R_o \approx 2.4k\Omega$。

1. 共射极单管放大器电路组成

（1）元器件选取

选取电源 V1：单击元器件工具栏中的 Place Source 按钮，在打开窗口的 Family 列表框中选择 POWER_SOURCES，再在 Component 列表框中选择 DC_POWER，如图 8-8 所示。双击电源图形符号可以进入属性界面，可以将电压设为 12V，如图 8-9 所示。

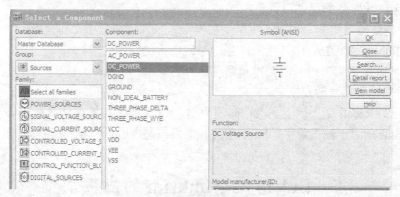

图 8-8　元器件选取界面

接地：选择 Place Source→POWER_SOURCES→GROUND，选取电路中的接地。

信号源 V2：选择 Place Source→SIGNAL_VOLTAGE_SOURCE→AC_VOLTAGE，进入属性界面，将电压设为 0.01V，频率设为 1000Hz。

电阻：选择 Place Basic→RESISTOR，选取 2.4kΩ、1kΩ、20kΩ、4.7kΩ。电位器：选择 Place Basic→POTENTIONMETER，选取 100kΩ。

晶体管：选择 Place Transistor→BJT_NPN→2N2222A。

电容：选择 PlaceBasic→CAPACITOR，选取 10μF、47μF。

（2）仿真电路图

待所有的元器件都已经放置于工作区合适位置后，开始连接导线。将鼠标移动到所有连接的元器件某个引脚上,单击后移动鼠标会拖动出一条黑实线,移动到要连接的元器件引脚时,再次单击就会将两个元器件引脚连接起来,电路图如图 8-10 所示。

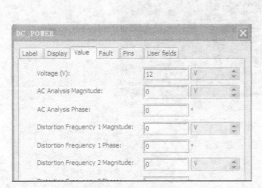

图 8-9 属性界面

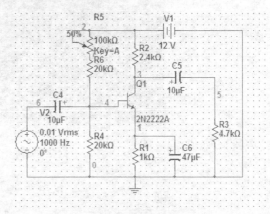

图 8-10 共射极单管放大器电路

2．静态工作点分析

测量放大器的静态工作点,应在输入信号为 0 的情况下进行,即将放大器输入端与地端短接,然后测量晶体管的集电极电流及各电极的对地电位。观察放大器的输入/输出波形,对放大器的静态工作点进行调试,即对集电极电流(调节电位器)进行调整和测试。在图 8-10 所示电路中的输入、输出端接入示波器,如图 8-11 所示。按下仿真开关,电路开始工作,双击示波器,调节电位器,波形如图 8-12 所示。静态工作点分析可以有如下 3 种方法,结果一致。

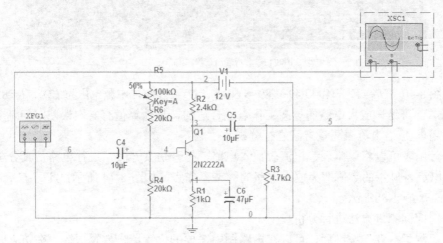

图 8-11 接入示波器的共射极单管放大器

(1)直接采用系统提供的分析功能

在输出波形不失真的情况下,单击 Options→Sheet properties 菜单命令,在打开的对话框中单击 Circuit 选项卡,选择 Show All 选项,显示出节点编号,然后执行菜单命令 Simulate→Analysis,在列出的可操作分析类型中选择 DC Operating Point,选择需要仿真的变量,单击 Simulate 按钮,系统显示出运行结果,如图 8-13 所示。

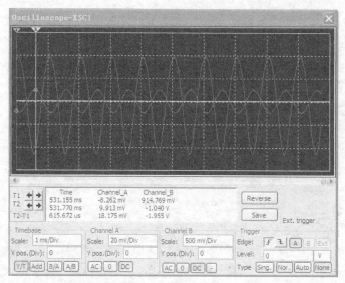

图 8-12　波形图

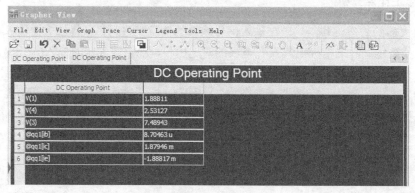

图 8-13　分析法测量静态工作点

　　根据图 8-10，$U_{CE}=V_{(3)}-V_{(1)}=7.49-1.89=5.601\text{V}$，$U_B=2.53\text{V}$，电源电压为 12V，$I_B=8.705\mu\text{A}$，$I_C=1.879\text{mA}$，可见该放大电路的静态工作点是合适的，与计算值有一定误差，但基本一致。

　　（2）用电压表/电流表测量方法进行分析

　　单击万用表可以将电压表、电流表放入电路，打开仿真开关，进行电路仿真分析，此时电压表、电流表显示的数值即为放大电路的静态工作点，如图 8-14 所示，此时 $U_{CE}=5.573\text{V}$，$I_B=8.882\mu\text{A}$，$I_C=1.888\text{mA}$。

　　（3）用探针测量方法进行分析

　　单击"测量探针"按键后，可以在电路图中需要的位置单击放置探针。在仿真时，会自动显示该节点的电信号特征（电压、电流和频率），测试结果如图 8-15 所示。此时 $U_{CE}=7.49-1.89=5.6\text{V}$，$U_B=2.53\text{V}$，$I_B=8.70\mu\text{A}$，$I_C=1.88\text{mA}$。

3．放大电路的动态分析

（1）电压放大倍数测量

当信号源电压幅值为 10mV 时，对图 8-11 进行仿真，测得输入、输出电压波形如图 8-12

所示。从测量结果看，在图示的测试线 1 处输入信号幅值为−8.262mV，输出信号幅值为914.769mV，输出电压没有失真，电压放大倍数 $A_U=U_o/U_i$=914.769/−8.262=−110，输入和输出反相。

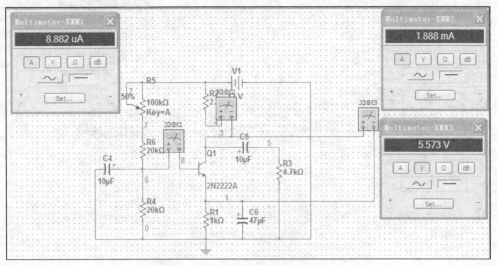

图 8-14　电压表/电流表测量静态工作点

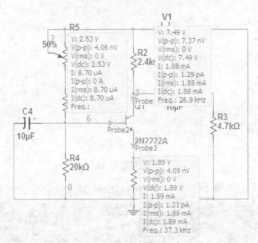

图 8-15　探针测量静态工作点

也可以在图 8-10 中接入电压表、电流表，如图 8-16 所示。此时函数发生器输出的信号频率为 1kHz、幅度为 10mV。从图中的 XMM1 和 XMM3 仪表读数可以得出电压放大倍数为 106。

也可以采用探针测量方法，如图 8-17 所示，$A_U=U_o/U_i$=−1.14V/9.56mV=−117。

（2）电压放大失真分析

当输入信号大小合适，静态工作点不合适（Q 点偏高或偏低）时会出现电压放大失真。将图 8-10 中的偏置电阻 R_6 去掉，调节 R_5 的阻值大小，可改变 Q 点高低，输出波形会出现失真。当 R_5=20kΩ时，工作点偏高，放大器在加入交流信号后产生饱和失真，此时 U_o 的负半周被削底，如图 8-18 所示。

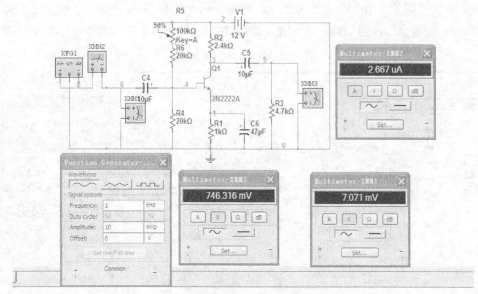

图 8-16 电压表/电流表测量电压放大倍数

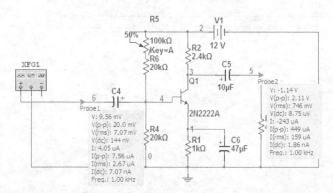

图 8-17 探针测量电压放大倍数

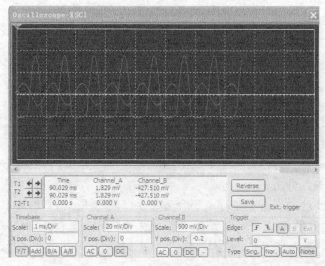

图 8-18 工作点偏高引起的饱和失真

当静态工作点合适，输入信号偏大时也会出现电压放大失真。对于该电路而言，电压放大倍数相对较大，输入信号可调范围不大。当信号幅值达到100mV时，放大器在加入交流信号后产生明显的非线性失真，如图8-19所示。

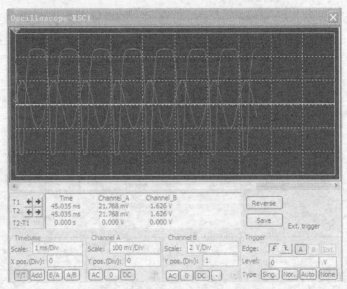

图8-19　输入信号偏大引起的非线性失真

（3）输入/输出电阻测量

在放大电路的输入回路中接电流表和电压表，如图8-16所示，从图中的XMM1和XMM2仪表读数可以得出输入电阻 $R_i=U_i/I_i$=7.701mV/2.667μA=2.889kΩ。

将电路中的信号源短路，负载开路，在输出端接入电压源、电压表、电流表，如图8-20所示。从图中读数可以得出输出电阻 $R_o=U_o/I_o$=999.999 mV/433.006μA=2.309kΩ。

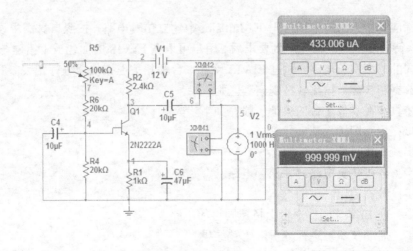

图8-20　输出电阻测量

（4）放大电路幅频特性测量

放大器的幅频特性是指放大器的电压放大倍数 A_U 与输入信号频率 f_i 之间的关系曲线。通常规定电压放大倍数随频率变化下降到中频放大倍数的 0.707 倍，所对应的频率分别称为下线频率 f_L 和上线频率 f_H，则通频带 $f_{BW}=f_H-f_L$。

采用扫描分析法，单击 Simulate→Analysis，在列出的可操作分析类型中选择 AC Operating Point，选择节点 6 进行仿真，单击 Simulate 键，分析结果分别显示幅频特性和相频特性，如图 8-21 所示。

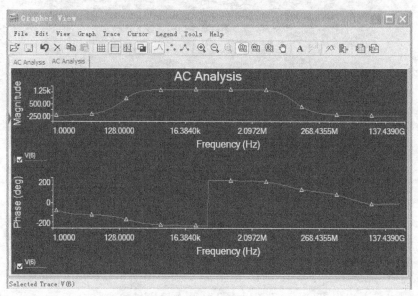

图 8-21 放大电路的幅频特性和相频特性

8.5.2 基于 NI ELVIS Ⅱ 的半波整流电路

在实际应用中，用户可以首先在 Multisim 中建立仿真电路，按照自身需求设置电路元器件的参数，待仿真电路的功能达到要求后，用户可以在 ELVIS 的面包板上搭建与 Multisim 仿真电路相同的原型实验电路，通过 ELVIS 硬件平台和相关虚拟仪器进行相关参数测量，最后进行仿真数据和实际数据比较，观察其区别。

电路仿真和在硬件平台的验证一般有如下步骤。

第 1 步：电路图输入。

第 2 步：参数设置。

第 3 步：分析仿真电路，并保存电路。

第 4 步：数据输出。

第 5 步：在 ELVIS 硬件平台上搭建同样的电路。

第 6 步：启动仪器，进行分析，比较结果。

半波整流电路具体例子如下。

① 半波整流电路的工作原理。应用二极管的单向导电性，负半轴方向的波形将消失。

② 建立电路文件。打开 Multisim 时自动打开空白电路文件设计 1，保存时可以重新命名。

③ 选取元器件。可以直接单击元器件工具栏，也可以单击菜单中的 Place→Component，在弹出的对话框中选取元器件。

④ 连接元器件之间的导线，组成电路图，如图 8-22 所示。

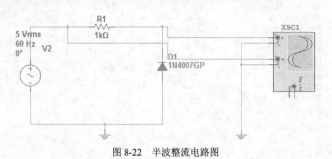

图 8-22　半波整流电路图

⑤ 按下仿真开关，电路开始工作。双击示波器，可以观察整流前后的波形，如图 8-23 所示。保存电路，存盘方式与 Windows 软件一样。

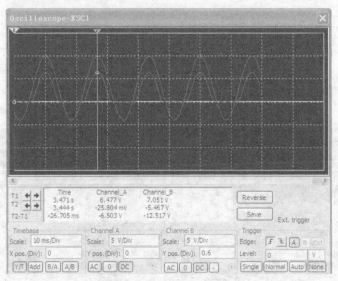

图 8-23　利用虚拟仪表进行分析

⑥ 分析仿真电路有两种方法。一种是利用虚拟仪表观测仿真电路的某项参数，如图 8-23 所示。另一种直接采用系统提供的分析功能，单击 Simulate→Analyses。对交流情况进行分析，单击 AC Analyses，如图 8-24 所示，结果如图 8-25 所示。

由图 8-23 我们可以看到，由于整流二极管 1N4007 的开关特性，虚拟函数发生器输出的 5V、60Hz 正弦波的负半周所对应的信号无法传送到负载 R1 上，所以上图只有正半周的波形。在上图移动游标 T1 到波形最大处，可知整流前波形最大数值为 7.501V，接近 $5\sqrt{2}$ V，减去了 0.6V 的导通电压后与整流后的最大数值 6.477V 相近。以上两种分析方式结论一致。

⑦ 我们也可以单击探针观察各支路的参数。左侧为整流前参数，右侧为整流后参数，

如图 8-26 所示。

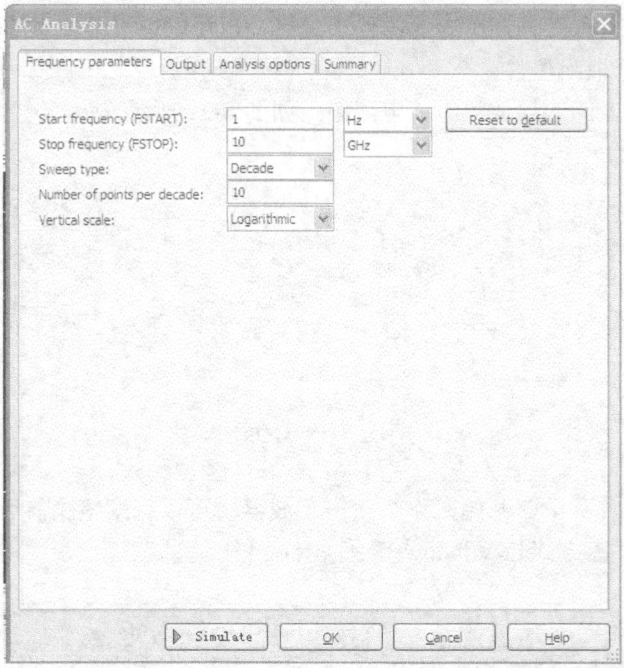

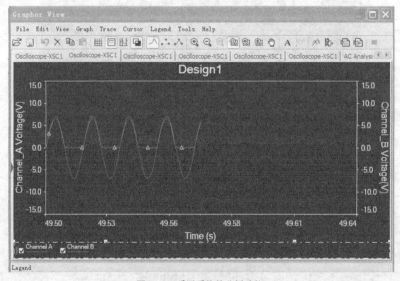

图 8-24　AC Analyses

图 8-25　采用系统的分析功能

⑧ 在 NI ELVIS 平台上搭建原型电路。在打开 SFP 之前，工作站支持 USB 供电的 LED 必须点亮。电路模型板 FGEN 插孔 33 连接 1kΩ电阻后连接二极管，二极管连接 GROUND。将 AI1+接入二极管输出信号端，AI1−接 GROUND，AI7+接入电阻输出信号端，AI7−接 GROUND。连接图如图 8-27 所示。

⑨ 单击 Start→All Program Files→National Instruments→NI ELVISmx→NI ELVISmx Instrument Launcher，选择信号发生器和示波器，信号发生器参数设置如图 8-28 所示，示波

器参数如图 8-29 所示。

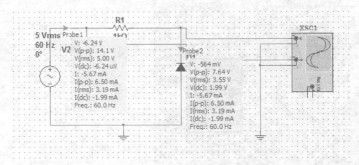

图 8-26　探针方法进行分析

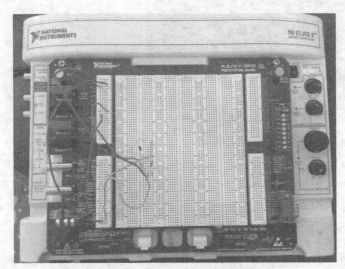

图 8-27　搭建原型电路图

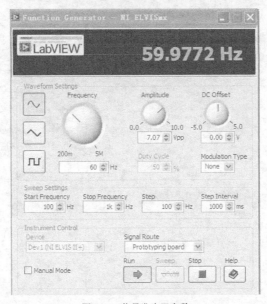

图 8-28　信号发生器参数

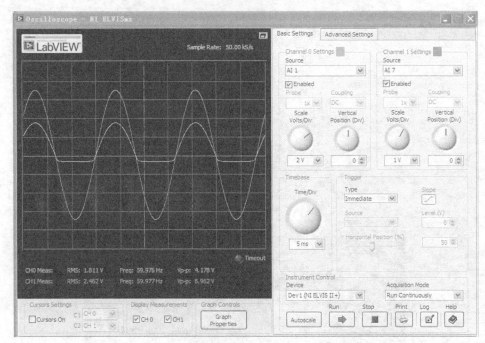

图 8-29 示波器参数

⑩ 从图 8-29 中可以看到，经过二极管整流后输入信号的负半周输出端没有任何信号。此时输入信号最大值为 7.07V，整流前输出最大值为 6.962V，整流后输出最大值为 4.178V。这是因为对于实际电路来说，信号源或多或少都有内阻，二极管的导通电压也具有一定误差，但整体整流效果与 Multisim 仿真结果一致。